地表辐射收支遥感方法与技术

Remote Sensing of Land Surface Radiation Budget

辛晓洲　张海龙　余珊珊　李　丽　柳钦火 等　著

科学出版社

北　京

内 容 简 介

本书在遥感定量估算地表入射和出射长短波辐射最新研究成果的基础上，全面、系统地介绍地表辐射收支遥感估算的基本理论方法和技术，是对目前地球辐射收支卫星观测理论方法和全球产品的系统概括和总结。本书首先概述地表辐射收支的基本概念和遥感反演现状；然后分章节介绍大气辐射传输的基本理论和几种常用的大气辐射传输模型、地表入射长短波辐射的遥感估算方法，以及全球辐射遥感产品和全球地面观测网络；最后介绍地表出射(反射)长短波辐射的遥感反演方法和不确定性。

本书可作为高等院校遥感和地理信息系统专业本科生、研究生的教材用书，也可作为从事遥感科学和技术研究的科学工作者、遥感项目的计划和管理工作者，以及遥感应用部门和从事环境监测及气候变化等工作人员的工具参考书。

图书在版编目(CIP)数据

地表辐射收支遥感方法与技术/辛晓洲等著. —北京：科学出版社，2019.1
ISBN 978-7-03-059555-3

Ⅰ．①地⋯　Ⅱ．①辛⋯　Ⅲ．①地表–表面辐射–遥感数据–研究
Ⅳ．①O4

中国版本图书馆 CIP 数据核字(2018)第 261723 号

责任编辑：王 运 白 丹/责任校对：张小霞
责任印制：徐晓晨/封面设计：铭轩堂

科 学 出 版 社 出版
北京东黄城根北街 16 号
邮政编码：100717
http://www.sciencep.com

北京厚诚则铭印刷科技有限公司 印刷
科学出版社发行 各地新华书店经销
*

2019 年 1 月第 一 版　开本：787×1092 1/16
2020 年 6 月第三次印刷　印张：12 1/4 插页：8
字数：300 000

定价：128.00 元
(如有印装质量问题，我社负责调换)

前　言

　　太阳辐射几乎是地球表面唯一的能量来源，地表辐射收支包括透过大气到达地表的太阳辐射、地表反射的太阳辐射、大气下行长波辐射和地表发射与反射的长波辐射4个分量，而地表净辐射能量再分配又包括显热通量(地-气间的热量交换)、潜热通量(蒸发、蒸腾等相变消耗的能量)、地表热通量(地表与地下的热量交换)，以及植被系统储存和生长消耗能量等过程。地表辐射收支是地表能量平衡的基础，是地-气交换、水循环和碳循环的驱动力。能量平衡在地球系统中起着重要的驱动和主导作用，与水循环和生物化学循环紧密联系、互相影响，也是影响气候变化和地-气相互作用的关键过程，对自然生态和人类生产生活都有举足轻重的影响。

　　辐射收支与能量平衡是地球系统科学的重要组成部分，是联系地球系统地圈-生物圈-大气圈的纽带，与全球变化紧密相关。越来越多的证据表明，我们的地球系统，特别是气候系统，正在发生着巨大的变化，最显著的特征是全球变暖。全球变化研究的一系列热点问题，如"全球变暖间断"、"沙漠增温放大"和"北极增温放大"等，都是主要由能量的收支不平衡和再分配造成的。研究全球地表辐射收支过程及其时空分布特征，对于理解地-气相互作用过程、区分自然演化与人类活动对能量平衡过程的影响及反馈机制具有重要的意义。

　　地表辐射收支对人类活动造成的变化非常敏感，如工业化过程造成大气温室气体和气溶胶增加，从而改变到达地表的太阳辐射和大气顶出射的长波辐射；人类活动，如城镇化、森林破坏、填海造地等改变地表覆盖类型和状况，从而彻底改变地表反照率、地表发射率和地表温度等辐射收支关键参量，这种全球或区域的能量不平衡造成气候系统变暖或变冷，并通过云、降水、蒸发等过程予以反馈。为了研究地球表面这些复杂而深刻的变化，需要全球尺度的模型模拟与卫星观测相结合，回答"地球表面辐射收支与能量平衡系统如何变化""成因是什么""未来变化趋势是怎样的"等问题。

　　利用卫星遥感开展地表辐射收支的高精度系统观测，对地球系统科学和全球变化研究具有重大的科学意义。当前，基于卫星遥感数据制作生产的辐射驱动数据还存在较大的不确定性(如时空分辨率较低、精度低、时空不连续等)，无法满足地球系统模拟的需求，制约着地球科学的发展。另外，随着探测手段的不断完善和人类认知能力的不断提高，空间科学领域的探测与研究在向更深、更广、更精细化的方向不断拓展。在不远的将来，有望看到专业的、高精度的卫星观测系统将地表能量平衡的研究带入新的时代。

　　为了更好地推动地表辐射收支和能量平衡遥感的研究和应用，我们重点总结国家高技术研究发展计划(863 计划)重大项目课题"多尺度遥感数据按需快速处理与定量遥感产品生成关键技术"(2012AA12A304)、重点项目课题"全球陆表特征参量的遥感提取方法研究"(2009AA122102)和中国科学院重点部署项目"混合像元能量平衡遥感模型及参数化方法研究"(KZZD-EW-TZ-18)，以及多个国家自然科学基金项目(41371360、

41301392、41201352、41501366)等的研究成果，汇集成本书。

　　本书由辛晓洲提出撰写大纲，并完成全书的修改定稿，各章主要编写人员如下：前言，辛晓洲；第 1 章，辛晓洲、张海龙、柳钦火；第 2 章，仲波、辛晓洲、张海龙、龚围；第 3 章，张海龙、辛晓洲、李丽；第 4 章，余珊珊，辛晓洲；第 5 章，杜永明、刘强、窦宝成、吴骅、历华、李福根。

　　本书从立项到完成经历了数年，这期间国内外相关研究发展迅速，尤其是国内项目投入的加大和重视程度的提高，涌现了一批具有影响力的成果和团队，大力推进了领域的进展。本书是作者所在研究团队集体完成的成果总结和提炼，在此对参加研究的所有科研人员的辛勤劳动表示深深的谢意。

　　本书内容涉及一些前沿问题，正在探索中，反映了我们最近的研究进展和想法。由于水平有限，不足和疏漏之处在所难免，敬请读者批评指正。

作　者

2018 年 4 月

目　　录

彩图

第1章 绪 论

1.1 引 言

地表辐射收支过程与能量循环是地表过程的重要组成部分，是地球系统演化发展的重要驱动力之一，也是影响气候变化和地-气相互作用的关键过程。能量平衡在地球系统中起着重要的驱动和主导作用，与水循环和生物化学循环紧密联系、互相影响，也是影响气候变化和地气相互作用的关键过程，对自然生态和人类生产生活都有举足轻重的影响，同时受人类活动的影响也非常敏感，如工业化污染造成大气气溶胶增加，减少太阳辐射到达地表的能量；人类活动(如城镇化、森林破坏、填海造地等)改变地表覆盖类型和状况，从而彻底改变地表反照率、地表发射率和地表温度等能量平衡关键参量。

"全球变暗"(global dimming)和"全球变亮"(global brightening)是地球系统辐射收支研究的一个热点，引起全球变暗的主要因素是云量变化、火山爆发导致的平流层气溶胶增加，以及城市规模和工业发展导致的人工气溶胶的变化，而云和气溶胶对太阳辐射的吸收和散射并不相同，对气候变化的响应机制也存在较大差异。能量平衡作为驱动数据，也存在严重的不确定性，制约着地球科学的发展，如 IPCC 第四次报告中指出，地表年平均吸收的太阳辐射值大概为 168 W/m^2，而根据大气环流模式的模拟结果，年平均值从 148 W/m^2 到 180 W/m^2，变化量高达 30 W/m^2。目前的地表辐射收支产品精度低、时空不连续，无法满足地球系统模拟的需求。某些关键参数还无法获取或精确计算，严重影响地表能量平衡计算精度，如云的特性(包括云量、云的类型、光学厚度、云温度、几何形态、三维结构、粒子分布和云水相态等)、气溶胶特性(包括光学厚度、类型、源、细粒子比、区分气溶胶和薄云等)，以及云覆盖下的地表参数(如地表温度、地表发射率等)。

遥感数据本质上就是传感器接收到的辐射信号，因此，用遥感数据反演地表辐射和能量平衡参数就是最为自然的一个过程，尤其是在可见光、近红外、中红外和热红外波段，集中了地气系统辐射能量的绝大部分，从而也是研究地表辐射和能量平衡的主要数据来源，各类极轨卫星和静止卫星的波段设置都以此为主要考虑因素之一，已有和现有的大多数卫星数据都可以用于地表辐射和能量平衡参数的反演。使用比较广泛的数据有 NOAA/AVHRR、MODIS、TM/ETM、ASTER、AATSR 等。针对这些数据的地表辐射和能量平衡参数的算法，或者产品在同行中有比较大的影响，如 MODIS 的反照率、温度产品，以及 TM 的温度产品和 ASTER 的温度、发射率产品等。在国产的资源、环境、气象等卫星数据方面，近年相关的研究也有很多，并逐步成为可以代替传统遥感数据的选择，如 HJ-1、FY-3 卫星的相关产品的研发正在如火如荼地开展，不久的将来将进入业务系统，为相关行业的应用服务。

辐射传输模型包括大气辐射传输模型、地表二向反射模型、地表热红外辐射模型、冠层反射率模型、冠层热辐射方向性模型等机理模型，是地表辐射收支遥感研究的主要手段，也是遥感科学基础研究的重要方向之一。这些模型描述了短波与长波辐射在介质中的传播过程，包括散射、透射、发射等物理机理。地表反照率、地表温度、大气下行辐射等参数的反演研究已经获得了很好的进展，能够初步为人类提供全球辐射平衡的一些基本规律，如大气和海洋向极地输送能量的规律。海洋以热通量的形式向极地方向输送能量已经被空间观测证实，其量级和大气的输送通量相当，但其最大值相对处于低纬度地区，大约20°，而大气通量在50°左右达到顶峰（Vonder Haar and Oort，1973；Trenberth et al.，2001）。随着区域或全球地表辐射收支遥感研究的不断进步，新的传感器和观测手段的发展，传统遥感手段无法获取的诸多参数，可以通过激光雷达、垂直分层观测等新的手段获取云的三维结构、粒子分布等参数，从而提高云内辐射传输过程的模拟和反演精度；为了反演温室气体这样的痕量气体，发展了热红外高光谱传感器及其反演算法。

在地球系统的模拟与观测、全球变化研究、气候系统的模拟与分析等方面，地表辐射收支与能量平衡都扮演着最基本的变化过程、输入参数或者状态变量的角色。长期的地球能量平衡监测有助于更好地理解气候系统对厄尔尼诺、火山爆发等自然事件的响应，同时也可以揭示人类引起的全球变暖的开端的各个方面。地球辐射收支的观测用于研究气候反馈机制，以及观测地球反照率和热辐射的年际变化的趋势（Wong et al.，2006）。全球气候变化研究，确定温室气体效应的强度，研究温室气体与气溶胶变化及其对气候变化的影响，为应对全球气候变化，保障农业、生态、环境安全提供科学依据。

1.2　地表辐射收支遥感基本概念

地表辐射收支（earth radiation budget）与能量平衡（land surface radiation balance）是两个相互独立又互相联系的过程。地表辐射收支，或称地表净辐射，是指地球与太空之间的能量交换及其在全球分布的变化，包括透过大气到达地表的太阳辐射、地表反射的太阳辐射、到达地表的大气下行长波辐射（大气温湿度廓线决定），以及地表发射与反射的长波辐射（地表温度和发射率决定）4个分量。地表净辐射驱动着蒸发、光合作用，以及土壤和大气的加热过程（Bisht and Bras，2010），被用于各种应用中，如气候预测、气候监测及农业气象（Bisht et al.，2005）。许多蒸散发模型都把地表净辐射作为核心输入参数（Monteith，1965；Priestley and Taylor，1972；Shuttleworth and Wallace，1985；Boegh et al.，2002；Su，2002；Nishida et al.，2003）。

地表能量平衡则是一个消耗能量的过程，即地表获得的净辐射以几种不同的形式被消耗掉，主要有显热通量（地气间的热量交换）、潜热通量（蒸发和蒸腾消耗的能量）、土壤热通量（表层土壤与深层土壤的热量交换），另外，还有地表植被光合作用消耗的能量、冠层植被和空气储存的能量等，在定义上为失去能量为正，获得能量为负。对于陆面过程、水文和生态等过程的模拟和研究，地表的辐射与能量平衡具有重要的科学意义。温室气体对大气的影响在能量平衡中很重要，其过程主要由水汽、云和二氧化碳驱动，非云气溶胶对气候系统也很重要。地表温度和大气温度也参与能量平衡过程，地球吸收的太阳辐射由地球出射的热能量得到平衡。

整个辐射与能量平衡过程是一个连续的循环过程，是动态变化的过程，但是在分析的时候必须假设局地能量平衡在每一个时刻都得到满足，只有这样，地表能量平衡方程才能够成立。随着遥感科学与技术的不断发展，上述所有的辐射与能量平衡的分量与相关参数都可以利用遥感数据直接反演或间接估算获得。测量地球的辐射收支是地球轨道卫星最早的科学应用方向之一，卫星遥感提供地表属性空前的时空覆盖，以及大气状态相关的信息数据，为估算区域尺度上，乃至全球尺度上的净辐射提供重要的条件，已成为估算净辐射的一个重要手段。图 1.1 是经过多年观测总结得到的全球地气系统辐射收支和能量分配的比例。

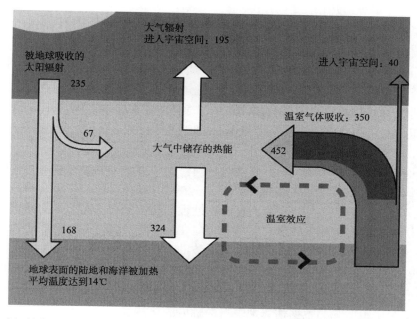

图 1.1　地球辐射收支与能量分配示意图(引自 NASA 报告，图中未标明单位的数字，单位为 W/m^2)
(见彩图)

1.3　地表辐射收支遥感反演研究现状

卫星可获得大面积、连续的观测资料，提供区域尺度上地表能量较详细的空间分布信息，使得卫星遥感成为地表净辐射通量及其分量估算的重要手段。国内外很多学者开展了地表净辐射的卫星遥感估算研究，各种遥感平台，包括地球同步环境卫星(GOES)、先进甚高分辨率辐射仪(AVHRR)、陆地卫星(Landsat)和中等分辨率航天成像光谱仪(MODIS)被用于估算表面辐射平衡(Gautier et al.，1980；Pinker and Corio，1984；Gratton et al.，1993；Li and Leighton，1993；Jacobs et al.，2002；Lee and Ellingson，2002；Nishida et al.，2003；Bisht et al.，2005；Tang and Li，2008；Wang and Liang，2009)。利用遥感方法获取地表净辐射的时间尺度可以分为如下两类。

1)瞬时净辐射的遥感估算。利用遥感卫星过境时获得的遥感数据，或其经过处理后生成的遥感产品，结合数学方程，估算瞬时净辐射通量。许多研究利用 TM、MODIS 及

AVHRR 等传感器获得的遥感影像数据,结合地面观测数据或探空数据,使用地表辐射平衡方程分别计算出各个分项(瞬时向下、向上短波辐射,以及瞬时向下、向上长波辐射)来估算地表净辐射(Bastiaanssen et al.,1998;Roerink et al.,2000;Jiang and Islam,2001;Ma et al.,2002;Su,2002;Nishida et al.,2003;Norman et al.,2003;Ma et al.,2007;Sobrino et al.,2007;Ma et al.,2011)。 随着 MODIS 定量遥感产品的发布,国际上也发展了利用 MODIS 遥感产品估算瞬时净辐射通量的方法(Bisht et al.,2005;Bisht and Bras,2010;Ryu et al.,2008)。而遥感产品的精度取决于遥感数据、非遥感数据和定量遥感模型(张仁华等,2010)。

2) 日净辐射的遥感估算。Bisht 等(2005)首次提出仅用遥感数据(Terra-MODIS)估算晴空条件下的净辐射,包括瞬时净辐射和日平均净辐射的遥感估算。这个方法的优势之一是,使用一个正弦模型,直接从卫星过境时估算的瞬时净辐射值提取日平均净辐射,不要求对日平均净辐射的每一个分项参数化。该算法的思想是从瞬时净辐射通量直接提取日平均值,但是日平均净辐射容易受到瞬时净辐射估算值的影响。Bisht 和 Bras(2010)首次仅使用 MODIS 数据,以美国大平原南部地区为研究区,进行了全天空条件下净辐射的研究,包括晴空瞬时净辐射和日平均净辐射估算研究,以及阴天条件下的瞬时净辐射和日平均净辐射估算研究。Hou 等(2014)同样仅利用遥感数据发展了一个估算晴空条件下日平均净辐射及其 4 个分项的方法。该方法使用来自 Terra-MODIS 和 Aqua-MODIS 获得的陆地和大气遥感产品,克服对地面台站数据的依赖,企图在大的异质性区域捕捉日平均净辐射通量的空间分布及其格局。其与 Bisht 等(2005)的算法思想相反,即先对净辐射每个分项求平均值,后获得日平均值。Hurtado 和 Sobrino(2001)提出一个从 NOAA-AVHRR 遥感数据中获得晴空条件下日净辐射通量的算法。该算法将地表能量平衡时间尺度从瞬时推广到一天 24 h,结合地表观测数据,计算日净辐射及其分项。国际上也发展了利用地面观测数据估算地表日净辐射的算法(Dong et al.,1992;Irmak et al.,2003;Kjaersgaard et al.,2007;Samani et al.,2007;Wang and Liang,2009)。

按照估算地表净辐射及其分项所使用的数据进行分类,估算方法可分为使用近地面数据和使用大气顶卫星观测数据两种。使用近地面数据:几个经验参数化方案利用近地面气温、湿度和地表温度来估算净辐射及其分项(向下短波辐射、向下及向上长波辐射)(Zillman,1972;Brutsaert,1975;Idso,1981;Prata,1996;Dilley and O'Brien,1998),以及利用卫星数据发展的针对短波和长波辐射的参数化方案(Ellingson,1995;Pinker et al.,1995;Niemelä et al.,2001a,2001b;Diak et al.,2004;马耀明等,1997)。使用大气顶卫星观测数据:利用卫星观测的大气顶辐射通量(长波辐射)或大气顶反射通量(短波辐射)估算地表净辐射及其分项,该方法通过研究卫星获取的大气顶辐射与地表净辐射,或者与各辐射分量之间的回归关系,得到地表净辐射(Li and Leighton,1993;Pinker and Ewing,1985;Pinker and Tarpley,1988;Wang et al.,2005;Tang et al.,2006;Tang and Li,2008;Wang and Liang,2009;王可丽和钟强,1995;吴鹏飞等,2003;杜建飞等,2004)。

除了上面地表净辐射通量的卫星遥感估算方法研究以外,目前已经出现了多种利用卫星资料估算地表辐射收支的全球产品,并且已经发布,可供公众免费使用。全球能量与水循环实验——地表能量收支平衡项目(GEWEX-SRB)小组发布了 1983～2007 年的空间分辨率为 1°×1° 的全球辐射数据产品，并提供了 3 h、日均、月均三种时间分辨率供用户选择(Pinker et al.，2003)。国际卫星云气候计划(ISCCP)利用其建立的云气候资料集和辐射传输模式建立了一套与 ISCCP-D 云资料集完全配套的 ISCCP-FD 辐射资料集(1983~2000 年)，时间分辨率为 3 h，分布在 280 km 的等面积全球格网上(Zhang et al.，2004)。云和地球辐射能量系统(CERES)科学研究小组(Wielicki et al.，1998)提供了瞬时的全球辐射产品(2000~2007 年)，称为 CERES-FSW，空间分辨率为 1°×1°。这些辐射收支产品已经被广泛应用。

现有的利用卫星资料估算地表净辐射及其各分量的研究依然存在以下几个方面的问题。

1)过分依赖地面观测数据。目前很多利用遥感数据估算地表净辐射的方法都需要结合地面观测资料，一些方法通过对地面观测数据进行插值来估算净辐射分量(向下短波辐射、向上短波辐射、向下长波辐射及向上长波辐射)，或获得向下长波辐射的参数值(如空气温度)(Hurtado and Sobrino，2001；Ma et al.，2002；Ma et al.，2007)，这些方法对于估算大范围的地表净辐射通量具有很大的局限性：一方面，气象站点稀疏的地区会缺少常规的地面观测资料；另一方面，地面站点观测数据与遥感数据存在着时空的尺度匹配问题，若将地面观测值插值到较大的范围，则得到的值太平滑。一些参数化方案在基于地面观测数据的基础上，假定某一辐射分量或计算分量中的参数为常量。Jacobs 等(2002)和 Nishida 等(2003)假定陆表反照率和表面发射率是常数，而 Jiang and Islam(2001)假定整个研究范围的向下长波辐射项为常数。

2)现有低分辨率的全球辐射产品易造成区域尺度上地表净辐射通量图较平滑，难以刻画地表的空间异质性。由于地表辐射收支数据会随着空间变化有明显的不同，地表的空间异质性和复杂性一直都是地表建模和生物物理变量的卫星遥感研究中最具有挑战性的问题之一(Kustas and Norman，2000；Ryu et al.，2008)，GEWEX-SRB、CERES-FSW 及 ISCCP-FD 地表辐射数据集都利用低分辨率的卫星数据反演获得，这些产品都侧重于关注从地表到大气顶不同大气廓线的辐射通量，因此，地表辐射通量的精度可能达不到实际应用的要求(Liang et al.，2010)。这些全球辐射产品空间分辨率大于 1°，主要用于大气模拟，不能解释许多局部特征，如城市化。

1.4　小　　结

地表辐射收支与能量平衡在地球系统的模拟与观测、全球变化研究、气候系统的模拟与分析等方面，都扮演着最基本的变化过程、输入参数或者状态变量的角色，是遥感定量反演研究的重要方向。目前在全球辐射与能量平衡遥感中还存在较多的不确定性，涉及地表、大气及海洋等多个层次，其中，以下问题是制约发展的主要屏障。

1)定量遥感反演精度不够，包括遥感数据的定标精度和产品的反演精度。以下行短波辐射和长波辐射为例，WMO 和 FAO 规定的可允许误差为 10~20 W/m²，但目前的产品精度只能达到 30~50 W/m²，甚至更大。

2)产品的分辨率不够，包括时间和空间分辨率，地表反照率产品周期为 8~16 d，无法满足地球系统模拟的高时间分辨率需求，造成模拟误差。目前的辐射产品空间分辨率

为 $10^2 \sim 10^4$ km，只能反映全球大尺度的分布和变化，无法反映局地细节。

3）某些参数还无法精确获取，如云底温度、云的几何形态、三维结构、粒子分布和云相态等；气溶胶特性包括光学厚度、类型、源，区分气溶胶和云，区分粗粒子气溶胶和细粒子气溶胶等。

上述问题在一定层面上是互相交叉、互相影响的，同时会导致以下问题。

1）有云条件下的下行辐射难以估算，主要因为云的特征参数产品还比较少，且精度难以保证。

2）地表和海洋反射辐射估算不准确，主要因为卫星观测数据的方向有限，地表方向性模型不准确，海洋海浪的变化等。

3）大气气溶胶和温室气体的遥感手段有限，产品精度难以保证，影响下行短波辐射和长波辐射的估算精度。

4）地-气热量交换模型及其参数化方案存在缺陷，无法满足复杂地表的显热、潜热和土壤热通量的估算需求。

5）对极地的辐射与能量平衡过程知之甚少，主要因为数据较少，且关注较弱，对诸如极地反照率和温度，极地冰水相变的能量存储与释放等重要参数和过程的研究不够。

6）卫星观测数据的限制及相关研究的薄弱使目前可用的、质量较好的全球辐射与能量平衡数据产品较少。

参 考 文 献

杜建飞, 陈渭民, 吴鹏飞, 等. 2004. 由 GMS 资料估算我国东部地区夏季地表净辐射. 南京气象学院学报, 27(5): 674-680.

马耀明, 王介民, Menenti M. 1997. 黑河实验区地表净辐射区域分布及季节变化. 大气科学, 21(6): 743-749.

王可丽, 钟强. 1995. 青藏高原地区大气顶净辐射与地表净辐射的关系. 气象学报, 53(1): 101-107.

吴鹏飞, 陈渭民, 王建凯, 等. 2003. 用卫星资料探讨有云情况下的地面辐射收支. 南京气象学院学报, 26(5): 613-621.

张仁华, 田静, 李召良, 等. 2010. 定量遥感产品真实性检验的基础与方法. 中国科学: 地球科学, 40(2): 211-222.

Bastiaanssen W G M, Menenti M, Feddes R A, et al.1998. A remote sensing surface energy balance algorithm for land(SEBAL). 1. Formulation. Journal of Hydrology, 212: 198-212.

Bisht G, Venturini V, Islam S, et al. 2005. Estimation of the net radiation using MODIS(Moderate Resolution Imaging Spectroradiometer)data for clear sky days. Remote Sensing of Environment, 97(1): 52-67.

Bisht G, Bras R L.2010. Estimation of net radiation from the MODIS data under all sky conditions: southern Great Plains case study. Remote Sensing of Environment, 114(7): 1522-1534.

Boegh E, Soegaard H, Thomsen A. 2002. Evaluating evapotranspiration rates and surface conditions using Landsat TM to estimate atmospheric resistance and surface resistance. Remote Sensing of Environment, 79(2): 329-343.

Brutsaert W. 1975. A theory for local evaporation(or heat transfer)from rough and smooth surfaces at ground level. Water Resources Research, 11(4): 543-550.

Diak G R, Mecikalski J R, Anderson M C, et al. 2004. Estimating land surface energy budgets from space—review and current efforts at the University of Wisconsin-Madison and USDA-ARS, Bull. Amer

Meteorol Soc, 85: 65-78.

Dilley A C, O'Brien D M. 1998. Estimating downward clear sky long‐wave irradiance at the surface from screen temperature and precipitable water. Quarterly Journal of the Royal Meteorological Society, 124(549): 1391-1401.

Dong A, Grattan S R, Carroll J J, et al. 1992. Estimation of daytime net radiation over well-watered grass. Journal of Irrigation and Drainage Engineering, 118(3): 466-479.

Ellingson R G. 1995. Surface longwave fluxes from satellite observations: a critical review. Remote Sensing of Environment, 51(1): 89-97.

Gautier C, Diak G, Masse S. 1980. A simple physical model to estimate incident solar radiation at the surface from GOES satellite data. Journal of Applied Meteorology, 19(8): 1005-1012.

Gratton D J, Howarth P J, Marceau D J. 1993. Using Landsat-5 Thematic Mapper and digital elevation data to determine the net radiation field of a mountain glacier. Remote Sensing of Environment, 43(3): 315-331.

Hou J, Jia G, Zhao T, et al. 2014. Satellite-based estimation of daily average net radiation under clear-sky conditions. Adv Atmos Sci, 31: 705.

Hurtado E, Sobrino J A. 2001. Daily net radiation estimated from air temperature and NOAA-AVHRR data: a case study for the Iberian Peninsula. International Journal of Remote Sensing, 22(8): 1521-1533.

Idso S B. 1981. A set of equations for full spectrum and 8-to 14-μm and 10.5-to 12.5-μm thermal radiation from cloudless skies. Water Resources Research, 17(2): 295-304.

Irmak S, Irmak A, Jones J W, et al. 2003. Predicting daily net radiation using minimum climatological data. Journal of Irrigation and Drainage Engineering, 129(4): 256-269.

Jacobs J M, Myers D A, Anderson M C, et al. 2002. GOES surface insolation to estimate wetlands evapotranspiration. Journal of Hydrology, 266(1): 53-65.

Jiang L, Islam S. 2001. Estimation of surface evaporation map over southern Great Plains using remote sensing data. Water Resources Research, 37(2): 329-340.

Kja ersgaard J H, Cuenca R H, Plauborg F L, et al. 2007. Long-term comparisons of net radiation calculation schemes. Boundary-Layer Meteorology, 123(3): 417-431.

Kustas W P, Norman J M. 2000. A two-source energy balance approach using directional radiometric temperature observations for sparse canopy covered surfaces. Agronomy Journal, 92(5): 847-854.

Lee H T, Ellingson R G. 2002. Development of a nonlinear statistical method for estimating the downward longwave radiation at the surface from satellite observations. Journal of Atmospheric and Oceanic Technology, 19(10): 1500-1515.

Li Z, Leighton H G. 1993. Global climatologies of solar radiation budgets at the surface and in the atmosphere from 5 years of ERBE data. Journal of Geophysical Research: Atmospheres, 98(D3): 4919-4930.

Liang S, Wang K, Zhang X, et al. 2010. Review on estimation of land surface radiation and energy budgets from ground measurement, remote sensing and model simulations. IEEE Journal of Selected Topics in Applied Earth Observations and Remote Sensing, 3(3): 225-240.

Ma Y, Su Z, Li Z, et al.2002. Determination of regional net radiation and soil heat flux over a heterogeneous landscape of the Tibetan Plateau. Hydrological Processes, 16(15): 2963-2971.

Ma Y, Tian H, Ishikawa H, et al. 2007. Determination of regional land surface heat fluxes over a heterogeneous landscape of the Jiddah area of Saudi Arabia by using Landsat‐7 ETM data. Hydrological Processes, 21(14): 1892-1900.

Ma Y, Zhong L, Wang B, et al. 2011. Determination of land surface heat fluxes over heterogeneous landscape of the Tibetan Plateau by using the MODIS and in situ data. Atmospheric Chemistry and Physics, 11(20): 10461-10469.

Monteith J L. 1965. Evaporation and environment. Symposia of the Society for Experimental Biology, 19 (19):205-234.

Niemelä S, Räisänen P, Savijärvi H. 2001a. Comparison of surface radiative flux parameterizations-Part I: Longwave radiation. Atmospheric Research, 58 (1): 1-18.

Niemelä S, Räisänen P, Savijärvi, et al. 2001b. Comparison of surface radiative flux parameterizations-Part II. Shortwave radiation. Atmospheric Research, 58 (2): 141-154.

Nishida K, Nemani R R, Running S W, et al.2003. An operational remote sensing algorithm of land surface evaporation. Journal of Geophysical Research: Atmospheres, 108 (D9): 4270.

Norman J M, Anderson M C, Kustas W P, et al. 2003. Remote sensing of surface energy fluxes at 10^1-mpixel resolutions. Water Resources Research, 39 (8): 1221.

Pinker R T, Corio L A. 1984. Surface radiation budget from satellites. Monthly Weather Review, 112 (1): 209-215.

Pinker R T, Ewing J A. 1985. Modelling surface solar radiation: model formulation and validation. J Climate Appl Meteor, 24: 389-401.

Pinker R T, Tarpley J D. 1988. The relationship between the planetary and surface net radiation: an update. Journal of Applied Meteorology, 27 (8): 957-964.

Pinker R T, Frouin R, Li Z. 1995. A review of satellite methods to derive surface shortwave irradiance. Remote Sensing of Environment, 51 (1): 108-124.

Pinker R T, Tarpley J D, Laszlo I, et al. 2003. Surface radiation budgets in support of the GEWEX Continental - Scale International Project (GCIP) and the GEWEX Americas Prediction Project (GAPP), including the North American Land Data Assimilation System (NLDAS) project. Journal of Geophysical Research: Atmospheres, 108 (D22).

Prata A J. 1996. A new long - wave formula for estimating downward clear - sky radiation at the surface. Quarterly Journal of the Royal Meteorological Society, 122 (533): 1127-1151.

Priestley C H B, Taylor R J. 1972. On the assessment of surface heat flux and evaporation using large-scale parameters. Monthly Weather Review, 100 (2): 81-92.

Roerink G J, Su Z, Menenti M.2000.S-SEBI: A simple remote sensing algorithm to estimate the surface energy balance. Physics and Chemistry of the Earth, Part B: Hydrology, Oceans and Atmosphere, 25 (2): 147-157.

Ryu Y, Kang S, Moon S K, et al.2008. Evaluation of land surface radiation balance derived from moderate resolution imaging spectroradiometer (MODIS) over complex terrain and heterogeneous landscape on clear sky days. Agricultural and Forest Meteorology, 148 (10): 1538-1552.

Samani Z, Bawazir A S, Bleiweiss M, et al. 2007. Estimating daily net radiation over vegetation canopy through remote sensing and climatic data. Journal of Irrigation and Drainage Engineering, 133 (4): 291-297.

Shuttleworth W J, Wallace J S. 1985. Evaporation from sparse crops - an energy combination theory. Quarterly Journal of the Royal Meteorological Society, 111 (469): 839-855.

Sobrino J A, Gómez M, Jiménez-Muñoz J C, et al.2007. Application of a simple algorithm to estimate daily evapotranspiration from NOAA-AVHRR images for the Iberian Peninsula. Remote sensing of Environment, 110 (2): 139-148.

Su Z. 2002. The Surface Energy Balance System (SEBS) for estimation of turbulent heat fluxes. Hydrology and Earth System Sciences, 6 (1): 85-100.

Tang B, Li Z L. 2008. Estimation of instantaneous net surface longwave radiation from MODIS cloud-free data. Remote Sensing of Environment, 112 (9): 3482-3492.

Tang B, Li Z L, Zhang R. 2006. A direct method for estimating net surface shortwave radiation from MODIS data. Remote Sensing of Environment, 103 (1) : 115-126.

Trenberth K E, Caron J M, Stepaniak D P. 2001. The atmospheric energy budget and implications for surface fluxes and ocean heat transports. Climate Dynamics, 17 (4) : 259-276.

Vonder Haar T H, Oort A H.1973. New estimate of annual poleward energy transport by northern hemisphere oceans. Journal of Physical Oceanography, 3 (2) : 169-172.

Wang W, Liang S. 2009. Estimation of high-spatial resolution clear-sky longwave downward and net radiation over land surfaces from MODIS data. Remote Sensing of Environment, 113 (4) : 745-754.

Wang K, Zhou X, Liu J, et al. 2005. Estimating surface solar radiation over complex terrain using moderate - resolution satellite sensor data. International Journal of Remote Sensing, 26 (1) : 47-58.

Wielicki B A, Barkstrom B R, Baum B A, et al. 1998. Clouds and the Earth's Radiant Energy System (CERES) : algorithm overview. IEEE Transactions on Geoscience and Remote Sensing, 36 (4) : 1127-1141.

Wong T, Wielicki B A, Lee III R B, et al. 2006. Reexamination of the observed decadal variability of the earth radiation budget using altitude-corrected ERBE/ERBS non scanner WFOV data. Journal of Climate, 19 (16) : 4028-4040.

Zhang Y, Rossow W B, Lacis A A, et al. 2004. Calculation of radiative fluxes from the surface to top of atmosphere based on ISCCP and other global data sets: refinements of the radiative transfer model and the input data. Journal of Geophysical Research: Atmospheres, 109 (D19105) : 1-27.

Zillman J W. 1972. Solar radiation and sea - air interaction south of Australia. American Geophysical Union.

第 2 章　大气辐射传输过程与模拟

我们所生活的地球是太阳系中的一颗行星，自身并不能提供足够的能量来满足地球各个圈层运行及生产活动的需要，这些能量基本上都从太阳辐射中获得。太阳表面温度高达 6000 K，蕴含着极其巨大的能量，太阳辐射经过约 1.5×10^8 km 的距离到达地球表面，大气层顶的太阳辐射约为 1367 ± 7 W/m^2，太阳辐射穿透大气层到达地表，需经过大气层的吸收和散射等削弱过程。地表对入射的太阳辐射也存在吸收和散射作用，被散射的太阳辐射中有部分进入大气层被大气吸收和散射，还有一部分被反射回太空，形成了我们从外太空看到的地球影像。光学遥感可见光、近红外波段传感器所接收到的地表信息就是被地球反射回外太空的太阳辐射。在整个遥感获取地表影像的过程中，太阳辐射两次经过大气，因此，大气是光学遥感中不可回避的问题。大气是介于太阳-地球及地球-传感器之间的介质层，该介质层由多种气体、气溶胶和云组成。大气对太阳辐射(电磁波)的作用主要包括吸收和散射作用，大气中不同的成分对电磁波的不同作用可以看作是吸收和散射所占的比例不同。根据以上过程，光学遥感所获取的对地观测影像中包含两种信息：地表反射信息和大气散射信息，因此，光学遥感图像所获取的信息可以表达为式(2.1)：

$$I = f(\rho, \text{Atm}) \tag{2.1}$$

式中，I 为遥感图像信息；ρ 为地表信息；Atm 为大气信息。大气对太阳辐射的削弱(调制)在物理上利用大气辐射传输方程来描述，2.1 节将简单介绍大气辐射传输理论。为了更好地理解大气辐射传输理论，对大气中的主要成分及其光学特性的了解是非常关键的。2.2 节将着重介绍大气组成、结构特征及大气成分的光学特征。大气中的大多数成分都相对稳定，而气溶胶是大气中变化较为活跃的成分之一，它是地球表层系统辐射收支的重要影响因素。2.3 节将着重介绍大气气溶胶遥感方面的问题。对大气成分有了充分了解后，2.4 节将介绍大气辐射传输方程的求解方法，求解过程中还将涉及边界条件(地表二向反射模型)的相关知识。

2.1　大气辐射传输方程

在不考虑极化效应的情况下，大气辐射传输方程可以简单描述为

$$\frac{\mathrm{d}I(s)}{\mathrm{d}s} = -K(I - J) \tag{2.2}$$

式(2.2)描述了太阳辐射亮度(I)在方向(s)上的变化(等式左边)等于介质对太阳辐射的消光之和，表达为体消光系数(K)。对于入射的太阳辐射，介质对太阳辐射的作用总是削弱的，所以前面加上一个负号。介质层对入射辐射的削弱包括对太阳能量(I)的削弱

和从外界获取的能量(J)两部分。J是源函数，主要是介质从外界获取的能量，对于本介质层而言，这是系统从外界获取的增量，所以与外面的负号相抵消变为正号，因此，外界源所释放的能量在介质层中属于正的信息量。该方程描述的是任何介质层下的辐射传输过程，如果介质层为大气，则该方程就是大气辐射传输方程；如果介质层换成植被，则该方程就是植被辐射传输模型；换成其他类型的介质层亦然。本章主要讨论大气辐射传输方程，以后该方程的介质层就假定为大气。

式(2.2)是大气辐射传输方程的极简描述，如果假设大气在水平方向均匀分布，那么变化只在垂直方向(z)发生，则式(2.2)可以描述为

$$\mu\frac{\mathrm{d}I(z,\mu,\varnothing)}{\mathrm{d}z} = \sigma_e I(z,\mu,\varnothing) - \int_0^{2\pi}\int_{-1}^{1} I(z,\mu_i,\varnothing_i)\sigma_s(\mu,\varnothing,\mu_i,\varnothing_i)\mathrm{d}\mu_i\mathrm{d}\varnothing_i - J_0 \quad (2.3)$$

式中，($\mu,\varnothing$)为极坐标系下的水平坐标，$\mu = \cos(\theta)$；σ_e为体消光系数；σ_s为散射消光系数。式(2.3)左边与式(2.2)左边意义一致，只是将任意方向(s)变化为垂直方向(z)；该式右边第一项表示从($\mu,\varnothing$)方向来的光削弱量(包括吸收和散射的削弱)，第二项表示从($\mu,\varnothing$)方向来的光被散射后从 4π 空间或任意方向($\mu_i,\varnothing_i$)返回($\mu,\varnothing$)方向的光增量，第三项表示来自外部源的增量。对于可见光近红外遥感而言，所接收的光都是从太阳发射出来的，所以没有外部源，则第三项可以去掉。

因为式(2.3)假设大气水平均匀，所以该式实质上是一个一维的大气辐射传输方程；当考虑大气水平不均匀时，式(2.3)则需要考虑多维变化。为了简单起见，本章只考虑一维大气辐射传输方程。式(2.3)是一个积分-微分方程，原则上其没有解析解；只能通过对方程的简化来实现方程求解。如果进一步假设大气粒子(介质)对光的散射是各向同性的，大气辐射传输方程可以简化为

$$\mu\frac{\mathrm{d}I(\tau,\mu,\varnothing)}{\mathrm{d}\tau} = I(\tau,\mu,\varnothing) - \frac{\omega}{4\pi}\int_0^{2\pi}\int_{-1}^{1} I(\tau,\mu_i,\varnothing_i)P(\mu,\varnothing,\mu_i,\varnothing_i)\mathrm{d}\mu_i\mathrm{d}\varnothing_i \quad (2.4)$$

式中，τ为光学厚度，定义为消光系数(σ_e)在 z 方向上的积分；ω为单次散射反照率，表征散射在总消光中所占比例；$P(\mu,\varnothing,\mu_i,\varnothing_i)$为散射相函数，表征从任意方向($\mu_i,\varnothing_i$)来的光散射到($\mu,\varnothing$)方向的概率。光学厚度、单次散射反照率和散射相函数都是大气的光学特性；因此，对大气光学特性的理解是大气辐射传输方程求解的关键。

为了求解大气辐射传输方程，还需要确定大气辐射传输方程的边界条件。对于一维大气辐射传输方程而言，边界条件包括大气层顶和大气层底两个。

1)大气层顶。由于没有大气的干扰，太阳辐射的入射方向由太阳天顶角和方位角唯一确定。

2)大气层底。因为传感器所获取的信息由大气和地表信息耦合而成，所以大气层底的信息由地表给定；为了进一步简化大气辐射传输方程，通常假设地表反射率为朗伯体(各向同性)。

2.2　大气组成及其光学特征

2.2.1　大气组成及其时空分布

大气成分与生物圈的组成一样，是历史演变的结果，本书主要讨论目前的大气。大气是一种气体、液体及固体微粒物所组成的混合物，其中部分液体和所有固体微粒物合称为气溶胶，气溶胶主要通过自然过程(风产生的扬尘、火山喷发物等)或人为活动产生(工厂排放、汽车尾气等)。大气中的气体成分又可以分为定常成分和可变成分。定常成分是指大气中含量相对稳定的气体，主要包括氮、氧、氩、氖、氦等；可变成分是指大气中含量随时间和空间变化明显的气体，主要包括二氧化碳、一氧化碳、甲烷、二氧化硫、臭氧、二氧化氮等，这些气体中大部分通常是大气中的污染物，浓度过高对人体有害。表 2.1 列出了干洁大气的基本组成。

表 2.1　干洁大气的基本成分(引自周秀骥等，1991)

成分分类	气体	分子式	体积分数/%*	分子量
定常成分	氮	N_2	78.0840	28.0134
	氧	O_2	20.9476	31.9988
	氩	Ar	0.934	39.948
	氖	Ne	0.001818	20.183
	氦	He	0.000524	4.0026
	氪	Kr	0.000114	83.8
	氙	Xe	0.87×10^{-7}	131.3
可变成分	二氧化碳	CO_2	0.0322	44.00995
	一氧化碳	CO	0.19×10^{-4}	28.01055
	甲烷	CH_4	1.5×10^{-4}	16.04303
	臭氧	O_3	0.04×10^{-4}	47.9982
	二氧化硫	SO_2	1.2×10^{-7}	64.0628
	一氧化二氮	N_2O	0.27×10^{-4}	44.0128
	二氧化氮	NO_2	1×10^{-7}	46.0055
	氢	H_2	0.5×10^{-4}	2.01594
	碘	I_2	5×10^{-7}	253.8088
	氨	NH_3	4×10^{-7}	17.03061

*体积比含量以往还经常用下列缩写做单位：1 ppm=10^{-6}；1 ppb=10^{-9}；1 ppt=10^{-12}，因是非法定单位，已不许用。

大气中的定常成分对太阳辐射的影响主要集中于紫外部分，而真正对太阳辐射影响较大的是一些含量较少的可变成分，主要包括臭氧、二氧化碳、甲烷、大气水汽和气溶胶，这些可变成分的时空分布差异较大。臭氧总含量有明显的地域分布特征，并随季节变化较大；在空间分布上，臭氧在赤道上空含量最少，在高纬度地区含量最大。大气中二氧化碳含量相对稳定，但随着人类生产活动的加剧，二氧化碳的含量也在逐渐增加；

二氧化碳在南北半球的分布不均一，北半球含量高于南半球，主要原因是北半球陆地面积大，居住人口多；二氧化碳含量也会随季节有一定的变化。大气水汽主要由水面蒸发产生，所以它无论是在时间还是在空间上的分布都是极其不均一的；地球上最湿润与最干旱地区的大气水汽含量可以相差 5 个数量级，而且同一地区水汽含量的变化幅度也可以与其平均值相比。大气气溶胶是指悬浮在大气中具有一定稳定性、沉降速度小的、尺度在 $10^{-3} \sim 10\ \mu m$ 的液态及固态粒子；它主要集中在大气底层 $0 \sim 4\ km$，但火山喷发可以将气溶胶送达平流层，而且可以在平流层内长期停留，所以还需要在大气辐射传输方程中考虑背景气溶胶(平流层气溶胶)的影响。

太阳表面的温度高达 6000 K 左右，根据普朗克黑体公式，通过计算可以得知太阳辐射能量主要集中在波长为 $0.17 \sim 4\ \mu m$ 的辐射区，从紫外一直延伸到中红外波段，但还是以可见光近红外波段为主。理论上太阳光谱是 $0.17 \sim 4\ \mu m$ 的连续光谱，但由于太阳大气和地球大气的吸收作用，在地球表面所观测到的太阳辐射光谱存在很多吸收暗线，这些暗线被称为夫琅和费线，总共有 26 000 条之多。图 2.1 显示了太阳辐射经过太阳大气和地球大气前后的光谱曲线，以及 300 K 黑体(与地球的平均温度相当)发射辐射在经过地球大气前后的光谱曲线。由图 2.1 可以看出，$0.29\ \mu m$ 以下的光谱在经过地球大气后几乎观测不到了，是因为大气中的氮气和氧气对紫外波段具有强吸收作用；在 $0.29 \sim 4\ \mu m$ 辐射区间内，还有多达两万条的吸收谱线，这些吸收谱线主要是由太阳大气和地球大气里的不同成分的吸收所引起的。除了吸收以外，大气还会散射电磁波，从而改变电磁波的方向。

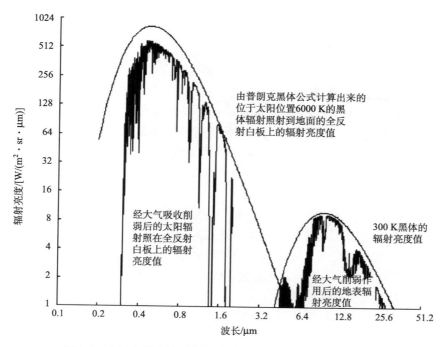

图 2.1　大气上界和地面上的太阳光谱(引自田国良等，2006)

2.2.2 大气对电磁波的吸收

按照原子结构的量子理论，当电子围绕原子转动时，只能取离散的轨道，每个轨道对应不同的电子能级，当电子从高能级向低能级跃迁时，发射电磁波；当电子从低能级向高能级跃迁时，则吸收电磁波。因此，当太阳辐射进入大气时，大气中的不同成分由于接收到了太阳辐射的电磁波能量，势必造成大气成分对太阳辐射的吸收形成电子能级从低级向高级的跃迁；因为物质对电磁波的吸收具有强烈的选择性，所以大气中不同成分所吸收的太阳电磁波能量有差异，从而形成了如图 2.1 所示的太阳辐射波谱曲线。另外，分子内部的转动与振动也可以引起电子能级的分裂，但因为转动和振动的能级间距小，所以振动和转动产生的能级跃迁对应着能量需求较小的红外吸收与发射，以及微波的吸收与发射。

大气中的所有成分对太阳辐射都具有一定的吸收作用，其中，最主要的吸收来自于氮气、氧气、臭氧、大气水汽、二氧化碳、甲烷、氮氧化合物和一氧化碳等。

2.2.2.1 氮气和氧气及臭氧的吸收

氮气和氧气是大气的主要成分，它们对电磁波的吸收主要集中于紫外波段，加之臭氧对 0.3 μm 以下的电磁波具有强烈的吸收作用，使得到达地表的太阳辐射中小于 0.3 μm 部分的能量基本为零。除此之外，臭氧在 0.6 μm 附近还有一个弱吸收带；在 9.6 μm 处有一个强吸收带；在 4.75 μm 处有一个较为显著的吸收带；在 14 μm 附近与二氧化碳的强吸收带重叠。

2.2.2.2 大气水汽的吸收

水汽的吸收主要集中于 6.3 μm（宽度较大的强吸收带）、2.74 μm 和 2.66 μm 3 个区域；此外，还有很多较弱的吸收带，主要集中于近红外区，与其他一些成分的吸收带有重叠。在对遥感图像进行精确大气校正时需要考虑近红外区域的大气水汽吸收。利用大气水汽以 6.3 μm 为中心的强吸收，形成了对大气水汽廓线的遥感探测。另外，在利用分裂窗算法反演陆面或海面温度时，需要对 8～14 μm 的大气水汽吸收进行纠正。

2.2.2.3 二氧化碳的吸收

二氧化碳的吸收主要集中于红外区域，包括以 15 μm 为中心的强吸收带、以 4.3 μm 为中心的吸收带，以及以 10.4 μm、9.4 μm、5.2 μm、4.8 μm、2.7 μm、2.0 μm、1.6 μm 和 1.4 μm 为中心的弱吸收带，弱吸收带的宽度都比较窄，约为 0.1 μm，对于遥感探测的用处不大。在利用遥感手段开展大气二氧化碳探测时，主要采用以 15 μm 为中心的波段，主要用于探测大气温度垂直分布。

大气中主要成分的吸收带列于表 2.2 中。

表 2.2　各成分的吸收带中心波长(括号内为波数，引自田国良等，2006)

大气成分		吸收带中心波长/μm	
		强吸收	弱吸收
水汽	H_2O	1.4(7142)	0.9(11111)
		1.9(5263)	1.1(9091)
		2.7(3704)	
		6.3(5787)	
		13.0~1000	
二氧化碳	CO_2	2.7(3704)	1.4(7142)
		4.3(2320)	1.6(6250)
		14.7(680)	2.0(5000)
			9.4(1064)
			10.4(9662)
臭氧	O_3	4.7(2128)	3.3(3030)
		9.6(1024)	3.6(2778)
		14.1(709)	5.7(1754)
一氧化氮	N_2O	4.5(2222)	3.9(2564)
		7.8(1282)	4.1(2439)
			9.6(1024)
			17.0(588)
甲烷	CH_4	3.3(3030)	
		3.8(2632)	
		7.7(1299)	
一氧化碳	CO	4.7(2128)	2.3(4348)

2.2.3　大气对电磁波的散射

　　电磁波的散射是电磁波与物质相互作用的一种方式，是电磁波与物质相互作用后偏离原来方向的一种现象。大气作为一种介质，对电磁波也具有散射作用。散射可以分为体散射和面散射两大类。体散射的本质是介质的不均一性，是物体内部(介质中)存在密度的涨落现象，导致电磁波在传播过程中发生偏移。这种不均一性可以由很多外因引起，如温度差异、水分含量差异等。从侧面说明电磁波在均一介质中是不存在散射的；或者说，散射光各向同性使得散射光相互抵消。本书主要讨论体散射。

　　根据介质颗粒的大小，可以将散射分为小颗粒散射和大颗粒散射。小颗粒散射又称为分子散射，或者瑞利散射，主要由大气中的气体成分(其尺寸远小于太阳辐射的电磁波波长)引起；大颗粒散射又称为米散射，主要由大气中的气溶胶(其尺寸与太阳辐射的电磁波波长可比拟)引起。如果将大气中的粒子近似为球形粒子，则可以定义尺度参数 x 为

$$x = \frac{2\pi r}{\lambda} \tag{2.5}$$

式中，r 为球形粒子半径；λ 为波长。通过 x 可以对瑞利散射和米散射进行区分。

2.2.3.1 小颗粒散射（分子散射或者瑞利散射）

在 x 小于 0.01 时，由于气体粒子的半径远远小于波长，这时大气粒子对电磁波的散射属于瑞利散射。由 2.1 节可知，大气的散射特性可以用散射相函数、单次散射反照率等光学特性来描述。对于瑞利散射而言，大气粒子的相函数（P）可以表达为

$$P(\mu) = \frac{3}{16\pi}\frac{2}{2+\delta}\left[(1+\delta)+(1-\delta)(1+\mu^2)\right] \tag{2.6}$$

式中，δ 为去极化因子，用于非各向同性粒子的去极化效应；当 $\delta = 0$ 时，大气粒子为各向同性粒子，相函数可以简化为

$$P(\mu) = \frac{3}{16\pi}(1+\mu^2) \tag{2.7}$$

Young（1980）认为，在干洁大气条件下，$\delta = 0.0279$，则式（2.6）可以写为

$$P(\mu) = 0.06055 + 0.05708\mu^2 \tag{2.8}$$

该相函数表明其只与电磁波的入射方向和出射方向夹角相关，出射与入射方向的夹角被称为散射角，其定义如下：

$$\mu = \cos\theta = \cos\theta_i\cos\theta_v + \sin\theta_i\sin\theta_v\cos(\phi_i - \phi_v) \tag{2.9}$$

对于瑞利散射，单次散射反照率 $\omega = 1$。

因此，瑞利散射是非常简单的，且在全球范围内相对稳定，其大小主要与大气层的厚度相关，而大气层的厚度主要与高程相关，所以可以通过以下公式来计算由小颗粒气体所造成的散射：

$$\tau_R = \frac{p}{p_0}(0.00864 + 6.5\times10^{-6}z)\lambda^{-(3.916+0.074\lambda-0.05/\lambda)} \tag{2.10}$$

式中，τ_R 为大气粒子的瑞利光学厚度；p 为当前位置的大气压（mbar[①]）；p_0 为海平面的大气压，可以设定为 1013.25 mbar；z 为当前位置的高程（km）。如果计算海平面的瑞利光学厚度，则式（2.10）可以简化为

$$\tau_R = 0.00864\lambda^{-(3.916+0.074\lambda-0.05/\lambda)} \tag{2.11}$$

在进行遥感图像处理的时候，可以直接用式（2.10）来对图像进行瑞利散射纠正。

由相函数及瑞利光学厚度公式可知，瑞利散射具有以下几个特征。

1）散射光强度与波长四次方成反比，即波长越短，散射越强烈，所以可见光中波长最短的蓝色光线被大量散射，使得天空呈现蓝色。

2）散射光强与距离平方成反比，这是能量传播的特征。

3）散射相函数呈对称分布。

4）当散射角为 0° 或 180° 时，散射光的偏振度为 0；当散射角为 90° 时，散射光的偏振度为 1（线性偏振）；当为其他角度时，均为部分偏振。

---

① 1 mbar=100 Pa。

2.2.3.2 大颗粒散射（米散射）

当大气粒子的尺度参数 x 介于 0.1～50 之间时，需要用米散射理论来描述大气粒子的散射特征。由于绝大多数大气气溶胶粒子的尺度参数介于 0.1～50 之间，所以气溶胶粒子是米散射理论主要针对的对象。米散射理论是一个比较完备的理论，在 Bohren 和 Huffman（1983）的书中有详细介绍，限于篇幅，本书就不做详细介绍了。以下主要列举米散射中对大气粒子散射的光学特征。

对于尺度分布为 $f(r)$ 的球形粒子，根据米散射理论，可以计算一群大气粒子的总消光系数 σ_{ext}、散射消光系数 σ_{sca}、散射相函数 $P(\theta)$、单次散射反照率 ω 和非对称因子 g，其计算公式如下：

$$\sigma_{\mathrm{ext}} = N\int_0^\infty \pi r^2 Q_{\mathrm{ext}} f(r)\mathrm{d}r \tag{2.12}$$

$$\sigma_{\mathrm{sca}} = N\int_0^\infty \pi r^2 Q_{\mathrm{sca}} f(r)\mathrm{d}r \tag{2.13}$$

$$P(\theta) = \frac{2\pi N\int_0^\infty \left(|S_{11}|^2 + |S_{22}|^2\right) f(r)\mathrm{d}r}{k^2 \sigma_{\mathrm{sca}}} \tag{2.14}$$

$$g = \frac{\int_0^\infty r^2 Q_{\mathrm{sca}} g(r) f(r)\mathrm{d}r}{\int_0^\infty r^2 Q_{\mathrm{sca}} f(r)\mathrm{d}r} \tag{2.15}$$

$$\omega = \frac{\sigma_{\mathrm{sca}}}{\sigma_{\mathrm{ext}}} \tag{2.16}$$

2.2.3.3 大气散射特点

（1）大气散射强度具有可加性

2.2.3.1 和 2.2.3.2 两小节中简要描述了单个粒子的散射光学特征，在现实大气中，大气散射是由大气中的无数粒子构成的，因此，大气散射就变成了大气粒子群体的综合作用。因为粒子间的距离比粒子半径大 10 倍以上，所以认为粒子之间的相干现象不存在，则可以认为大气粒子群体散射的强度是单个粒子散射强度的线性加和。

（2）大气散射系数随高度变化

大气散射由瑞利散射和米散射两部分组成，而米散射主要由气溶胶粒子引起；因为大气气溶胶主要集中于大气底层 0～4 km，且气溶胶所产生的米散射一般远远强于瑞利散射，所以在大气底层 0～4 km，大气散射以米散射为主，而 4 km 以上则以瑞利散射为主。

2.2.3.4 大气气溶胶粒子尺度分布

大气中气溶胶粒子群体在空间上的分布具有一定的规律性，利用大气气溶胶粒子尺度分布（谱）来描述这种规律性。由于气溶胶类型不同，其尺寸也不尽相同，所以有多种气溶胶粒子谱，主要粒子谱包括：

(1) Junge 分布

$$n(r) = \begin{cases} Cr^{-a} & r_1 \leqslant r \leqslant r_2 \\ 0 & \text{其他情况} \end{cases} \tag{2.17}$$

式中，对于一般的气溶胶粒子，a 为 $2.5 \sim 4.0$。

(2) 改进的 Junge 分布

$$n(r) = \begin{cases} C(r/r_1)^{-a} & r_1 \leqslant r \leqslant r_2 \\ 0 & \text{其他情况} \end{cases} \tag{2.18}$$

(3) 伽马分布

$$n(r) = Cr^a \mathrm{e}^{-br} \tag{2.19}$$

(4) 改进的伽马分布

$$n(r) = Cr^{(1-3b)/b} \mathrm{e}^{-r/ab} \tag{2.20}$$

(5) 对数正态分布

$$n(r) = Cr^{-1} \exp\left[\frac{-\left(\ln r - \ln r_{\mathrm{g}}\right)^2}{2\ln^2 \sigma_{\mathrm{g}}}\right] \tag{2.21}$$

式中，r_{g} 和 σ_{g} 分别为大气气溶胶粒子的平均尺寸和方差。

对于以上气溶胶尺度分布而言，常数 C 的值需要使以下关系成立：

$$\int_{r_{\min}}^{r_{\max}} n(r)\mathrm{d}r = 1 \tag{2.22}$$

大多数气溶胶粒子都满足对数正态分布，雾和沙尘一般满足 Junge 分布。由于真实的大气气溶胶中往往存在多种气溶胶粒子，则可能需要多种分布来描述；一般情况下，根据大气中气溶胶粒子的尺寸不同，可能需要用不同的粒子谱来描述。表 2.3 给出了一些单模态和多模态的对数正态分布参数，用来描述一些真实情况下的大气气溶胶尺度谱。

表 2.3　模拟真实大气气溶胶情况下的多模态对数正态分布参数(引自 Higurashi and Nakajima, 1999)

数据集	r_{g1}	σ_{g1}	r_{g1}	σ_{g1}	r_{g1}	σ_{g1}	备注
1	0.14	1.56	2.29	2.11	—	—	轻度气溶胶
2	—	—	2.84	1.90	35.5	1.38	中度气溶胶
3	—	—	3.08	2.20	35.1	1.37	重度气溶胶
4	0.41	1.36	2.3	1.65			日本盛冈，冬天
5	0.36	1.58	—	—			美国俄克拉荷马州
6	0.17	1.61	—	—			大陆型背景气溶胶
7	0.19	1.64	—	—			城市污染物
8	0.14	2.6					年平均
9	0.13	1.8	—	—	10.0	2.6	
10	0.16	1.79	4.48	3.47	—		日本仙台，冬天
11	0.17	1.69	2.78	3.06			日本仙台，春天
12	0.21	1.97	2.98	2.17	—	—	日本仙台，夏天

续表

数据集	r_{g1}	σ_{g1}	r_{g1}	σ_{g1}	r_{g1}	σ_{g1}	备注
13	0.15	1.96	3.96	3.12	—	—	日本仙台，秋天
14	0.17	2.05	4.375	2.33	—	—	
15	0.175	2.34	3.41	2.23			
16	0.205	2.23	4.09	2.23	—	—	
17	0.189	2.12	3.41	2.23	—	—	
18	0.174	2.01	4.09	2.23	—	—	
19	0.196	2.01	4.09	2.23	—	—	

米散射用于描述大气中的球形气溶胶粒子还是非常实用的，尤其是大部分自然存在的气溶胶粒子也近似球形；但对于少部分非球形粒子，米散射就不适用了，如由生物质燃烧产生的煤烟粒子。另外，对于粒子尺度参数超过 50 的气溶胶粒子，米散射计算需要大量时间，这时一般采用光线追踪方法来计算。

2.3　大气气溶胶遥感

气溶胶作为大气中的主要成分，其在空间和时间上的分布都极其不均匀，气溶胶量的大小和其中的成分会对大气的可见光和近红外波段产生强烈的吸收或者散射作用。大气中的吸收和散射统称为大气消光；这种消光作用首先会对所获取的遥感图像质量产生影响，使得获取的遥感图像与实际情况存在偏差，为了消除这种偏差，需要获取大气中气溶胶和大气水汽信息，并对一些其他的量进行修正。另外，大气中气溶胶的增加，尤其是散射较强的气溶胶，对入射的太阳辐射具有较强的反射作用，可以部分抵消由温室气体造成的大气升温，因此，气溶胶信息的获取可以在全球辐射收支平衡等研究方面起到重要作用。

相对于陆地而言，早期利用遥感手段获取气溶胶主要针对海洋。海洋可以被视为"黑"物体，因此，遥感获取的可见光和近红外图像信息主要由大气气溶胶的散射作用引起。通常情况下，由于陆地地表的反射率较大，遥感图像所获取的信息中大部分信息来自于地表；而大气与陆地耦合的信息很难通过遥感图像分解，因此，利用遥感手段获取陆地上空的气溶胶信息非常困难。由于所用波段基本为可见光近红外波段，现阶段的方法以反演气溶胶光学厚度为主。近期，随着遥感仪器与算法的发展，利用可见光和近红外数据获取陆地上空气溶胶特性参数得到了极大的发展。主要方法如下。

2.3.1　多角度方法

多角度方法首先被应用于 ATSR-2 data（Veefkind et al.，1998；Gonzalez et al.，2000），在 MISR 数据上得到了极大的发展（Diner et al.，2005a，2005b）。

2.3.2 基于多波段的方法

基于多波段的方法由 AVHRR 方法发展而来，在 MODIS 数据上得到了极大的发展，成为现阶段大家广为应用的产品。该方法利用中红外和短波红外与红蓝波段的关系来分离地表与气溶胶信息(King et al.，1999)。该方法还可以利用迭代的手段初步获得气溶胶类型。

2.3.3 多极化的方法

利用不同角度观测与多极化结合来获取陆地上空气溶胶信息的方法在 POLDER 数据上得到了初步发展(Deschamps et al.，1994)。气溶胶的极化主要来自于小的球形气溶胶粒子(Vermeulen et al.，2000)，其平均半径小于 0.5 μm ，属于聚集模式的气溶胶，该方法主要适用于聚集模式气溶胶的反演。

2.3.4 近紫外方法

随着 TOMS 与 OMI 的升空，近紫外遥感数据对大气极度敏感的特性被用作反演大气气溶胶信息的一个新手段(Torres et al.，2007)。对于地表而言，近紫外的反照率非常小，植被一般小于 0.04，海洋很少大于 0.08，对于没有冰雪覆盖的地表，反照率一般不大于 0.08；近紫外地表反照率低的特性使陆地上大多数地表都具有气溶胶获取的能力。同时，近紫外的强烈散射作用使得近紫外对于吸收型气溶胶的探测能力得到加强。近紫外波段对于气溶胶的吸收和散射特性，与气溶胶的微物理特性和气溶胶的量具有极强的相关性，可以用于气溶胶类型、折射率指数、气溶胶吸收等反演。

根据以上方法，现阶段可用的全球性遥感气溶胶产品主要包括以下几种。

1) MODIS 气溶胶产品(MOD04)：包括 C4 和 C5 两个版本；包括陆地和海洋，但陆地上缺失沙漠和部分亮地表上空的 AOD；空间分辨率为 10 km×10 km；C6 版本提供新的 3 km 分辨率气溶胶产品。

2) MISR 气溶胶产品：包括陆地和海洋，由于轨道设计方面的因素，缺失部分地区的产品；空间分辨率为 17.6 km×17.6 km。

3) AVHRR 气溶胶产品：包括 NOAA 和 GACP 的两个版本的产品；只有海洋上空的产品；空间分辨率为 1°×1°。

4) POLDER 气溶胶产品：为多角度多极化产品；包括海洋和陆地。

5) TOMS 气溶胶产品：为近紫外产品；包括海洋和陆地；空间分辨率为 50 km。

6) OMI 气溶胶产品：为多波段算法和近紫外产品，包括海洋和陆地；空间分辨率为 13km×24 km，在 zoom 模式下，分辨率可以提高到 13km×12 km。

以上产品各有利弊，其比较见表 2.4。

表 2.4　全球遥感气溶胶产品比较

产品缩写	传感器	时间跨度	空间范围	主要参考文献	主要局限性	空间分辨率	时间分辨率	主要获取算法	文献中的精度描述
Mc4/Mc5	MODIS, T+A	2000 年至今	全球	Tanré et al., 1997; Kaufman et al., 1997	沙漠地区缺失	10 km	1 天 8 天 月	多波段算法	海洋 ΔAOT ＝ ±0.03±0.05AOT 陆地 ΔAOT ＝ ±0.05±0.15AOT
MIS	MISR	2000 年至今	全球	Kahn et al., 1998; Martonchik et al., 1998; Diner et al., 2005	6 d 重访	17.6 km	6 天	多角度方法	不确定性为 0.05 或者 20%
TOo/TOn	TOMS	1979~2001 年	全球	Torres et al., 2002	空间分辨率仅为 50 km	50 km	天 周 月	近紫外的方法	吸收型气溶胶光学厚度的反演误差为 0.1 或者 30%, 非吸收型 20%
OMAERO/ OMAERUA	OMI	2007 年至今	全球	OMI 产品 ATBD(算法文档)	由于分辨率比较大，亚像元的云和薄的卷云无法检测，使得结果偏大	13 km×24 km	天	多波段方法近紫外的方法	在 400 nm 波段不确定性为 Max(0.1, 30%) 在中等可见光波段不确定性为 Max(30%, 0.08)
AVn	AVHRR-NOAA	1981~1990 年	海洋	Stowe et al., 1997	陆地产品缺失，需要先验知识库	1°×1°	周	单波段方法	系统误差小于 10%, 随机误差约为 0.04
AVg	AVHRR-GACP	1984~2000 年	海洋	Geogdzhyev et al., 2002	陆地产品缺失	1°×1°	月	多波段方法	不确定性为 ±0.1, 小于 30%
POL	POLDER	2005~2013 年	全球	Deuzé et al., 1999; Deuzé et al., 2001	陆地产品仅考虑细粒子气溶胶	6 km×7 km	天	多角度和多极化的方法	无

2.4　大气辐射传输方程求解

大气辐射传输方程是描述大气层内任意一点处在任何方向上辐射亮度值应满足的物理条件的微分-积分方程。理论上，该方程没有严格的解析解，只有通过一些方法来简化方程，从而获得近似解。在求解前，还需要知道大气辐射传输方程的边界条件和大气的粒子谱及粒子的光学特性。现在主要有两种解辐射传输方程的方法：近视解法和数值计算解法。传统的二流近似方法（Meador and Weaver，1980；Kaufman and Joseph，1982；Liang and Strahler，1994）和四流近似方法（Liou，1974；Liang and Strahler，1994）是早期辐射传输计算中常用的两种方法。随着计算机计算能力的不断增强，现在研究人员更倾向于用数值计算的方法来求解辐射传输方程，因为计算能力的增强大大减少了计算的时间，而计算的精度更高。幸运的是，辐射传输理论是一个比较完备的物理理论，已经有大量的研究，并形成了软件包（表 2.5）供大家使用。由于篇幅所限，本书不再赘述，感兴趣者可以参考 Liang（2004）和徐希孺（2005）等的著作。

表 2.5　常见的辐射传输方程求解软件包（引自 Liang，2004）

名称	作者（文献发表率）	描述
STREAMER	Key（1998）	用于计算很多类型大气和地表条件下的辐亮度和辐照度
HYDROLIGHT	Mobley（1998）	用于计算自然水体辐射分布
DISORT	Stamnes 等（2000）	被广泛测试过的 N 流近似大气辐射传输模型
SBDART	Ricchiazzi 等（1998）	在 DISORT 模型基础上发展起来的，可用于全面分析各种辐射传输间距
Clirad_sw, Clirad_lw,	Chou 和 Suarez（1999）	用于全球循环模式和中尺度模型的辐射传输计算
FEMRAD	Kisselev 等（1994）	基于有限元的方法
SHDOM	Evans（1998）	用于非极化模式下的计算
PolRadTran	Evans 和 Stephens（1991）	用于极化模式下的计算
MC-layer	Macke 等（1999）	利用蒙特·卡罗方法模拟垂直非均匀情况下的多次散射
MCML	Wang 等（1995）	该算法可以考虑大气层有不同物理特性下的大气辐射计算
DOM VDOM	Haferman 等（1993）	三维大气辐射传输模型
libRadtran	Kylling 等（2011）	计算地球大气中的太阳辐射和热辐射
MODTRAN	Berk 等（2006）	被大家广泛使用的模型
6S	Vermote 等（1997）	在光学遥感大气辐射传输计算中被广泛使用

大气辐射传输模型是一个正向模型，原则上，只要给出模型中所有所需要的参数，就可以获得相应的输出，可以模拟辐射信号在大气、地表、传感器之间的传输过程。大气辐射传输机理相当复杂，建立大气辐射传输模型不仅需要考虑信号与大气之间的相互作用，还要考虑表面因素、地形因素的影响等。在遥感应用中，遥感传感器所观测得到的图像就是大气辐射传输模型的输出。获得的遥感图像是太阳辐射经过大气吸收散射及

地表反射后，再经过大气进入传感器，形成最后能看到的遥感图像。表 2.5 中 MODTRAN（MODerate resolution atmospheric TRANsmission）、SBDART（Santa Barbara DISORT Atmospheric Radiative Transfer）、6S（Second Simulation of a Satellite Signal in the Solar Spectrum）是目前国际上已有的、计算精度较高的大气辐射传输模型。本节将通过对 3 个模型进行介绍来更具体地描述大气辐射传输模型。

2.4.1　6S 辐射传输模型

6S 辐射传输模型是美国马里兰大学地理系在 5S 模型的基础上研发的。该模型很好地模拟了地气系统中太阳辐射的传输过程，适用于太阳辐射波长为 200～2500 nm 的大气辐射传输模型。相对于 5S 模型，6S 模型考虑了目标高程、非朗伯平面的情况和新的吸收气体种类（CH_4、N_2O、CO 等）的影响，采用了 SOS（successive order of scattering）算法来计算散射和吸收作用，以提高精度。6S 模型中大气气体吸收是以 10 cm^{-1} 的光谱间隔或者 2.5 nm 的步长进行光谱积分的，适用于近红外与可见光波段的辐射传输模型（Vermote et al.，1997）。

2.4.1.1　几何参数模块

几何参数模块用于设置太阳-地表-传感器之间的几何位置关系的相关参数，包括太阳天顶角 θ_s、太阳方位角 $\varnothing_s$、观测天顶角 θ_v 和观测方位角 $\varnothing_v$。这些参数定义了太阳辐射在大气中传播的初始方向（θ_s，$\varnothing_s$）和终止方向（θ_v，$\varnothing_v$）。

2.4.1.2　大气模式模块

大气模式定义了进行大气辐射传输计算时的大气温度、湿度和气压廓线（随高度变化的趋势），以及大气水汽、臭氧及其他一些气体的含量。根据前人的研究成果，6S 在程序中预设了几种大气模式，包括 1962 年美国标准大气、热带大气、中纬度夏季、中纬度冬季、亚寒带夏季和亚寒带冬季等模式，图 2.2 是中纬度夏季大气模式的温度、湿度和气压廓线。从大气模式中可以得到计算大气瑞利散射的相关参数，包括单次散射反照率、散射相函数、大气分子分布函数等。用户也可以根据自己的需求，通过对海拔、温度、气压、大气水汽含量、臭氧含量等参数进行设定，来实现大气模式的自定义。

2.4.1.3　气溶胶模式模块

气溶胶模式定义了辐射传输模型中计算大气气溶胶散射时所需要的相关参数，包括气溶胶尺度谱、散射相函数、单次散射反照率、非对称因子、散射消光系数等，这些参数已经在 2.2.3.2 小节中进行了详细描述。6S 在软件包中预设了一些气溶胶模式，包括大陆型、沙尘型、城市型、生物质燃烧型、海洋型、平流层气溶胶等，预设气溶胶模式的相关参数见表 2.6 和表 2.7。6S 中的气溶胶模式可以自定义，自定义的方式如下。

1）通过定义沙尘型、水溶型、海洋型和煤烟型 4 种气溶胶类型的比例来自定义。

2）通过定义气溶胶尺度谱来自定义。

3）通过太阳光度计观测数据来自定义等。

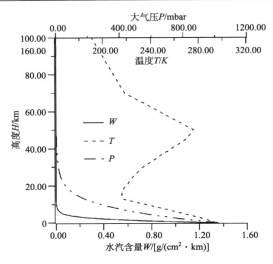

图 2.2　中纬度夏季大气模式廓线（引自田国良等，2006）

表 2.6　气溶胶基本成分及一些预设气溶胶类型的基本组成（引自 D'Almeida et al.，1991；Jaenicke，1993）

(a)气溶胶基本成分
1. 沙尘性气溶胶
2. 水溶性气溶胶
3. 煤烟
4. 海盐
5. 矿物尘埃
6. 硫酸盐
7. 火山灰
8. 陨石尘埃
9. 硫化物
10. 生物质燃烧物

(b)预设气溶胶类型的基本组成		
A.对流层气溶胶		
极地型	南极	0.99(6)+0.005(4)+0.005(5)
	北极	var.(3)+var.(4)+var.(5)+var.(9) [var.=variable]
背景气溶胶		var.(6)+var.(9)
海洋型	干洁	0.6(4)+0.6(9)
	矿物	var.(4)+var.(5)+var.(9)
	污染	0.6(2)+0.4(3)+trace(4)
远离城市的大陆型		var.(1)+var.(2)+var.(10)
沙漠沙尘型		(5)
乡村型		0.94(2)+0.06(3)+trace(1)
城市型		0.6(2)+0.4(3)+trace(1)
B.平流层气溶胶		
背景气溶胶		(6)
火山灰		var.(6)+var.(7)
极地平流层云		var.Nitric Acid Trihydrate+var.Ice+trace(6)
C.中间层气溶胶		
		var.(8)+Ice

表 2.7　预设气溶胶类型的粒径范围及其尺度谱参数设置(引自 D'Almeida et al., 1991；Jaenicke，1993)

气溶胶类型	粒径范围	i	n_i/cm^{-1}	$R_i/\mu\text{m}$	$\ln \sigma_1$
极地型	I	1	2.17×10^1	0.0689	0.245
	II	2	1.86×10^{-1}	0.375	0.300
	III	3	3.04×10^{-2}	4.29	0.291
背景气溶胶	I	1	1.29×10^2	0.0036	0.645
	II	2	5.97×10^1	0.127	0.253
	III	3	6.35×10^1	0.259	0.425
海洋型	I	1	1.33×10^2	0.0039	0.657
	II	2	6.66×10^1	0.133	0.210
	III	3	3.06×10^0	0.29	0.396
远离城市的大陆型	I	1	3.20×10^3	0.01	0.161
	II	2	2.90×10^3	0.058	0.217
	III	3	3.00×10^{-1}	0.9	0.380
沙漠沙尘型	I	1	7.26×10^2	0.001	0.247
	II	2	1.14×10^3	0.0188	0.770
	III	3	1.78×10^{-1}	10.8	0.438
乡村型	I	1	6.65×10^3	0.00739	0.225
	II	2	1.47×10^2	0.0269	0.557
	III	3	1.99×10^3	0.0419	0.266
城市型	I	1	9.93×10^4	0.00651	0.245
	II	2	1.11×10^3	0.00714	0.666
	III	3	3.64×10^4	0.0248	0.337

2.4.1.4　光谱信息模块

光谱信息模块是根据大气辐射传输模型在遥感中应用的需要而设置的，主要是遥感传感器对应的波段响应曲线。用于在计算时将单位波长的值积分到传感器对应的波段上，从而与遥感图像所获取的值相对应。图 2.3 是 HJ-1A/CCD 数据和 Landsat-TM 数据红波段和近红外波段对应的波谱响应曲线。6S 中预设了 20 余种常见传感器对应的共 164 个不同波段响应函数。

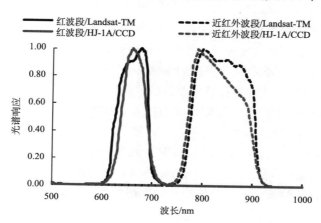

图 2.3　HJ-1A/CCD 与 Landsat-TM 的光谱响应函数(见彩图)

2.4.1.5 地表信息模块

地表信息模块定义了地表的反射特性，也是求解大气辐射传输方程时需要的下边界条件。地表反射特性复杂程度决定了辐射传输方程求解的难易程度。从易到难，地表反射特性可以分为以下几种情况。

1)在最简单的情况下，假设地表均一且各向同性，则不用考虑交叉辐射和地表二向反射的影响。

2)地表均一但非各向同性，则需要考虑地表二向反射的影响。

3)地表不均一时，则需要考虑不同反射率地表之间的交叉辐射。

也在 6S 中预设了一些常见地物的光谱，如植被、土壤、冰雪等；同时，还对一些经验半经验的二向反射分布函数(BRDF)进行了集成。

2.4.1.6 其他参数

其他参数主要包括卫星高度和地物高度等,这些参数也会对辐射传输方程产生影响。

以上 6 个模块是在 6S 中进行大气辐射计算时获取输入参数的模块，也是大气辐射传输计算时所必需的参数；这些模块也都能在其他大气辐射传输软件包中找到相对应的模块，只是在形式上有些许差别。由于在 6S 中预设了大量的参数，使用起来较为方便，被大家广泛使用。

2.4.2 MODTRAN 辐射传输模型

另一个被大家广泛使用的大气辐射传输模型是 MODTRAN，是近 30 年发展起来的一种国际公认的大气辐射传输模型与算法，起源于 LOWTRAN，它不但把光谱分辨率从 $20\,cm^{-1}$ 提高到 $1\,cm^{-1}$，还提供了用于多次散射辐射传输的方法——离散纵坐标法(DISORT)，处理带有散射辐射传输的问题具有更好的灵活性和更高的精度，模型自身提供多种模式大气，同时考虑了 CO_2、水汽、臭氧、地表反照率、气溶胶模式、能见度、云垂直厚度、云底高、云消光系数、海拔、太阳几何等参数。目前最新版本为 MODTRAN 5.0。MODTRAN 的基本功能主要有：可以模拟路径，主要包括大气内部水平与斜距、地表到大气、大气到卫星，以及地表到卫星等路径；可求得大气透过率、大气背景辐射(大气的上下行辐射)，包括太阳或月亮单次散射的辐射亮度、直射太阳辐照度等；协助建立起大气参数之间、大气参数与其他参数之间的经验关系;是目前对遥感影像进行大气纠正的主要大气辐射传输模型之一(Berk et al., 2006)。它的主要计算程序是在继承 LOWTRAN 程序的基础上改进发展的；图 2.4 给出了 MODTRAN 程序的结构。MODTRAN 相对于 6S 而言，其优点在于：

1)采用逐层累加法解决多次散射的数值计算，使用逐线积分的方法计算大气的透过率，并在光线几何路径计算中考虑地球曲率和大气折射。

2)针对提高光谱分辨率，目前 MODTRAN 4.0 的光谱分辨率达到 $1\,cm^{-1}$。

3)MODTRAN 的波长范围从可见光延伸到热红外，而 6S 只针对可见光近红外波段计算。

4)有云模块，可以设置云参数，从而可以用于云的吸收和散射计算。

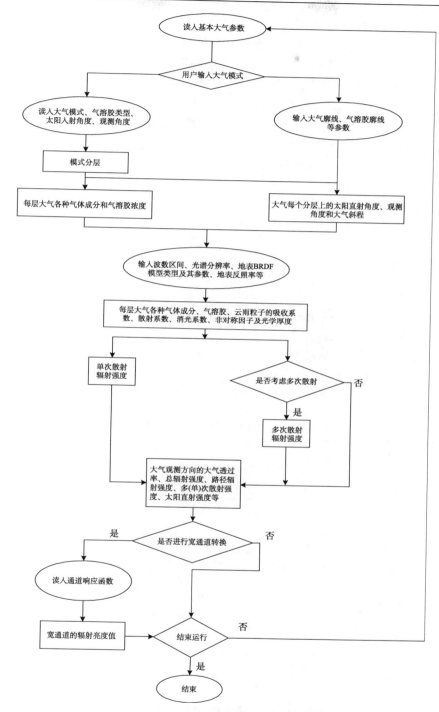

图 2.4 MODTRAN 程序的结构(引自田国良等,2006)

MODTRAN 的输出方式比较丰富,既可以输出波段辐射值,也可以输出单位波长(波数)上的辐射值。

图 2.5 为 MODTRAN 的运行结构图，其运行由 tape 5 文件控制，tape 5 包含 MODTRAN 运行的所有参数设置。虽然输入参数较多，但 MODTRAN 以 card 形式进行设置，每个 card 形成一行数据，操作简单。其中控制运行参数在 card 1 里面进行输入，其余的参数根据 card 1 的设置在后续的 card 进行输入。模型输入参数主要包括大气模式、地表信息、观测几何信息、气溶胶模式、云参数等(表 2.8)。每个参数都有固定的格式和特定的含义，不能有丝毫偏差，必须严格按照要求格式输入。设置好参数以后，便可以通过 MODTRAN 来模拟大气辐射传输过程。

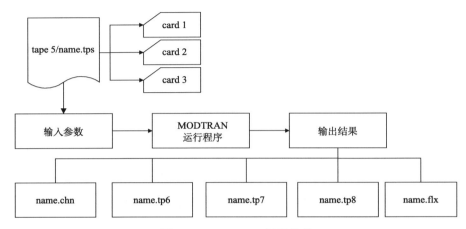

图 2.5   MODTRAN 运行结构

表 2.8   MODTRAN 的 card 描述

card	功能	必选/可选
card 1	大气模式、大气路径、散射方式、边界层温度与地表反照率等设置	必选
card 1a	控制 DISORT 算法与水汽、臭氧、CO_2 设置	必选
card 1a1	TOA 太阳辐照度数据库选择	可选
card 1a2	波段模式参数文件选择	可选
card 1a3	光谱响应函数选择	可选
card 2	气溶胶、云雨模式、地面高程设置	必选
card 2a	云参数设置	云天必选
card 2b	陆军垂直结构算法设置	可选
card 2c	大气层数控制	可选
card 2c1～card 2c3	自定义大气廓线	可选
card 2d、card 2d1、card 2d2	指定所有 4 个气溶胶海拔区域内的气溶胶和云参数	可选
card 2e1、card 2e2	控制非卷云的云参数	可选
card 3	几何路径参数设置	必选
card 3a1、card 3a2	太阳的散射几何条件和气溶胶相函数的选择	可选
card 3b1、card 3b2、card 3c1～card 3c6	散射相函数自定义	可选
card 4	光谱范围波长增量、输出的光谱衰减设置，以及输出文件选择	必选
card 5	控制参数，重复读取一组新的数据	必选

MODTRAN 常用参数说明如下。

2.4.2.1 大气模式

MODTRAN 提供 6 种标准大气模式，分别是热带、中纬度冬/夏季、亚北极区冬/夏季、1976 年美国标准大气。同时允许用户自定大气廓线，用户设定大气层数，并提供各层温度、压强、水汽等。

2.4.2.2 气溶胶模式

MODTRAN 关于气溶胶类型提供了 11 种对流层气溶胶模式与 8 种平流层气溶胶模式(表 2.9)，并通过能见度或 0.55 μm 气溶胶光学厚度完善气溶胶模式。其中，乡村型、海洋型、城市型使用频率较高。气溶胶类型主要取决于气团运动到遥感观测地区之前所处的地区状况，与风向、地区等因素相关。在我国东部沿海地区，海洋上层气团的东南风被刮到沿海地区，气溶胶类型为海洋型；如果观测地点处于工业城市的下风方向，则气溶胶类型为城市型。因此，在选择气溶胶类型前，必须对观测地点周围的地面状况和当地的气候条件进行考察。除了预设的 11 类气溶胶模式以外，MODTRAN 还允许用户自定义气溶胶模式，定义 4 个海拔区域的消光系数、吸收系数和不对称因子参数。

表 2.9　MODTRAN 气溶胶模式

大气层	气溶胶模式
对流层	无气溶胶，但可能有云
	乡村气溶胶，能见度=23km
	乡村气溶胶，能见度=5 km
	海军海洋型，能见度的设置依赖于风速和相对湿度
	海洋气溶胶，能见度=23 km(LOWTRAN 模式)
	城市气溶胶，能见度=5 km
	对流层气溶胶，能见度=50 km
	水平对流雾，能见度=0.2 km
	发散型雾，能见度=0.5 km
	沙漠型气溶胶，根据风速决定能见度
平流层	背景平流层气溶胶剖面和消光系数
	中等火山气溶胶剖面和陈年火山气溶胶消光系数
	强火山气溶胶剖面和新近火山气溶胶消光系数
	强火山气溶胶剖面和陈年火山气溶胶消光系数
	中等火山气溶胶剖面和新近火山气溶胶消光系数
	中等火山气溶胶剖面和背景平流层火山气溶胶消光系数
	强火山气溶胶剖面和背景平流层火山气溶胶消光系数
	极强火山气溶胶剖面和新近火山气溶胶消光系数

2.4.2.3 几何参数

几何参数为用于设置太阳-地表-传感器之间几何位置关系的相关参数，包括太阳天顶角、太阳方位角、观测天顶角、观测方位角、经度、纬度等。这些参数定义了太阳辐射在大气中传播的初始方向和终止方向。

2.4.2.4 地表信息参数

在 MODTRAN 中预设 9 种标准地物光谱，分别为新雪、森林、农田、沙漠、海洋、云盖、湿草地、枫叶地和烧过的草地。假设地物光谱均匀时，地表反照率设置为 0~1 中的某一具体数值，则表示所有波段共享一个地表反照率。同时用户也可以根据需求自定义地表光谱数据。

2.4.2.5 云模式

MODTRAN 预设 8 种云模式（表 2.10），分别为无云雨、积云、高层云、层云、层/积云、雨层云、标准卷云和不可见卷云模式。选定云模式以后，还需要定义云参数，主要云参数为云物理厚度、云底高与 0.55 μm 处的云消光系数。用户也可以根据自己的需求，通过对 4 个海拔区域的云消光系数、吸收系数和不对称因子等参数进行设定，来实现云模式的自定义。

表 2.10　MODTRAN 云模式

云模式	备注
无云雨	—
积云	云底高度 0.66 km，云顶高度 3 km
高层云	云底高度 2.4 km，云顶高度 3 km
层云	云底高度 0.33 km，云顶高度 1 km
层/积云	云底高度 0.66 km，云顶高度 2 km
雨层云	云底高度 0.16 km，云顶高度 0.66 km
标准卷云	64 μm 半径的冰粒
不可见卷云	4 μm 半径的冰粒

2.4.2.6 光谱参数

光谱参数是根据大气辐射传输模型在遥感中应用的需要而设置的，主要是遥感传感器对应的波段响应曲线。其用于在计算时将单位波长的值积分到传感器对应的波段上，从而与遥感图像所获取的值相对应。

2.4.2.7 其他参数

其他参数主要包括地面与传感器高度、水汽含量、臭氧浓度等，这些参数也会对辐射传输方程产生影响。

MODTRAN 输出文件主要包含 tape 6、tape 7、tape 8、pltout、channels、specflux 文件。其中 tape 6 正常输出，包括所有的内容，tape 7 与 tape 8 都为简化输出，tape 7 文件中仅保留了计算结果，输入参数部分没有保留，tape 8 文件则记录了各边界层的透过率。channels 文件仅在设置波段响应函数参数后产生，为各波段大气校正与大气透过率计算结果。specflux 文件为各海拔宽波段与窄波段的辐照度输出，包含上行辐射、下行散射辐射、下行直接辐射。

2.4.3　SBDART 辐射传输模型

为了提高 LOWTRAN 和 MODTRAN 处理有云大气辐射传输的能力，并提供方便易用的软件工具，Ricchiazzi 开发了 SBDART，相较于 MODTRAN 等，虽然两者同为一维辐射传输模型，但是 SBDART 有着更为丰富的云参数，能够更好地描述真实情况下的云层，而且由于采用了第一顺序纠正法，对大太阳天顶角的情况能够处理得更好。它是一种用于计算晴空和有云状况下地球大气和地表的平面平行大气辐射传输模型，包括紫外、可见光和红外波段的所有重要辐射过程。该模型使用离散坐标法求解辐射传输方程，给出了完全稳定的解析解，可求解垂直非均匀、各向异性并含热源的平面平行介质中的辐射传输问题。模型对基于 Chandrasekhar 公式的计算方法做了改进，用标准矩阵解法直接求取齐次微分方程组的特征值，提高了计算效率。SBDART 模型计算了热辐射、散射、吸收、下边界双向反射和发射等物理过程，非常适合对云雾参数进行研究分析，常被用于解决任何天气状况下辐射传输的各种问题。目前 SBDART 2.4 为最新版本 (Ricchiazzi et al.，1998；赵静等，2017)。

SBDART 运行由 INPUT 文件控制，INPUT 文件包含了 SBDART 运行的所有参数设置。模型输入参数主要包括大气模式、地表信息、观测几何信息、气溶胶模式、云参数和输出参数等。不同于 MODTRAN 中每个参数都有的固定格式和特定的含义，SBDART 的参数输入较为随意，没有固定的、特殊的输入格式，参数间仅用逗号隔开。

SBDART 的常用参数说明如下。

2.4.3.1　大气模式

SBDART 提供 6 种标准大气模式，分别是热带、中纬度夏季、中纬度冬季、亚极地夏季、亚极地冬季、美国标准大气 (US62)。SBDART 同时允许用户自定大气廓线，用户设定大气层数，并提供各层温度、压强、水汽、臭氧浓度等参数，保存为 atms.dat，设置为 SBDART 运行时直接调用。

2.4.3.2　气溶胶模式

SBDART 提供 5 种对流层气溶胶类型与 5 种平流层气溶胶类型 (表 2.11)，并通过能见度或 0.55 μm 气溶胶光学厚度完善气溶胶模式。在对流层中，乡村型、海洋型、城市型使用频率较高。用户可以通过提供 aerosol.dat 文件，SBDART 从中读取气溶胶光学厚度和散射参数，自定义气溶胶模式。

表 2.11 SBDART 气溶胶模式

大气层	气溶胶模式
对流层	无气溶胶
	乡村气溶胶
	城市气溶胶
	海洋气溶胶
	对流层气溶胶
平流层	无气溶胶
	背景平流层气溶胶
	陈年火山气溶胶
	新生火山气溶胶
	流星尘气溶胶

2.4.3.3 几何参数

几何参数为用于设置太阳-地表-传感器之间几何位置关系的相关参数，包括太阳天顶角、太阳方位角、观测天顶角、观测方位角、相对方位角等。这些参数定义了太阳辐射在大气中传播的初始方向和终止方向。

2.4.3.4 地表信息参数

在 SBDART 中预设 9 种标准地物光谱，分别为雪盖、清水、湖面、海面、沙地、植被、海水双向反射分布函数模型、Hapke 解析双向反射分布函数模型、R32oss 厚型和 Li 稀疏型双向反射分布函数模型。当地表反照率设置为 0～1 中的某一具体数值时，则表示所有波段共享一个地表反照率。同时用户也可以根据需求自定义地表光谱数据。

2.4.3.5 云模式

与 MODTRAN 不同，SBDART 中没有预设各种云模式，但是 SBDART 有着更为丰富的云参数，能够更好地描述真实情况下的云层，主要的云参数有云物理厚度、云顶高、云底高、云层数、云滴有效半径、0.55 μm 处的云光学厚度等。

2.4.3.6 光谱响应函数

光谱响应函数是根据大气辐射传输模型在遥感中应用的需要而设置的，主要是遥感传感器对应的波段响应曲线。用于在计算时将单位波长的值积分到传感器对应的波段上，从而与遥感图像所获取的值相对应。

2.4.3.7 输出模式

在 SBDART 参数设置中，输出模块包含 10 种输出方式，每种输出方式的输出结果的内容与结构有所不同。

2.4.3.8 其他参数

其他参数主要包括地面与传感器高度、水汽含量、臭氧浓度等，这些参数也会对辐射传输方程产生影响。

2.4.4 SBDART 与 MODTRAN 模型对比

6S 运算速度快，但只能模拟晴空条件下的太阳辐射，并没有考虑有云天气，而真实情况更多的是有云天气，以上因素在一定程度上限制了 6S 的使用范围。为了对比模型在任意天气状况下模拟大气辐射传输精度，本节主要对比分析 MODTRAN 与 SBDART 估算下行短波辐射精度。

2.4.4.1 实验设计

为尽可能减少输入参数误差所带来的误差，以站点实测数据作为模型输入参数，结合模型验证数据，对比分析 MODTRAN 和 SBDART 两种模型本身估算下行短波辐射的精度、速度等差异。

在 MODTRAN 与 SBDART 模型的主要输入数据中(表 2.12)，除了 0.55 μm 云光学厚度、云滴有效半径和云消光系数没有站点实测数据以外，其他数据均为实测数据。其中 0.55 μm 处的气溶胶光学厚度是 SBDART 模型中估算下行短波辐射的重要影响因子之一，但站点仅提供 415 μm、500 μm、615 μm、673 μm、870 μm 和 940 μm 的气溶胶光学厚度，以及各波长的 Angstrom 波长指数。

表 2.12 模型输入参数

参数	模型	是否为实测数据	单位	实测数据年份
太阳天顶角	MODTRAN/SBDART	是	(°)	2014
大气水汽含量	MODTRAN/SBDART	是	g/cm²	2014
大气臭氧	MODTRAN/SBDART	是	atm-cm	2014
AOD	MODTRAN/SBDART	是	—	2014
海拔	MODTRAN/SBDART	是	km	2014
地表反照率	MODTRAN/SBDART	是	—	2014
云高	MODTRAN/SBDART	是	km	2014
云厚	MODTRAN/SBDART	是	km	2014
云光学厚度	SBDART	否	—	—
云滴有效半径	SBDART	否	μm	—
云消光系数	MODTRAN	否	km⁻¹	—

为了得到 0.55 μm 处的气溶胶光学厚度，利用 Angstrom 关系式进行转换(李莘莘等，2012)：

$$\tau_\lambda = \beta(\lambda)^{-\alpha} \tag{2.23}$$

式中，τ 为气溶胶光学厚度；λ 为波长；α 为 Angstrom 波长指数(本书取 500~870 μm

的 Angstrom 波长指数）；β 为大气浑浊度系数 $\left[\beta = \tau_{0.5} / (0.5)^{-\alpha}\right]$。云消光系数为 MODTRAN 模型中估算下行短波辐射的重要参数之一，但目前由于实测的云消光系数难以获取，因此，本书使用模型估算 0.55 μm 处的云消光系数（q_0.55）：

$$q\_0.55 = 0.14 \times CTHIK$$

式中，CTHIK 为云的物理厚度（Berk et al.，2006）。云滴有效半径为 SBDART 模型中的输入参数之一，下行短波辐射对云滴有效半径敏感性较弱，因此，其设置为 SBDART 模型参数默认值。

研究运用的实测数据主要来源于 ARM 的 NSA（Barrow：71.323°N，156.609°W，海拔 8 m）与 SGP（Lamont：36.605°N，97.485°W，海拔 316 m）站点，Barrow 与 Lamont 分别为 NSA 与 SGP 站点的中心主动观测站。ARM 的数据主要来源于 NSA、SGP、ENA（Eastern North Atlantic）这 3 个主动观测站。ARM 每天 24 h 收集、处理、质量检查、存储和分发连续的气候与辐射测量数据。从两个站点获取的 2014 年数据主要包含以下两部分。

一是实测地表及大气数据，其中，大气水汽含量、AOD、太阳天顶角由 Cimel 太阳光度计（The Cimel sunphotometer，CSPHOT）测得，大气水汽含量的不确定性为 $\pm 0.18 \text{g/cm}^2$，AOD 的不确定性为 $\pm 0.01 \sim 0.02$，太阳天顶角的不确定性为 0.02°～0.04°（Gregory，2011）；地表反照率是指地表对入射的太阳辐射的反射通量与入射的太阳辐射通量的比值，可由辐射数据得到，时间分辨率与辐射数据一致为 60 s；站点提供的臭氧数据来源于 OMTO3 数据产品，由臭氧检测仪测得（ozone monitoring instrument，OMI），其 RMS 为 1%～2%（Levelt et al.，2006）；云底高、云顶高由脉冲激光雷达（the micropulse lidar，MPL）测得，云底与云顶高的不确定性为 $\pm 2\%$，时间分辨率为 30 s（Mendoza and Flynn，2006）；站点云光学厚度来源于宽波段辐射计站，两站点的云光学厚度不确定性 < 5%，时间分辨率为 60 s（Voyles，2010）。

二是模型验证数据，分别是 2014 年的总下行短波辐射（简称总辐射）、直接下行短波辐射（简称直接辐射）、散射下行短波辐射（简称散射辐射），用于验证模型模拟结果的精度。各辐射分量的测量仪器、数据不确定性和时间分辨率等见表 2.13（Voyles et al.，2010；Stoffel et al.，2005）。

表 2.13　各辐射分量的测量仪器、数据不确定性和时间分辨率

辐射分量	辐射计类型	模型	仪器设备	不确定性/%	时间分辨率/s
总辐射	Pyranometer	Precision Spectral Pyranometer (PSP)	Eppley Model V1 ventilato	±6.0	60
直接辐射	Pyranometer	Normal Incidence Pyrheliometer (NIP)	Kipp & Zonen Model 2-AP Automatic solar tracker	±3.0	60
散射辐射	Pyranometer	Precision Spectral Pyranometer (PSP)	Kipp & Zonen Model 2-AP automatic solar tracker and Eppley Model V1 ventilator	±6.0	60

　　为了对比模型本身估算辐射的差异，本书在模拟过程中，MODTRAN 与 SBDART 计算下行短波辐射的波长范围、流数、相函数、气溶胶类型、大气廓线保持一致，以 NSA 和 SGP 站点 2014 年大气水汽含量、地表反照率、气溶胶光学厚度、太阳天顶角、水汽含量、臭氧、海拔、云属性(云顶/底高、云光学厚度)作为两个模型的输入参数，运行模型，得到 NSA 站点 2014 年的总辐射、直接辐射、散射辐射，结合站点同一时刻观测的下行短波辐射实测数据，将两模型模拟全天空条件下下行短波辐射的精度与速度进行对比。

2.4.4.2　晴空精度比较

　　结合站点的下行短波辐射观测数据，对比两模型模拟晴空条件下的总辐射、直接辐射、散射辐射的精度，结果如图 2.6 所示。

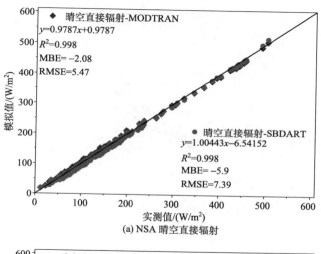

(a) NSA 晴空直接辐射

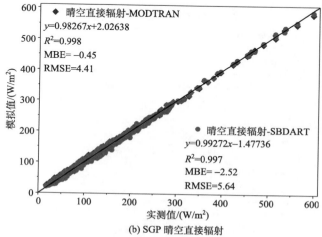

(b) SGP 晴空直接辐射

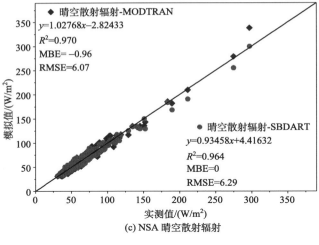

(c) NSA 晴空散射辐射

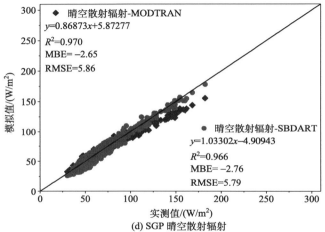

(d) SGP 晴空散射辐射

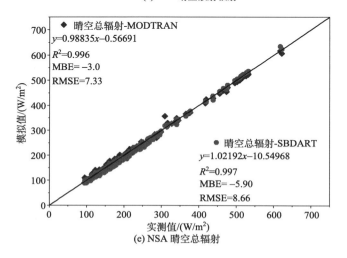

(e) NSA 晴空总辐射

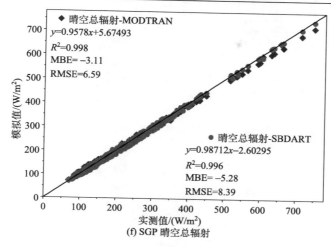

图 2.6　晴空站点精度对比（见彩图）

MBE 为平均偏差，RMSE 为均方根误差

　　对比模型模拟辐射精度，发现在晴空条件下，总体上两模型估算下行短波辐射结果与实测辐射值具有较好的一致性，散点分布集中，R^2 达到 0.964 以上，模型的直接辐射估算精度高于散射辐射。两模型精度相互对比，模型总体估算误差差距较小，RMSE 差距在 2 W/m² 以内，各辐射分量 MBE 小于 0，两个站点的 MODTRAN 直接辐射模拟精度稍高于 SBDART。在 NSA 站点中，MODTRAN 与 SBDART 直接辐射 RMSE 分别为 5.47 W/m²、7.39 W/m²，两模型 RMSE 相差 1.92 W/m²；散射辐射估算误差相近，MODTRAN 与 SBDART 散射辐射 RMSE 分别为 6.07 W/m²、6.29 W/m²，两模型 RMSE 相差 0.12 W/m²；两模型总辐射估算误差主要来源于直接辐射，MODTRAN 与 SBDART 总辐射 RMSE 分别为 7.33 W/m²、8.66 W/m²，MODTRAN 较 SBDART 低 1.33 W/m²。在 SGP 站点中，MODTRAN 模拟直接辐射的 RMSE 为 4.41 W/m²，SBDART 模拟直接辐射的 RMSE 为 5.64 W/m²，二者之间相差 1.23 W/m²，MODTRAN 模拟散射辐射的 RMSE 为 5.86 W/m²，SBDART 模拟散射辐射的 RMSE 为 5.79 W/m²，二者之间相差 0.07 W/m²，MODTRAN 模拟总辐射的 RMSE 为 6.59 W/m²，SBDART 模拟总辐射的 RMSE 为 8.39 W/m²，二者之间相差 1.8 W/m²。

　　图 2.7 为晴空条件下 MODTRAN 与 SBDART 的下行短波辐射估算的参数敏感性分析，采用 Sobol 法求取模型各输入参数的一阶敏感性指数（Sobol，1993），表 2.14 为模型各辐射分量的参数一阶敏感性指数。在晴空状态下，MODTRAN 与 SBDART 估算下行短波辐射的参数敏感性趋于一致，在 4 个参数中，两模型估算的下行短波辐射均对 AOD 最为敏感，其次为水汽、反照率，因为目前天顶角与海拔的实测方法成熟，误差较小，因此，在进行参数敏感性分析时，并未考虑天顶角与海拔，晴空下行短波辐射误差主要来源于 AOD。同时在晴空状态下，两模型的输入数据与参数敏感性一致，则 SBDART 与 MODTRAN 的晴空下行短波辐射误差差距主要来源于模型不同的内部设置。Kato 等指出，近红外的散射是可以忽略的，因此，近红外区域的吸收不会显著影响散射和漫射辐射场，而只影响直射辐射（Kato et al.，1999），所以 SBDART 与 MODTRAN 的直接辐

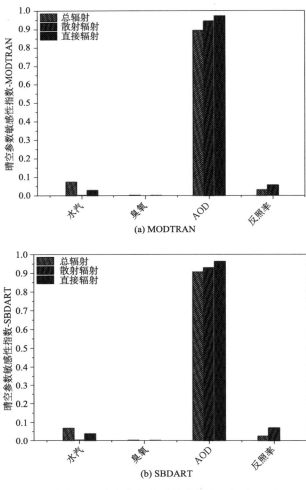

图 2.7　晴空参数敏感性分析(见彩图)

射的差异，主要是由近红外气体吸收引起的。因为 SBDART 的光谱分辨率比 MODTRAN 中使用的光谱分辨率低，分辨率为 20 cm^{-1}，而 MODTRAN 能达到 1 cm^{-1}，因此，SBDART 对直射辐射的估算误差较 MODTRAN 大。在散射辐射方面，因为 SBDART 与 MODTRAN 均使用 DISORT 模型计算散射辐射，且气溶胶模型与相函数的选择一致，所以造成这两种模型的散射计算都是相似的。

表 2.14　晴空参数一阶敏感性指数

输入参数	MODTRAN			SBDART		
	直接辐射	散射辐射	总辐射	直接辐射	散射辐射	总辐射
水汽	0.0281	0.0003	0.0737	0.0377	0.0015	0.0682
臭氧	0.0005	0.0001	0.0015	0.0004	0.0001	0.0011
AOD	0.9714	0.9434	0.8941	0.9619	0.9280	0.9060
反照率	0.0000	0.0563	0.0307	0.0000	0.0704	0.0247

2.4.4.3　云天精度比较

结合站点的下行短波辐射观测数据，对比两模型模拟云天条件下的总辐射、直接辐射、散射辐射的精度，结果如图 2.8 所示。

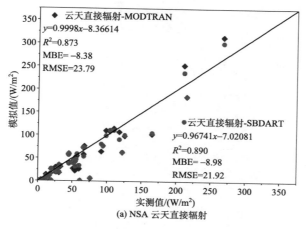

(a) NSA 云天直接辐射

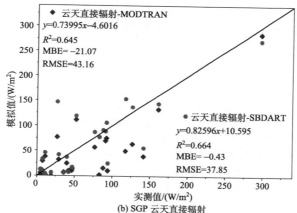

(b) SGP 云天直接辐射

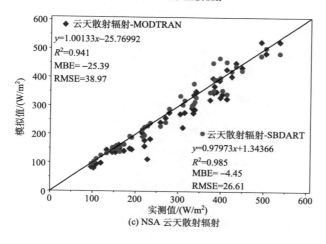

(c) NSA 云天散射辐射

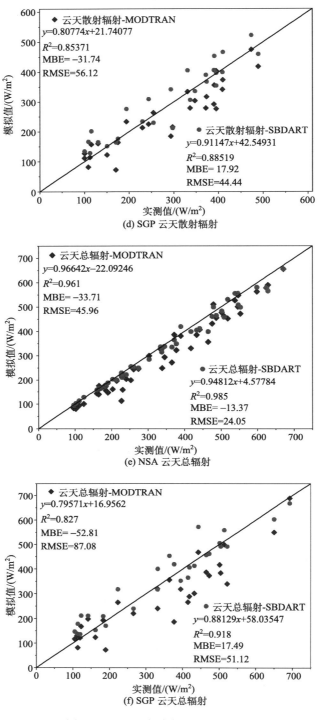

图 2.8　云天站点精度对比（见彩图）

在有云状况下，总体上 SBDART 与 MODTRAN 模拟下行短波辐射的散点分布较晴空分散，误差较晴空大，R^2 为 0.645～0.985，同时 SBDART 模拟的直接辐射、散射辐射、总辐射精度均明显高于 MODTRAN。在 NAS 站点中，SBDART 与 MODTRAN 模拟直接辐射的 RMSE 分别为 21.92 W/m² 和 23.79 W/m²，SBDART 直接辐射 RMSE 较 MODTRAN 低 1.87 W/m²；SBDART 与 MODTRAN 模拟散射辐射的 RMSE 分别为 26.61 W/m²、38.97 W/m²，SBDART 散射辐射 RMSE 较 MODTRAN 低 12.36 W/m²；SBDART 与 MODTRAN 模拟总辐射的 RMSE 分别为 24.05 W/m²、45.96 W/m²，SBDART 总辐射 RMSE 较 MODTRAN 低 21.91 W/m²；并且各辐射分量的 MBE 均小于 0。在 SGP 站点中，SBDART 与 MODTRAN 模拟直接辐射的 RMSE 分别为 37.85 W/m²、43.16 W/m²，SBDART 直接辐射 RMSE 较 MODTRAN 低 5.31 W/m²，直接辐射 MBE 小于 0；SBDART 与 MODTRAN 模拟散射辐射的 RMSE 分别为 44.44 W/m²、56.12 W/m²，MBE 分别为 17.92 W/m²、–31.74 W/m²，SBDART 散射辐射 RMSE 较 MODTRAN 低 11.68 W/m²；SBDART 与 MODTRAN 模拟总辐射的 RMSE 分别为 51.12 W/m²、87.08 W/m²，MBE 分别为 17.49 W/m²、–52.81 W/m²，SBDART 总辐射 RMSE 较 MODTRAN 低 35.96 W/m²。

图 2.9 为云天条件下 MODTRAN 与 SBDART 的下行短波辐射估算的参数敏感性分析，表 2.15 为模型各辐射分量的参数一阶敏感性指数。云参数是模型的主要敏感性参数之一，而实测数据中，云参数不确定性最大，加之模型仅能考虑晴空和全云两种情况，而真实情况更多的是部分云，造成模型估算的云天下行短波辐射的精度较晴空低。在两模型估算云天下行短波辐射的精度对比中，因为 SBDART 模型集合了离散纵标辐射传输模型（DISORT）、低分辨率大气透过率模型（LOWTRAN）和米散射模型，相较于 MODTRAN，SBDART 有着更为丰富的云参数，能够更好地描述真实情况下的云层（Ricchiazzi et al.，1998；Myers，2013）。同时在云天条件下，MODTRAN 估算下行短波辐射的敏感性分析结果中，地表反照率、云厚、云消光系数 3 个参数为主要敏感参数，相较于 MODTRAN，SBDART 估算云天条件下行短波辐射敏感性指数较高，参数较少，主要体现于 COD 这个参数，且两个模型中云对地表下行短波辐射的影响方式存在差异，

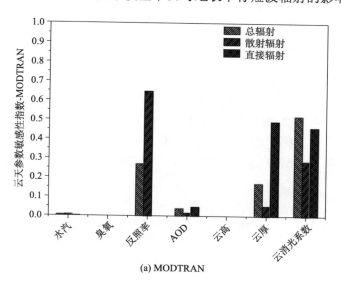

(a) MODTRAN

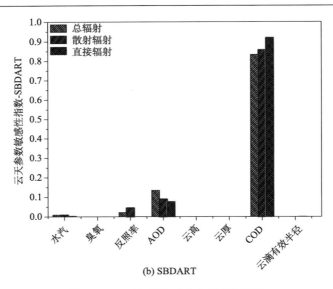

(b) SBDART

图 2.9　云天参数敏感性分析(见彩图)

表 2.15　云天参数一阶敏感性指数

输入参数	MODTRAN			SBDART		
	直接辐射	散射辐射	总辐射	直接辐射	散射辐射	总辐射
水汽	0.0009	0.0052	0.0047	0.0028	0.0089	0.0098
臭氧	0.0000	0.0001	0.0001	0.0000	0.0002	0.0002
反照率	0.0000	0.6464	0.2691	0.0000	0.0450	0.0221
AOD	0.0468	0.0144	0.0376	0.0773	0.0897	0.1347
云高	0.0000	0.0000	0.0000	0.0000	0.0000	0.0000
云厚	0.4920	0.0506	0.1689	0.0000	0.0000	0.0000
COD	—	—	—	0.9193	0.8561	0.8330
云消光系数	0.4603	0.2832	0.5195	—	—	—
云滴有效半径	—	—	—	0.0006	0.0001	0.0003

MODTRAN 中云物理厚度结合云消光系数影响着地表下行短波辐射的估算,而本书中,SBDART 的云物理厚度、云高、云有效半径对地表下行短波辐射影响较小,COD 是主要云参数,且云消光系数实测数据难以获取,MODTRAN 模型中 0.55 μm 处的云消光系数并不是实测数据,以上因素均是形成 MODTRAN 估算云天下行短波辐射误差的来源。因此,在云天条件下,SBDART 在模拟下行短波辐射方面具有一定的优势。

2.4.4.4　估算速度比较

在模型估算速度方面,无论是在云天条件下,还是在晴空条件下,SBDART 总体较 MODTRAN 快。4 GB 的运行内存、1600 MHz 的内存频率与 3.8GHz 的 CPU 主频是本节模型的运行环境,其中 SBDART 与 MODTRAN 估算 885 条晴空下行短波辐射总耗时分别为 11317 s、18671 s，SBDART 较 MODTRAN 快 39.39%（7354 s）；SBDART 估算 76 条云天下行短波辐射总耗时为 964 s，MODTRAN 需要 1749 s，SBDART 较 MODTRAN 快 44.88%（785 s），详见表 2.16。因此，在估算速度方面，相较于 MODTRAN，SBDART 具有明显优势。

表 2.16　模型运行时间统计

天气状况	数据量/条	模型	运行所有数据的总耗时/s
晴空	885	SBDART	11317
		MODTRAN	18671
云天	76	SBDART	964
		MODTRAN	1749

参 考 文 献

李莘莘, 陈良富, 陶金花, 等, 2012. 城市与冬季北方亮目标地区气溶胶光学厚度反演. 中国科学:地球科学, 42（8）: 1253-1263.

田国良, 等. 2006. 热红外遥感. 北京: 电子工业出版社.

徐希孺. 2005. 遥感物理. 北京: 北京大学出版社.

张晓通. 2010. 全球陆表下行短波辐射和光合有效辐射反演算法研究. 武汉大学硕士学位论文.

赵静, 阎广建, 焦中虎, 等. 2017. SBDART 的参数化短波辐射传输模型. 遥感学报, 21（6）: 853-863.

周秀骥, 等. 1991. 高等大气物理（上、下）. 北京: 气象出版社.

Berk A, Anderson G P, Acharya P K, et al. 2006. MODTRAN5: 2006 update. In Defense and Security Symposium（pp. 62331F-62331F）. International Society for Optics and Photonics.

Bohren C F, Huffman D R. 1983. Absorption and scattering of light by small particles. New Jersey:John Wiley & Sons.

Chou M D, Suarez M J. 1999. A solar radiation parameterization for atmospheric studies. NASA Technical Memorandum, 1-38.

D'Almeida G A, Koepke P, Shettle E P. 1991. Atmospheric aerosols: global climatology and radiative characteristics. Hampton: A. Deepak Pub.

Deschamps P Y, Bréon F M, Leroy M, et al. 1994. The POLDER mission: Instrument characteristics and scientific objectives. Geoscience and Remote Sensing, IEEE Transactions on, 32（3）:598-615.

Deuzé J L, Herman M, Goloub P, et al. 1999. Characterization of aerosols over ocean from POLDER/ADEOS‐1. Geophysical Research Letters, 26（10）: 1421-1424.

Deuzé J L, Bréon F M, Devaux C, et al. 2001. Remote sensing of aerosol over land surfaces from POLDER/ADEOS-1 polarized measurements. Journal of Geophysical Research-Atmospheres, 106:4912-4926.

Diner D J, Braswell B H, Davies R, et al. 2005a. The value of multiangle measurements for retrieving structurally and radiatively consistent properties of clouds, aerosols, and surfaces. Remote Sensing of Environment, 97（4）:495-518.

Diner D J, Martonchik J V, Kahn R A, et al. 2005b. Using angular and spectral shape similarity constraints to improve MISR aerosol and surface retrievals over land. Remote Sensing of Environment, 94:155-171.

Evans K F. 1998. The spherical harmonics discrete ordinate method for three-dimensional atmospheric radiative transfer. Journal of the Atmospheric Sciences, 55(3): 429-446.

Evans K F, Stephens G L. 1991. A new polarized atmospheric radiative transfer model. Journal of Quantitative Spectroscopy and Radiative Transfer, 46(5): 413-423.

Geogdzhyev I, Mishchenko M, Rossow W, et al. 2002. Global 2-channel AVHRR retrieval of aerosol properties over the ocean for the period of NOAA-9 observations and preliminary retrievals using NOAA-7 and NOAA-11 data. Journal of the Atmospheric Sciences, 59:262-278.

Gonzalez C R, Veefkind J P, De Leeuw G. 2000. Aerosol optical depth over Europe in August 1997 derived from ATSR‐2 data. Geophysical Research Letters, 27(7): 955-958.

Gregory L.2011. Cimel Sunphotometer (CSPHOT) Handbook. Office of Scientific & Technical Information Technical Reports.

Haferman J L, Krajewski W F, Smith T F, et al. 1993. Radiative transfer for a three-dimensional raining cloud. Applied Optics, 32(15):2795-2802.

Higurashi A, Nakajima T. 1999. Development of a two-channel aerosol retrieval algorithm on a global scale using NOAA AVHRR. Journal of the Atmospheric Sciences, 56(7):924-941.

Jaenicke R. 1993. Tropospheric aerosols. International Geophysics, 54:1-31.

Kahn R, Banerjee P, Mcdonald D, et al. 1998. Sensitivity of multi-angle maging to aerosol optical depth and to pure particle size distribution and composition over ocean. Journal of Geophysical Research-Atmospheres, 103:32195-32213.

Kato S, Ackerman T P, Dutton E G, et al. 1999. A comparison of modelled and measured surface shortwave irradiance for a molecular atmosphere. Journal of Quantitative Spectroscopy and Radiative Transfer, 61(4): 493-502.

Kaufman Y J, Joseph J H. 1982. Determination of surface albedos and aerosol extinction characteristics from satellite imagery. Journal of Geophysical Research: Oceans(1978–2012), 87(C2):1287-1299.

Kaufman Y J, Tanré D, Remer L, et al. 1997. Operational remote sensing of tropospheric aerosol over the land from EOS-MODIS. Journal of Geophysical Research-Atmospheres, 102:17051-17061.

Key J R, Schweiger A J. 1998. Tools for atmospheric radiative transfer: Streamer and FluxNet. Comput Geosci, 24: 443-451.

King M D, Kaufman Y J, Tanré D, et al. 1999. Remote sensing of tropospheric aerosols from space: past, present, and future.Bulletin of the American Meteorological Society, 80(1999):2229-2260.

Kisslelev V B, Roberti L, Perona G. 1994. An Application of the finite element method to solution of the radiative transfer equation. J Quant Spectrosc Radiat Transfer, 51 (4): 603-614.

Kylling A, Mayer B, Blumthaler M. 2011. Technical note: a new discrete ordinate first-order rotational Raman scattering radiative transfer model-implementation and first results, Atmos. Chem Phys, 11: 10471-10485.

Levelt P F, Oord G H J V D, Dobber M R, et al. 2006. The ozone monitoring instrument. IEEE Transactions on Geoscience & Remote Sensing, 44(5):1093-1101.

Liang S.2004.Quantitative Remote Sensing of Land Surfaces.New York:John Wiley & Sons, Inc.

Liang S. 2005. Quantitative remote sensing of land surfaces(Vol. 30). New Jersey: John Wiley & Sons.

Liang S, Strahler A H. 1994. Retrieval of surface BRDF from multi angle remotely sensed data. Remote Sensing of Environment, 50(1):18-30.

Liou K N. 1974. Analytic two-stream and four-stream solutions for radiative transfer. Journal of the Atmospheric Sciences, 31(5): 1473-1475.

Macke A, Mitchell D L, Bremen L V. 1999. Monte Carlo radiative transfer calculations for inhomogeneous mixed phase clouds. Physics and Chemistry of the Earth, Part B: Hydrology, Oceans and Atmosphere,

24(3): 237-241.

Martonchik J V, Diner D J, Kahn R A, et al. 1998. Techniques for the retrieval of aerosol properties over land and ocean using multi-angle imaging. IEEE Transactions on Geoscience and Remote Sensing, 36:1212-1227.

Mayer B, Kylling A, Emde C, et al. 2011. libRadtran user's guide.

Meador W E, Weaver W R. 1980. Two-stream approximations to radiative transfer in planetary atmospheres: a unified description of existing methods and a new improvement. Journal of the Atmospheric Sciences, 37(3): 630-643.

Mendoza A, Flynn C. 2006. Micropulse lidar (mpl) handbook. Office of Scientific & Technical Information Technical Reports, 105(1): 49-89.

Mobley C D. 1998. Hydrolight 4.0 User's Guide. Sequoia Scientific Inc Mercer Island WA.

Myers D R. 2013. Solar radiation: practical modelling for renewable energy applications. Boca Raton：CRC press.

Nakajima T, Higurashi A, Kawamoto K, et al. 2001. A possible correlation between satellite‐derived cloud and aerosol microphysical parameters. Geophysical Research Letters, 28(7): 1171-1174.

Ricchiazzi P, Yang S, Gautier C, et al. 1998. SBDART: a research and teaching software tool for plane-parallel radiative transfer in the earth's atmosphere. B Am Meteorol Soc, 79: 2101-2114.

Sobol I M.1993.Sensitivity estimates for nonlinear mathematical models. Mathematical Modelling and Computational Experiments, 1(4): 407-414.

Stamnes K, Tsay S C, Wiscombe W, et al. 2000. A General-Purpose Numerically Stable Computer Code for Discrete-Ordinate-Method Radiative Transfer in Scattering and Emitting Layered Media. DISORT Report v1, 1.

Stowe L, Ignatov A, Singh R. 1997. Development, validation and potential enhancements to the second generation operational aerosol product at NOAA/NESDIS. Journal of Geophysical Research Atmospheres, 102(D14):16923-16934.

Tanré D, Kaufman Y J, Herman M, et al. 1997. Remote Sensing of aerosol properties over ocean using the MODIS/EOS spectral radiances, Journal of Geophysical Research-Atmospheres, 102:16971-16988.

Torres O, Barthia P K, Herman J R, et al. 2002. A long-term record of aerosol optical depth from TOMS observations and comparisons to AERONET measurements. Journal of the Atmospheric, Science 59:398-413.

Torres O, Tanskanen A, Veihelmann B, et al. 2007. Aerosols and surface UV products from Ozone Monitoring Instrument observations: an overview. Journal of Geophysical Research Atmospheres, 112(D24).

Veefkind J P, de Leeuw G, Durkee P A. 1998. Retrieval of aerosol optical depth over land using two‐angle view satellite radiometry during TARFOX. Geophysical Research Letters, 25(16): 3135-3138.

Vermeulen A, Devaux C, Herman M. 2000. Retrieval of the scattering and microphysical properties of the aerosols from ground-based optical measurements including polarization. I. Method.Applied Optics, 39(33):6207-6220.

Vermote E, Tanré D, Deuze J L, et al. 1997. Second simulation of the satellite signal in the solar spectrum, 6S: an overview. Geoscience and Remote Sensing, 35(3):675-686.

Voyles J. 2010.ARM Climate Research Facility Instrumentation Status and Information January 2010. Richland, WA：PNNL.

Wang L, Jacques S L, Zheng L. 1995. MCML—Monte Carlo modelling of light transport in multi-layered tissues. Computer Methods and Programs in Biomedicine, 47(2): 131-146.

第 3 章　地表入射短波辐射

地表入射短波辐射一般指地表接收到的 0.2～5 μm 的太阳辐射，也称为大气下行短波辐射。从中长期来看，大气层顶部的太阳辐射变化非常小，而太阳辐射穿越大气层时由于受到大气成分的吸收、散射、折射等的影响，造成到达地表的太阳辐射量变化较大。同时，地表接收到的太阳辐射又以感热与潜热的形式与大气产生能量交换，从而驱动大气环流，因而下行短波辐射在整个地气系统的能量收支平衡中起着主导作用，影响着大气圈、水圈和陆地圈层中的物质与能量交换。

3.1　晴空地表入射短波辐射反演方法

在晴空条件下，地表入射短波辐射主要受地形、气溶胶、水汽等的影响。精确的理论计算需要考虑大气中的分子散射、气溶胶的散射作用，采用复杂的辐射传输理论模式计算到达地表的直接辐射和散射辐射。这类计算方法的优点是，理论清晰明确，计算精度较高，但是计算过程烦琐，且众多输入数据难以准确获取，在实际应用中带来了较大的困难和误差。为实现区域或全球下行短波辐射估算，国内外研究者发展了众多利用气象数据或遥感数据的估算模型，这些模型大体上可以分为如下三种。

3.1.1　经验统计方法

晴空总辐射经验方法的计算需要综合考虑大气中的水汽、气溶胶、臭氧等的吸收和散射作用。经验方法多采用已有的常规气象资料进行间接计算，采用的输入变量有观测的温度、相对湿度和天文辐射等多种形式，其表达式可以表示为

$$H = H_0 K f(x) \tag{3.1}$$

式中，H 为地表接收到的实际总辐射量；H_0 为天文辐射量；K 为调整系数，是随纬度和局地气候而异的经验系数；$f(x)$ 为表征某一气象因子对入射短波辐射所造成的衰减的函数。

根据所采用的气象因子的不同，基于气象观测资料的经验统计方法又可以细分为：基于地表温度的经验关系式、基于相对湿度的经验公式、基于多气象因子建立的多元回归方程。

利用辐射观测站建立的经验统计方法多是针对某一特定地区、特定气候和地形条件的回归关系式，对于海拔悬殊、气候复杂多变的地区，其应用范围及精度必然会受到一定的影响，也难以外推至纬度悬殊和全球尺度。

从遥感数据估算地表入射短波辐射的原理是，根据卫星数据接收的到达地球大气上界的入射短波辐射，反演得到关键大气影响参数，以这些参数为输入，采用或繁或简的辐射传输模型计算到达地面的短波辐射。Eck 和 Dye(1991)在 Goldberg 和 Klein 模型的

基础上估算了晴空地表短波辐射。而 Goldberg 和 Klein 模型是根据 Rockille、Maryland、Barrow、Alaska 和 Panama canal 等地方 8 年的地面观测数据得到的经验模型，公式为

$$I_{pp} = I_{0p} \cos Z[0.5(1 + e^{-mr})e^{-m(\tau + \alpha x)} + 0.05] \tag{3.2}$$

式中，I_{0p} 为大气层顶的太阳辐照度；m 为大气质量；τ 为气溶胶的散射和吸收系数；x 为臭氧含量；α 为臭氧 200～4000 nm 的吸收系数；r 为瑞利散射系数；Z 为太阳天顶角。

国内，陈渭民等（1997）进行了利用 GMS 卫星资料估算夏季青藏高原地区地面总辐射的研究，并基于辐射传输理论推导得出了卫星观测值与地面总辐射的关系式：

$$E_g = \frac{\pi}{r_s \gamma(\mu)}(L_{sat}^{vis}(\mu, \varphi) + \mu_0 F_0 R(\mu, \varphi, \mu_0, \varphi_0)) \tag{3.3}$$

式中，r_s 为地表反照率；$\gamma(\mu)$ 为大气透射函数；$R(\mu, \varphi, \mu_0, \varphi_0)$ 为大气反射函数；L_{sat}^{vis} 为卫星观测值；F_0 为大气层顶向下的入射通量。

近年来，随着非线性科学和高性能计算的大规模发展，人工神经网络（artificial neural network，ANN）方法也被许多学者用来估算地表入射短波辐射（Lu et al.，2011；Qin et al.，2011；Jiang，2009）。利用人工神经网络进行地表入射短波辐射模拟时，需要输入一系列样本值对网络进行训练，该样本值包含了实测短波辐射值和多个输入变量，可以是遥感图像或 DEM，也可以是观测的常规气象数据。当误差达到容许误差，或迭代次数达到极大值时，网络停止训练，利用训练好的网络结合输入数据，就可以实现地表入射短波辐射的估算和预测。

人工神经网络的结构和性能是由神经元的特性和它们之间的连接方式决定的。神经元输出信号强度反映了该神经元对相邻神经元影响的强弱。常用的神经网络包括前向型神经网络和反馈型神经网络。人工神经网络的优势在于：能够以任意精度逼近任意复杂的非线性函数；具有很强的自学习能力；具有很强的容错性和鲁棒性。但同时其也存在较大的不足：对于一些复杂问题，其可能要训练几个小时，甚至更长时间；各节点初始权值的确定缺少理论指导，具有随意性；难以收敛至全局最小解，以及由此会产生过拟合问题。利用不同的人工神经网络进行地表短波辐射模拟的模型精度差别较大，且模型训练和收敛时同样需要地面观测数据的支持，对模型的调试过程限制了其进一步发展。

3.1.2　辐射传输方法

辐射传输的理论计算方法物理意义明晰，通过计算大气和地球表面间的不同层的反射、透射和散射特性，从而得到最终的下行短波辐射量。计算大气中辐射和散射的关键问题是，确定大气中各组分的光学厚度、吸收率、透射率等辐射参数。晴空条件下吸收辐射的物质主要是 H_2O 和 O_3，其次为 CO_2、O_2 和气溶胶，而大气的散射效应主要是由大气中的气溶胶粒子等悬浮颗粒物引起，使辐射在大气中传输时改变方向，辐射能量在空间重新分配，散射过程与辐射波长、粒子尺度和形状以及粒子的折射率有关。大气辐射计算的核心问题实际上是大气透过率的计算，而其中最耗时的是吸收系数的计算。计算大气分子吸收的逐线积分方法已广泛地应用于模拟气体辐射传输问题，其算法原理即将某一波数处所有吸收线的吸收系数相加，按单色透过率公式计算单色透过率，然后计

算某一给定有限波宽内的平均透过率。由于大气吸收线很密集，需要对成千上万条谱线重复计算，因此逐线积分法的计算成本非常高，难以直接应用于非均匀大气的辐射传输问题以及遥感大气参数反演研究中。

为实现吸收系数的快速计算，如今已发展了各种逐线积分的简化计算方法，其不同之处在于针对吸收线选取不同的近似和优化计算方法，最普遍的方法是采用多频率步长法进行近似处理。另一种计算大气透过率的方法是谱带模式，即根据粒子的散射理论及谱带模型理论来计算大气的透过率，只要知道谱带模型参数及气溶胶粒子的有关参数，就可以计算大气的透过率。在大气辐射传输和卫星遥感大气参数反演的实际应用中，为简化计算过程和实际工程需要，通常将大气视为平面平行模式，从而将复杂的三维辐射传输简化为平行入射辐射问题。

从 20 世纪 80 年代起，国内外众多学者在模拟地表-大气间辐射传输过程的能力上有了很大提高，并发展了一系列的辐射传输模型，如 6S (Second Simulation of the Satellite Signal in the Solar Spectrum) 模型，由美国地球物理实验室开发的单参数、谱带模式的大气传输模型 LOWTRAN 及其改进模型 MODTRAN (采用二流近似模型考虑大气多次散射效应，吸收带模式参数采用最新 HITRAN 数据库计算得到)，SBDART (Santa Barbara DISORT Atmospheric Radiative Transfer) 模型，FASCODE [Fast Atmospheric Signature Code (Spectral Transmittance and Radiance)] 模型等。FASCODE 是一个全世界公认的、以完全的逐线 Beer-Lambert 算法计算大气透过率和辐射的软件，它的分辨率很高，提供了"精确"透过率计算，原则上它的应用高度不受限制。因此，FASCODE 通常用作评估遥感系统或参数化模型的标准，也常用于大气精细化结构的研究。

为了遥感估算地表辐射实际应用的需要，Frouin 等 (2000) 给了一个基于辐射传输机理的解析公式，用于 ISCCP 中的地表入射短波辐射估算，公式为

$$I_{\lambda_1 - \lambda_2} = I_{0(\lambda_1 - \lambda_2)} (d/d_0)^2 \times \cos\theta \frac{\exp[-(a + b/V)/\cos\theta]}{1 - r_{\lambda_1 - \lambda_2} (a' + b'/v)} \times \tag{3.4}$$

$$\exp[-a_v (U_v/\cos\theta)^{b_v}] \times \exp[-a_0 (U_0/\cos\theta)^{b_0}]$$

式中，$I_{0(\lambda_1 - \lambda_2)}$ 为大气层顶的太阳光谱辐射通量；r 为地表的光谱平均反照率；v 为地表能见度；d/d_0 为日地距离订正因子；V 和 U_0 分别为水汽和臭氧；a, a', b, b', a_v, b_v, a_0, b_0 参数的选取如表 3.1 所示。

表 3.1　传输公式的消减系数

光谱间隔/nm	AOD 类型	a	b	a'	b'	a_v	b_v	a_0	b_0
350~700	海洋	0.079	0.378	0.132	0.470	0.002	0.087	0.047	0.99
	大陆	0.089	0.906	0.138	0.576	0.002	0.087	0.047	0.99
400~700	海洋	0.068	0.379	0.117	0.493	0.002	0.087	0.052	0.99
	大陆	0.078	0.882	0.123	0.594	0.002	0.087	0.052	0.99
250~4000	海洋	0.059	0.359	0.089	0.503	0.102	0.29	0.041	0.57
	大陆	0.066	0.704	0.088	0.456	0.102	0.29	0.041	0.57

3.1.3 参数化方法

地表入射短波辐射是直射辐照度(beam irradiance)与散射辐照度(diffuse irradiance)的总和。穿过大气层时,二者都受到大气中气溶胶、水汽等的影响,因此只要利用遥感数据获取气溶胶光学厚度、大气水汽含量等大气环境参量,便能估算到达地表的入射短波辐射。参数化方法是基于大气辐射传输模型,大量的模拟数据,或机载、星载及观测数据等,建立关键大气/地表变量与下行短波辐射的参数关系式,将大气对太阳辐射的散射和吸收过程采用与大气粒子物理特性相关的参数化形式表达,从而以"牺牲"一定精度的代价实现遥感手段的短波辐射快速计算。其基本原理为:估算大气层顶太阳辐射在穿过大气到达地表过程中,被水汽吸收的能量、被混合气体吸收的能量、被气溶胶散射或者吸收的能量、被臭氧吸收的能量等,进而得到最终到达地表的太阳辐射。

参数化模型又可分为两类:计算相对复杂的波谱模型和相对简单的宽波段模型。波谱模型是对不同波长的辐射通量分别进行估算,通过对整个波长进行积分的方法获得整个短波波段到达地表的辐射通量。宽波段模型则是对整个短波波段到达地表的辐射量进行直接估计的方法。

晴空参数化模型一般将地表入射短波辐射的直接辐射和散射辐射分别进行参数化,散射辐射的参数化一般考虑气溶胶对散射辐射的吸收作用和散射作用的影响,以及地表-大气间多次散射过程,其基本关系式可以表示为

$$E_b = E_0 T_A \tag{3.5}$$
$$T_A = T_o T_r T_g T_w T_a T_n \tag{3.6}$$

式中,E_b 为地表入射短波辐射;E_0 为大气层顶的入射短波辐射;T_A 为整层大气总的透过率。下标 o、r、g、w、a、n 分别指臭氧(ozone)吸收、瑞利(Rayleigh)散射、混合气体(mixed gas)吸收、水汽(water vapor)吸收、气溶胶(aerosol)吸收和散射、NO_x 吸收情形下的太阳直接辐射透过率。

不同的参数化模型所采用的输入数据各不相同,Gueymard(2012)对 18 个宽波段晴空短波辐射模型的输入参数进行了总结(表 3.2),并对其模拟精度进行了比较验证。由于该方法具有一定的物理基础,且计算方便快捷,不需要对辐射传输方程进行求解,因而很多卫星产品或气候模式多采用这种方法。其缺点是,参数方程中各参数的确定大多是基于局地的观测资料或经验系数,在某些特定区域具有较高的精度,推广至其他区域或全球尺度时需要重新对其进行标定。

表 3.2 各太阳辐射模型所需输入参数

模型	年份	ρ_g	P	T	RH	μ_o	μ_n	w	V	k	T_L	i_a	i_{a700}	α	总计
ASHRAE	1972														0
HLJ	1976														1
Kumar	1997		√												1
Fu-Rich	1999														1
ESRA	2000		√								√				2

续表

模型	年份	ρ_g	P	T	RH	μ_o	μ_n	w	V	k	T_L	i_a	i_{a700}	α	总计
Ineichen	2008		√					√					√		3
Yang	2001		√		√			√							4
NRCC	2005		√		√			√	√						4
Hoyt	1978	√	√		√			√							5
MAC	1988	√	√	√				√		√					5
METSTAT	1998	√	√		√			√				√			5
CSR	1998	√	√		√			√				√			5
MRM-5	2008	√	√		√			√							5
Bird	1981	√	√		√			√						√	6
Iqbal-C	1983	√			√			√						√	6
REST2	2008	√	√		√	√		√						√	8

各参数含义如下: ρ_g, 地表反照率; P, 大气压(mbar, 1mbar=100Pa); T, 温度(℃); RH, 相对湿度; μ_o, 总臭氧含量 (atm-cm); μ_n, 总二氧化氮含量(atm-cm); w, 可降水量(cm); V, 水平能见度(km); k, 大气透明度; T_L, Linke 浊度系数; i_a, 宽波段气溶胶光学厚度; i_{a700}, 700 nm 气溶胶光学厚度; α, 埃氏波长指数。

GEWEX 的辐射数据集、NCEP/NCAR 的再分析数据产品,以及 CERES 短波辐射数据集都是采用大气透过率的参数化模型来实现全球地表入射短波辐射的估算,其具体的输入数据及算法细节等见 3.4 节相应内容。

基于遥感数据的参数化估算方法,使产品空间分辨率得到了提高,然而也存在不足:由于输入的大气和地表参数较多,且很多参数目前利用遥感反演仍然存在较大不确定性,容易产生误差;各参数之间的时空分辨率不一致,容易产生误差,如目前 MODIS 气溶胶遥感产品的空间分辨率为 10km,而大气水汽的空间分辨率为 1km 等。

3.1.4 查找表方法

由于直接采用辐射传输方程计算比较费时,效率不高,而且遥感数据具有数据量巨大,更新快的特点,逐像元的遥感参数反演非常费时,为了满足快速及时的地表和大气参数反演,实现遥感数据的快速处理和更新就变得非常必要。查找表(Look-Up Table,LUT)算法使得辐射传输模型实用化,查找表的方法是基于如下物理原理:大气的光学特性和地物的物理特性决定了大气顶入射短波辐射和地表入射短波辐射的变化,因此某种特定的大气和地表状况参数会对应唯一一个地表入射短波辐射。查找表方法是预先以一定步长设定不同的大气和地表参数,包括气溶胶光学厚度、大气水汽含量、臭氧含量、地表高程、太阳高度角、太阳方位角、卫星天顶角、卫星方位角等,采用辐射传输模型计算上述输入参数情形下对应的地表入射短波辐射,根据不同输入图像的具体情况选择不同的参数索引得到入射太阳辐射。由于输入参数和输出参数已经预先算好,这样就大大节约了运算时间。查找表的算法思想是建立在物理意义明晰的辐射传输模型的理论基础上,查找表方法替代辐射传输方程的方法是以牺牲一定精度为代价来换取计算速度的,因此,查找表方法的步长及参数设置决定了查找的速度和计算精度。

Pinker 和 Laszlo(1992)估算全球的地表太阳入射辐射是在 Pinker 和 Ewing(1985)估算宽波段(0.2~4 μm)方法的基础上发展而来的。其算法的基本思想是:首先假定 N 种大气条件，利用辐射传输模型正向模拟计算，建立大气透过率与大气层顶的表观反照率之间的关系，然后通过卫星观测的表观反照率反推出大气的透过率，并计算得到到达地表的太阳辐射通量。Liang 等(2006)提出了一个利用 MODIS 产品和 MODTRAN 模拟地表辐射的查找表算法；Deneke 等(2008)在构建 Meteosat 云属性反演查找表的基础上实现了地表入射短波辐射的估算；孙洋等(2011)则以 MODTRAN 和 LibRadtran 建立的查找表为核心，结合 MTSAT 影像对黑河流域的地表入射短波辐射进行了估算。

对于表面平滑的朗伯体，一定的太阳天顶角 μ_0，波谱下行辐射可以通过下式来表达(Liang et al., 2006)：

$$F(\mu_0) = F_0(\mu_0) + \frac{r_s \overline{\rho}}{1 - r_s \overline{\rho}} \mu_0 E_0 \gamma(\mu_0) \tag{3.7}$$

式中，$\mu_0 = \cos(\theta_0)$，θ_0 为太阳天顶角；$F_0(\mu_0)$ 为下行辐射中不包括地面反射的部分；r_s 为地表反射率；$\overline{\rho}$ 为大气球面反照率；E_0 为大气层顶部的太阳辐照度；$\gamma(\mu_0)$ 为透过率。

3.2　云天地表入射短波辐射反演方法

3.2.1　经验统计模型

云天条件下的经验统计模型是基于地表云观测资料的实测值与影像观测值的大量统计样本建立的统计模型，如根据日照时数、日照百分率、云量等，这类模型以 Heliosat 为代表。早在 1964 年 Fritz 等(1964)就发现卫星观测辐射值与地表太阳辐射实测值之间的相关性达 0.9。Cano 等(1986)最先提出了基于云指数的 Heliosat 方法，用于估算云天条件下的太阳辐射，后人在其基础上有所改进(Mueller et al.，2004)，如今已发展至第三代——Heliosat-3，并应用于欧洲多个气候研究项目中。该算法将地表太阳辐射量表示为晴空总辐射量与晴空指数的关系式(Rigollier et al.，2004；Eissa et al.，2012)，晴空太阳辐射计算采用理论方法，晴空指数通过对实际观测数据的经验分析得到：

$$G_h = k_{ch} \times G_{ch} \tag{3.8}$$

式中，G_h 为实际太阳辐射；G_{ch} 为晴空条件下的太阳辐射；k_{ch} 为晴空指数(clear-sky index)。

晴空指数利用云指数(nt)采用分段函数获得

$$k_{ch} = 1.2 \qquad (nt < -0.2) \tag{3.9}$$
$$k_{ch} = 1 - n \qquad (-0.2 < nt < 0.8) \tag{3.10}$$
$$k_{ch} = 2.0667 - 3.6667nt + 1.6667(nt)^2 \qquad (0.8 < nt < 1.1) \tag{3.11}$$
$$k_{ch} = 0.05 \qquad (nt > 1.1) \tag{3.12}$$

云指数可以表示为大气层顶表观反照率/反射率与晴空地表反照率的函数：

$$nt(i, j) = [\rho^t(i, j) - \rho_g^t(i, j)] / [\rho_{cloud}^t - \rho_g^t(i, j)] \tag{3.13}$$

式中，$\rho^t(i, j)$ 为 t 时刻像元(i, j) 的反射率或表观反照率。

MODTRAN 大气辐射传输模式中也考虑了云的影响，MODv1 中云对短波辐射影响的处理，采用的是日晴空指数的校正方法，利用实测日照时数和可能日照时数之间的比值与晴空短波辐射值的乘积得到；MODv2 对云的处理引入了一个双对数线性关系式，其作用在于计算散射辐射时可以不考虑日晴空指数，但需要给定与天文辐射量之间的系数关系。在计算总辐射时，还需要应用日晴空指数，因而在缺乏实测资料的情况下，这种改进没有实际应用价值。MODTRAN4.0 版本通过预设云模式，以及定义云参数，包括云物理厚度、云高和消光系数来实现云天辐射的计算，具体请参看第 2 章相关内容。

经验统计模型的优点是方便快捷，在有关云的宏观参数中，用得最多的是日照百分率、日照时数和云量，而云量的测量是最不精确的，日照时数和日照百分率的观测虽然较为精确，但是也使得计算变得复杂，另一方面也降低了模型的精度和适用性。由于经验模型不具有物理意义，只是简单的统计含义，缺少确切的模型表达，因而只能在小的区域范围内使用。在遥感实际应用中，经验统计模型是根据长时间的地面观测数据和卫星影像拟合得到的经验模型。由于到达地表的太阳辐射在时间上和空间上有较大差异。所以该类模型难以外推至其他区域，往往需要先把模型本土化，更改参数使其适用于当地的气候和地形条件。

3.2.2　辐射传输方法

云和辐射之间的反馈机制十分复杂，云可以通过多种途径对辐射产生影响。云的微物理特性主要表现为它的尺度谱分布，包括云粒子的成分、大小、形状和浓度等，对于不同的云类其特性各不相同。云的光学厚度反映了云对通过其间辐射的削弱能力，是云对辐射产生影响的重要参数，其变化受到云水含量、云的垂直厚度、云粒子分布函数和形状等因素的影响。云的粒子半径反映了云对太阳辐射的散射能力，粒子半径越小，散射能力越强。由于水云和冰云组成粒子的不同而具有不同的辐射参数，从而表现出不同的辐射特性。对于水云，可以根据球形粒子对电磁辐射的散射和吸收的 Mie 理论，计算粒子对入射辐射的吸收、散射等辐射传输过程。对于冰云，冰晶粒子的形状、浓度和尺度决定了太阳辐射的传输过程，而冰晶的形状十分复杂，有六角形、圆柱形和针状等非球形粒子，这对地表和大气间的辐射传输有重要影响。

云反射和透射的太阳光主要是由平均有效半径决定的。平均有效半径定义为云滴谱的三阶矩与二阶矩之比：

$$r_e = \int_0^\infty n(r)r^3 \mathrm{d}r \bigg/ \int_0^\infty n(r)r^2 \mathrm{d}r \qquad (3.14)$$

光学厚度定义为

$$\tau = \Delta z \int Q_e \pi r^2 n(r) \mathrm{d}r \qquad (3.15)$$

式中，Q_e 为消光系数，是水滴半径、波长和折射率的函数。对于可见光波段而言，$Q_e \approx 2$。

含有较小水滴的云将具有较大的光学厚度，在非吸收波长上，云的光学厚度在很大程度上取决于云的反射比，而与云滴的粒子半径没有关系。

有云情况时的大气透过率可以表示为

$$T = T_{clear}T_{cloud} = \exp(-\tau_{clear}/\mu)\exp(-\tau_{cloud}/\mu) \qquad (3.16)$$

式中，τ_{cloud} 为云的光学厚度。

云的米散射相函数可以近似采用 Henyey-Greenstein 函数来表示：

$$P_{\mathrm{HG}\lambda}(\cos\varTheta) = \frac{1-g_\lambda^2}{(1+g_\lambda^2-2g_\lambda\cos\varTheta)^{3/2}} \tag{3.17}$$

在光学薄层大气条件下，光学厚度与双向反射比成正比，而与相函数成反比。

迄今为止，利用星载和机载可见光和近红外通道反演云光学厚度和有效粒子半径的研究工作已有许多，其理论基础大都是基于云在非吸收的可见光波段上，反射函数主要是云的光学厚度的函数，而在吸收的近红外或中红外波段上，反射函数主要是云滴有效半径的函数。通过选取云滴有吸收的波段和无吸收的波段，借助辐射传输模型构建查照表，比较卫星观测和模拟的星上辐照度，得到二者最接近的一组光学厚度、有效粒子半径及其他云参数。

由于实际大气中的云层在水平和垂直方向的变化都是十分剧烈的，而目前绝大多数有关云的遥感研究中，均采用平面平行假设和一维辐射传输理论来对三维场景的辐射传输进行简化处理，即假定云在水平方向是均匀分布并且是无限伸展的，从而只考虑云在垂直分布上的不均匀分布。在考虑到云在水平方向的非均匀性时，通常采用独立柱近似（Independent Column Approximation），独立像元近似法（Independent Pixel Approximation）或倾斜独立像元近似法（Tilted Independent Pixel Approximation）。独立柱近似是针对气候应用而言，把区域在水平方向划分为性质不同的若干块，在每一块的均匀介质内采用一维辐射传输计算。独立像元近似和倾斜独立像元近似是在每个假定为均匀的像元内采用平面平行算法计算，同时忽略像元间水平方向的光子传输。（倾斜）独立像元近似方法对三维空间的辐射传输问题进行了合理简化，又对平面平行传输问题进行了部分改进，因而是目前遥感云参数反演和下行辐射估算较为先进和成熟的业务算法。

3.2.3　参数化方法

云及其辐射性质的参数化大致经历了三个时期：早期模式是根据气候观测资料将云量设为定制，未考虑云-辐射间的相互作用；后来的云辐射参数化方案主要考虑的是云量、云高等宏观因子的变化，而云的辐射性质是根据不同的云类型给定的。近年来发展的云辐射参数化方案则考虑云微物理性质（光学厚度、粒子尺度、发射率、反照率等）和辐射之间的相互作用，对云和降水中的微物理过程参数化。在太阳辐射短波波段云光学厚度的参数化方案中，同时考虑云水含量和有效半径比只考虑云水含量可能更合理，但当云主要由有效半径很小的小云滴构成时，云的光学厚度还与云滴分布的形状有关，且与有效半径的反比关系也不再适用，更进一步增加了辐射参数化的难度。对于有云大气而言，云层本身的一些基本特征，如云高、云量、云状，以及云的内部含水量、结晶状况等，都是复杂多变的因子，而且云的强烈时空变化都导致其模拟与观测困难。云辐射参数化是制约当前气候模式模拟水平的关键因素，是引起气候模式不确定性的主要原因。

Coakley 和 Chylek 提出了二流近似（two-stream approximation）模型（Coakley and Chylek, 1975）用于求解云天下的辐射传输问题。在实际大气中，云层的水平与垂直方向分布都是不均匀的，为便于计算，假设云层的空间分布为平面平行模式（plane-parallel）。云层透过率的计算可以表示如下。

当波长 $\lambda \leqslant 0.75\,\mu\mathrm{m}$ 时，云滴不吸收辐射，此时云层的单次散射反射率 $\omega_0 = 1$，云层对

太阳辐射的影响只有反射与透过：

$$\mathrm{Re}(\mu_0) = \frac{\beta(\mu_0)\tau_N / \mu_0}{1+\beta(\mu_0)\tau_N / \mu_0} \tag{3.18}$$

$$\mathrm{Tr}(\mu_0) = 1 - \mathrm{Re}(\mu_0) \tag{3.19}$$

$$\beta(\mu_0) = \frac{\int_0^1 p(\mu_0, -\mu)\mathrm{d}\mu}{\int_{-1}^1 p(\mu_0, -\mu)\mathrm{d}\mu} \tag{3.20}$$

当波长 $0.75 < \lambda \leqslant 4.0\mu m$ 时，$\omega_0 < 1$，云层对太阳辐射的影响包括反射、散射与透射。

$$\mathrm{Re}(\mu_0) = (u^2 - 1)[\exp(\tau_{\mathrm{eff}}) - \exp(-\tau_{\mathrm{eff}})] / V \tag{3.21}$$

$$\mathrm{Tr}(\mu_0) = 4u / V \tag{3.22}$$

$$A(\mu_0) = 1 - \mathrm{Re}(\mu_0) - \mathrm{Tr}(\mu_0) \tag{3.23}$$

式中，Re 为云层的反射率；Tr 为云层的透过率；A 为云层的吸收率；μ_0 为太阳天顶角的余弦；τ_N 为云层的光学厚度(cloud optical thickness)；$\beta(\mu_0)$ 为天顶角余弦为 μ_0 时的云层后向散射比；p 为相函数。

以上云层透过率的计算只适用于光学厚度值较小的情况，为了计算云的反射率与透过率，可以采用调整 ω_0 与 $\beta(\mu_0)$ 的方法，即用累加法求算出云的反射率与透过率，再与上式计算结果做比较，调整 ω_0 与 $\beta(\mu_0)$ 的值，使之与累加法计算结果一致。Stephens (1978)和 Stephens 等(1984)对不同太阳天顶角和光学厚度进行了一系列计算，求出了相应的调整值(表 3.3 和表 3.4)。

表 3.3　二流近似模型后向散射率与天顶角余弦查找表

μ_0 / τ_N	$\beta(\mu_0)$ $(\lambda \leqslant 0.75\mu m)$									
	0.1	0.2	0.3	0.4	0.5	0.6	0.7	0.8	0.9	1
1	0.1196	0.1407	0.1295	0.1111	0.0932	0.0769	0.0657	0.0557	0.0489	0.0421
2	0.0794	0.1034	0.1077	0.1017	0.0924	0.0803	0.0708	0.0615	0.0543	0.0472
5	0.0483	0.068	0.0776	0.0812	0.0815	0.0782	0.744	0.0692	0.0637	0.0582
10	0.0359	0.0527	0.0626	0.0685	0.0723	0.0733	0.0737	0.0726	0.0704	0.0682
16	0.031	0.0465	0.0564	0.0631	0.068	0.0707	0.0728	0.0738	0.0736	0.0734
25	0.0281	0.0427	0.0526	0.0598	0.0653	0.0691	0.0723	0.0744	0.0756	0.0768
40	0.0261	0.0402	0.0501	0.0575	0.0636	0.068	0.0719	0.0749	0.077	0.0791
60	0.0251	0.0389	0.0488	0.0563	0.0627	0.0674	0.0717	0.0752	0.0778	0.0805
80	0.0246	0.0382	0.0481	0.0558	0.0622	0.672	0.0717	0.0754	0.0783	0.0812
100	0.0241	0.0376	0.0475	0.0553	0.0619	0.067	0.0717	0.0757	0.0788	0.082
200	0.0241	0.0374	0.0473	0.0552	0.0619	0.0672	0.0721	0.0763	0.0797	0.0831
500	0.0262	0.0392	0.0494	0.0576	0.0647	0.0703	0.0755	0.08	0.0837	0.0874

续表

τ_N \ μ_0	\multicolumn{10}{c}{$\beta(\mu_0)$ ($\lambda > 0.75\mu m$)}
	0.1	0.2	0.3	0.4	0.5	0.6	0.7	0.8	0.9	1
1	0.1196	0.1407	0.1295	0.1111	0.0932	0.0769	0.0657	0.0557	0.0489	0.0421
2	0.0794	0.1034	0.1077	0.1017	0.0924	0.0803	0.0708	0.0615	0.0543	0.0472
5	0.0483	0.068	0.0776	0.0812	0.0815	0.0782	0.744	0.0692	0.0637	0.0582
10	0.0359	0.0527	0.0626	0.0685	0.0723	0.0733	0.0737	0.0726	0.0704	0.0682
16	0.031	0.0465	0.0564	0.0631	0.068	0.0707	0.0728	0.0738	0.0736	0.0734
25	0.0281	0.0427	0.0526	0.0598	0.0653	0.0691	0.0723	0.0744	0.0756	0.0768
40	0.0261	0.0402	0.0501	0.0575	0.0636	0.068	0.0719	0.0749	0.077	0.0791
60	0.0251	0.0389	0.0488	0.0563	0.0627	0.0674	0.0717	0.0752	0.0778	0.0805
80	0.0246	0.0382	0.0481	0.0558	0.0622	0.672	0.0717	0.0754	0.0783	0.0812
100	0.0241	0.0376	0.0475	0.0553	0.0619	0.067	0.0717	0.0757	0.0788	0.082
200	0.0241	0.0374	0.0473	0.0552	0.0619	0.0672	0.0721	0.0763	0.0797	0.0831
500	0.0262	0.0392	0.0494	0.0576	0.0647	0.0703	0.0755	0.08	0.0837	0.0874

表 3.4　二流近似模型单次散射率(ω_0)与天顶角余弦查找表($1-\omega_0$)

τ_N \ μ_0	0.1	0.2	0.3	0.4	0.5	0.6	0.7	0.8	0.9	1
1	0.1207	0.1465	0.1379	0.12	0.1022	0.0855	0.0734	0.627	0.33735	0.0477
2	0.0794	0.1065	0.1133	0.109	0.1003	0.0886	0.0788	0.069	0.06135	0.0537
5	0.0474	0.0688	0.0801	0.0864	0.0871	0.085	0.0817	0.0769	0.07145	0.066
10	0.0339	0.0516	0.0629	0.0705	0.0757	0.0781	0.0795	0.0793	0.0776	0.0759
16	0.0277	0.0434	0.0543	0.0626	0.0689	0.0732	0.0766	0.0787	0.0794	0.0801
25	0.0229	0.0368	0.0471	0.0555	0.0625	0.0678	0.0724	0.0759	0.0783	0.0807
40	0.0184	0.0302	0.0396	0.0476	0.0545	0.0603	0.0656	0.07	0.0735	0.077
60	0.0148	0.0248	0.0329	0.0401	0.0466	0.0522	0.0575	0.0621	0.066	0.0699
80	0.0125	0.0211	0.0283	0.0348	0.0408	0.046	0.051	0.0556	0.0595	0.0634
100	0.0097	0.0166	0.0225	0.0279	0.033	0.0376	0.042	0.0461	0.04975	0.0534
200	0.0068	0.012	0.0165	0.0206	0.0246	0.0283	0.0319	0.0353	0.0384	0.0415
500	0.0032	0.0064	0.009	0.0115	0.014	0.0163	0.0186	0.0208	0.02295	0.0251

　　20 世纪 90 年代美国 Fu 和 Liou(1993)提出了 Fu-Liou 辐射传输方案,该方案能够直接利用云的物理性质处理云对辐射的影响,同时采用相关 k 分布法,便于引入其他痕量气体的吸收作用,从而在国际上得到了广泛应用。该方案对冰云和水云分别采用了不同的参数化方法,云的短波辐射性质(消光系数、单次散射反照率及不对称因子)可以直接由云的微观物理结构来确定。对水云,由云水含量和粒子有效半径来确定;对冰云,则由云冰含量和云冰粒子有效尺度来确定,从而在保证精度和物理意义的基础上简化了处

理方案，便于遥感数据的快速运算。

3.2.4 Monte Carlo 方法

在实际大气中，由于云的存在，大气辐射性质的空间不均匀性在水平方向和垂直方向都呈现出巨大差异。水平非均匀大气中不仅存在显著的水平方向的辐射能量交换，而且不同水平位置上的辐射量通过散射过程耦合起来，因此，三维辐射传输方法主要关注散射问题。三维空间的辐射传输问题比较复杂，一般可以采用 Monte Carlo（蒙特卡罗）方法对云的三维辐射传输问题进行求解。Monte Carlo 方法是一种随机模拟方法，从数学角度来讲，是将散射过程视为一个随机过程，按照一定的概率分布进行抽样统计；从物理角度来说，则是追踪光子在介质中的散射过程，通过对大量光子的"行为"进行统计而得到的结果。

蒙特卡罗方法是以辐射传输方程为依据，并直接模拟辐射传输。它是一种随机模拟方法，蒙特卡罗方法是基于马尔可夫链（Markov Chain）原理：光子传输过程中与云中粒子相互作用与之前的相互作用无关。光子在传输过程中，被云粒子吸收或散射，而且吸收或散射是随机的，对随机过程而言，与每次散射或吸收事件有关的概率仅仅是一束光子当前状态的函数，与它的过去无关。其计算过程为：首先从辐射源释放大量光子并在介质中追踪它们，将散射过程视为光子和介质的碰撞过程，两次碰撞之间光子在介质所走的距离与消光系数有关，碰撞后光子将改变前进方向，散射角由相函数确定，散射相函数被看成是一个变换概率函数，在不同方向上重新分布光子。在不同的散射阶数下重复该过程，直到光子被云吸收或者穿过云的边界逃逸，对大量光子"行为"跟踪并进行统计就可得具体问题的结果。

光子在云中前进到距离 S 处的概率 $PR(S)$ 可以表示为

$$PR(S) = e^{-\delta} = e^{-\beta S} \tag{3.24}$$

式中，δ 为光学厚度；β 为衰减系数；S 为传输距离。传输距离越远，光子与云滴发生碰撞的概率越大，光子在两次碰撞间前进的距离可以表示为

$$S = -\frac{1}{\beta}\ln(1 - RN_1) \tag{3.25}$$

式中，RN_1 为 (0，1) 的随机数。

光子与云滴碰撞时将发生散射而改变其前进方向，碰撞后的行进方向与原前进方向之间的夹角即为散射角，散射角可以根据散射相函数 $P(\theta)$ 来确定，相函数的归一化条件为

$$\int_0^\pi P(\theta) d\cos\theta = 1 \tag{3.26}$$

光子在 $0 \sim \theta$ 角度范围内散射的概率可以表示为

$$PR(\theta) = \int_0^\theta P(\theta') d\cos\theta' \tag{3.27}$$

如果单次散射反射率 $\omega_0 < 1$，则每发生一次碰撞，光子能量被吸收掉 $1 - \omega_0$ 倍，发生多次碰撞后，当光子能量小于入射时的 10^{-6} 倍时即认为被完全吸收掉，不再追踪此光子。

在指定位置上记录穿过单位面积上的光子数，即可获得该点的辐射强度。

Monte Carlo 方法的突出优点是：适用于任意复杂的相函数，对云的形状没有要求，只要能给出云的边界即可。Monte Carlo 方法在原理上很简单，给出的是多个光子的统计结果，其误差与统计次数的平方根成反比，即要得到较精确的结果，需要对大量的光子进行统计，因而比较费时，特别是当云层较厚，或者云体很大时，光子在云中的碰撞次数大大增加，整个模拟就需要很长时间，对于具体的计算过程而言，可以引入多种优化方法，以提高运行效率与精度。

3.2.5　查找表方法

云天条件下的查找表方法与晴空条件下的查找表方法类似，基本原理都是借助辐射传输模型，利用预设的一系列大气与地表参数，预先计算出 $N \times M$ 组大气与地表情形组合下地表入射短波辐射的值，再利用实际输入数据，通过对查找表进行查找、插值及不断降维的过程，实现云天条件下地表入射短波辐射的模拟和估算。由于影响下行短波辐射的云的光学物理参数众多，在实际应用中，为兼顾反演精度及效率，通常采用的云参数包括云相态、云光学厚度、云有效粒子半径、云消光系数等参数。

2012 年北京师范大学首次发布了全球陆表特征量 GLASS（Global Land Surface Satellite）产品数据，其中下行短波辐射产品的生产算法即采用查找表的方法生成，通过建立大气顶辐亮度和短波辐射之间关系的多维度查找表实现地表入射短波辐射的最终估算。第一个查找表为大气顶辐亮度与地表和大气参数间对应关系的查找表，第二个查找表为地表入射短波辐射与地表和大气参数间对应关系的查找表。通过这两个查找表即相当于建立各个传感器可见光波段大气顶辐射与地表辐射之间的关系。具体的计算方法是：①通过滤波等方法，获得地表的反射率数据；②通过获取的地表反射率计算从最晴天到最阴天之间所有大气状况的大气顶辐亮度，比较不同传感器的值与不同大气状况的值，确定大气状况指数；③通过查找表二，根据所得大气状况指数，来计算地表辐射的值。下行短波辐射产品算法对云的处理是通过预先构建不同云（高层云、层云、层云/层积云、雨层云）在 550nm 的吸收系数、厚度和高度与下行短波辐射的查找表得到（Liang et al.，2006；Zhang et al.，2014）。

中国科学院遥感与数字地球研究所也发布了全球 3h 和每日分辨率的下行短波辐射和光合有效辐射 MuSyQ 产品（Multi-source data Synergized Quantitative remote sensing production system-Downward Shortwave Radiation/Photosynthetic Active Radiation），该方法是以平面平行模式大气辐射传输模型为基础，通过引入云光学物理参数，并建立查找表模型，实现全天候的区分直散射的下行短波辐射估算。具体算法为：首先根据晴空和云天状况，分别建立查找表 A，用于晴空状况下反演下行短波辐射；查找表 B，用于云天条件下反演云光学厚度（云水路径）；查找表 C，用于估算地表入射直接辐射和散射辐射。查找表 A 和 B 的输入参数包括地表反射率、大气参数以及日-地几何参数，查找表 C 的输入参数包括地表反照率、大气水汽含量、气溶胶参数、云参数（包括云相态、云光学厚度、粒子半径等）、太阳入射角、DEM 等，进而得到瞬时下行短波辐射，通过时间积分的方法，利用静止卫星逐时下行辐射估算即可得到每日总下行短波辐射（张海龙等，

2017；Zhang et al.，2018）。

3.3　太阳辐射地形订正方法

地形对地表入射短波辐射的影响包括：①地表高程通过改变实际大气路径长度，从而影响大气透过率；②地表坡度影响地面法线和太阳天顶角之间的角度；③地表某点某时刻的入射太阳辐射会受到邻近地形阴影或者自身遮蔽的影响，以及周围地形对它的反射附加辐射。

在 GIS 技术引入地表太阳辐射的定量计算前，左大康等（1963）和傅抱璞（1958）等都对起伏地形下的太阳辐射进行过深入研究。利用卫星资料和地形，并结合大气辐射传输模式或野外观测计算地表太阳净辐射，是近十年来发展的新方法（王开存等，2004）。起伏地形对直接辐射和散射辐射的影响机理不同，因而起伏地形下的地表入射短波辐射计算需要分别针对直接辐射和散射辐射单独计算。

3.3.1　直接辐射

坡面入射短波辐射与坡面的坡度、坡向、太阳入射角度有关。坡面入射短波辐射计算比较复杂，需要综合考虑坡度引起的太阳入射角的变化、周围地形，以及自身造成的遮蔽情形等。坡面入射太阳辐照度可以表示为

$$E_{\mathrm{dir,t}} = \begin{cases} \cos(\beta - A) < 0 & 0 \\ \cos(\beta - A) > 0 & \begin{cases} \theta - \alpha > 0 & E_{\mathrm{dir}} \sin\theta \\ \theta - \alpha < 0 & 0 \end{cases} \end{cases} \tag{3.28}$$

式中，α 为坡度；β 为坡向；θ 为太阳高度角；A 为太阳方位角；$E_{\mathrm{dir,t}}$ 为坡面太阳直接辐照度；E_{dir} 为水平面太阳直接辐照度。

坡面太阳高度角可以表示为

$$\sin\theta = u\sin\delta + v\cos\delta\cos\omega + w\cos\delta\sin\omega \tag{3.29}$$

u、v、w 是地理和地形特征因子，其计算公式为

$$u = \sin\phi\cos\alpha - \cos\phi\sin\alpha\cos\beta \tag{3.30}$$

$$v = \sin\phi\sin\alpha\cos\beta + \cos\phi\cos\alpha \tag{3.31}$$

$$w = \sin\alpha\sin\beta \tag{3.32}$$

式中，ϕ 为纬度；ω 为时角。

3.3.2　散射辐射

复杂地形下天空散射辐射的计算可以通过对平坦地形的天空散射辐射进行天空视角因子订正来获得。天空视角因子 ϕ_{sky} 可以采用下式计算：

$$\phi_{\mathrm{sky}} = \frac{1}{n}\sum_{i=1}^{n}\cos H_i \tag{3.33}$$

式中，i 为方向序号；H_i 为当前各网单元与周围单元的水平高度角。方向线越多，计算结果越可靠，一般取 $n=16$。地形平坦时，天空视角因子为 1；地面下凹时，ϕ_{sky} 小于 1；ϕ_{sky} 为 0 时，完全遮蔽。

起伏地形下的天空散射辐射可以表示为

$$E_{dif,t} = E_{dif}\phi_{sky} \tag{3.34}$$

散射辐射的地形校正并不像直接辐射的地形校正那么简单，不但要考虑太阳光线入射到坡面的几何位置，还要考虑大气散射的物理特性。其物理特性主要表现为，从天空中各点入射到坡面的散射辐射并不是均匀分布的。散射辐射的地形校正模型通常分为各向同性模型 (isotropic model) 和各向异性模型 (anisotropic model)，各向同性模型也称为环日模型 (circumsolar model)。各向同性模型假设天空散射均匀地分布于整个天空，该模型适合全阴天情况。各向异性模型认为天空散射并不是均匀分布的，靠近太阳光线位置的散射强度明显强于远离太阳光线位置的散射强度，该模型主要考察晴天大气状态的散射辐射。

设定天空散射从水平面地形校正到坡面上的转换因子 R_d：

$$R_d = E_{dif,t} / E_{dif,h} \tag{3.35}$$

R_d 即坡面接收的散射辐射 $E_{dif,t}$ 与水平面上接收的散射辐射 $E_{dif,h}$ 之比。下面将基于 R_d，分别对各向同性和各向异性的几个主流模型进行简单阐述。

各向同性模型介绍如下。

3.3.2.1 Liu-Jordan (LJ) 模型 (Liu and Jordan，1977)

Liu-Jordan 模型基于散射均匀分布于整个天空中的假设，认为坡面上接收的散射辐射仅依赖于该坡面所对应的天空视野。进一步简化地形形状，假定坡面在坡向方向上无限拉长，即在坡向方向上不存在周边地形的遮蔽，可得到天空可见因子 V_d：

$$R_d = V_d = \frac{1}{2}(1 + \cos S) \tag{3.36}$$

式中，S 为坡面的坡度，单位为弧度。

3.3.2.2 Korokanis (KO) 模型 (Hamilton and Jackson，1985)

Korokanis 模型在 Liu-Jordan 模型的基础上研究发现，在北半球山地的南坡上接收到的散射辐射约占总辐射的 63%。根据这一发现，对模型进行了修改：

$$R_d = \frac{1}{3}(2 + \cos S) \tag{3.37}$$

3.3.2.3 Badescu (BA) 模型 (Badescu，2002)

$$R_d = \frac{1}{4}(3 + \cos 2S) \tag{3.38}$$

3.3.2.4　Temps-Coulson（TC）模型（Temps and Coulson，1977）

Temps-Coulson 模型主要针对晴天条件下对坡面上散射的估算，对阴天和非完全晴天条件并不合适，具体为

$$R_{\mathrm{d}} = \frac{1}{2}(1+\cos S)\left[1+\sin^3\left(\frac{S}{2}\right)\right]\left[1+\cos^2(\theta)\sin^3(S_{\mathrm{h}})\right] \tag{3.39}$$

式中，$\left[1+\sin^3(S/2)\right]$ 是对靠近地表的散射强度的修正；$\left[1+\cos^2(\theta)\sin^3(S_{\mathrm{h}})\right]$ 是对太阳光线周边方向上散射强度的修正。

各向异性模型介绍如下。

（1）Klucher（KL）模型（Klucher，1979）

$$R_{\mathrm{d}} = \frac{1}{2}(1+\cos S)\left[1+F\cdot\sin^3\left(\frac{S}{2}\right)\right]\left[1+F\cdot\cos^2(\theta)\cos^3(S_{\mathrm{h}})\right] \tag{3.40}$$

$$F = 1-\left(\frac{E_{\mathrm{dif,h}}}{E_{\mathrm{dif,h}}+E_{\mathrm{dir,h}}}\right)^2 \tag{3.41}$$

该模型添加了一个晴朗度指数 F，当天空全阴时，$F=0$ 变为各向同性模式，全晴天时，F 变大，模型则向 Temps-Coulson 的模式逼近。当天空状况介于晴阴之间时，则以 F 的实际值进行调节。其缺点是 F 的调节不好判断。

（2）Bugler（BU）模型（Bugler，1977）

Bugler 模型是在 Liu-Jordan 模型的基础上添加了天空散射的各向异性部分。

$$R_{\mathrm{d}} = R_{\mathrm{d,LJ}} + 0.05\cdot\frac{E_{\mathrm{dir,t}}}{E_{\mathrm{dif,h}}}\cdot\left(\cos\theta-\frac{R_{\mathrm{d,LJ}}}{\sin S_{\mathrm{h}}}\right) \tag{3.42}$$

式中，$R_{\mathrm{d,LJ}}$ 为 Liu-Jordan 模型中的转换因子。

（3）Hay（HA）模型（Hay and Mckay，1985）

Hay 模型将天空散射的各向异性部分和各向同性部分独立分离开来，以各向异性指数 k（anisotropy index）表示各向异性散射占天空总散射的权重，k 用坡面法线方向接收的太阳直射辐照度与大气层顶辐射（这里用太阳常数 I_0=1367 W/m² 代替）之比计算。

$$R_{\mathrm{d}} = k + (1-k)\cdot\frac{1+\cos S}{2} \tag{3.43}$$

$$k = \frac{E_{\mathrm{dir,h}}/\sin S_{\mathrm{h}}}{I_{\mathrm{o}}} \tag{3.44}$$

（4）Sandmeier（SA）模型（Sandmeier and Itten，1997）

Sandmeier 模型与 Hay 模型相似，只是对坡面所能观测的天空视野的计算做了改进，在 Liu-Jordan 模型中我们阐述了 $R_{\mathrm{d,LJ}}$ 的天空视野计算建立在一个简化的地形上。在真实的地形中，周边地形对目标像元在各个方向上的遮挡都是不一样的，因此，Sandmeier 模型引入了各向同性可见因子 V_{D}，各向同性可见因子定义为坡面半球上可见部分面积与半球面积之比，它代表周围地形遮蔽各向同性散射的影响：

$$R_d = k + (1-k) \cdot V_D \tag{3.45}$$

可见，R_d 与 V_D 表示的都是坡面所能观测到的天空可见范围，只是计算方法不一样。

3.3.3　附加辐射

直接辐射和散射辐射在入射到地表 A 点后，会经过 A 点地表的反射而被其周边的 B 点所吸收，这部分能量称为 B 点所接收的邻近附加辐射。通常来说，根据 BRDF 特性，A 点反射的辐射是向四周各方向发散的，并不会全部被 B 点所吸收。邻近辐射在地表接收到的总辐射中占比很小，若地表水平，忽略 A 点反射的辐射在向 B 点传输时在大气中的多次散射现象，可认为 A 点接收的邻近附加辐射为 0。若地形较为起伏时，则需要计算 B 点周边每个像元对 B 点贡献的反射辐射，这一过程将变得非常复杂。因此，影响目标像元邻近附加辐射的主要因素是周边像元的地表反照率、地形环境及其坡度坡向。

Kondratyev（Kd）模型（Kondratyev，1969）在计算邻近附加辐射时，引入地表可见因子 V_t（与天空可见因子 V_d 相对应，是坡面可接收的周边像元反射辐射的面积与半球面积的比值），如图 3.1 所示。

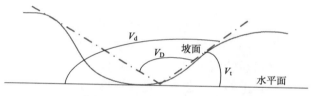

图 3.1　V_d、V_D 与 V_t 对应的视野

该模型认为，在坡面对应的地表可见范围内，周边像元反射过来的辐射全部被坡面所吸收。这是一种简化的计算方法，方法忽略了每个邻近地表像元所处的地形细节，仅对坡面自身的遮蔽进行了考量，在地形起伏较大的地区误差较大。

$$E_{a,t} = (E'_{dir,t} + E'_{dif,t}) \cdot \rho_m \cdot v_t \tag{3.46}$$

$$V_t = 1 - V_d = \frac{1 - \cos S}{2} \tag{3.47}$$

式中，$E'_{dir,t}$ 和 $E'_{dif,t}$ 分别为以目标像元中心，其周边某个窗口（如 3×3 或 5×5 窗口）内所有像元接收到的直接辐射和散射辐射；ρ_m 为该窗口内像元的平均反照率。

Goodchild 和 Lee（1989）根据 DEM 计算了视场内周围地物的反射，但其对视场的计算过于复杂。为此，Proy 等（1989）在此基础上提出了快速的近似算法，其算法如下：

$$E_{a,j} = \frac{\sum_{i=1}^{n \cdot n} \mathrm{HID} \cdot \rho_i \cdot (E^i_{dir,t} + E^i_{dif,t}) \cdot \cos \varepsilon_i \cdot \cos \varepsilon_j \cdot \mathrm{AREA}}{R_{ij}^2} \tag{3.48}$$

邻近附加辐射传输示意图如图 3.2 所示，假定以目标像元 j 为中心，其周边 $n \cdot n$ 区域内的像元对 j 有邻近附加辐射贡献。其中该区域内第 i 个像元对目标像元 j 的邻近附加辐射贡献为 $E_{a,j}$；HID 为 i 与 j 之间的遮蔽因子，取值为 0 和 1，当 HID=1 时，代表 i 与 j 之间"可见"，否则不"可见"；ρ_i 为 i 像元的反照率；$E^i_{dir,t}$ 和 $E^i_{dif,t}$ 分别为 i 像元所接收到的直接辐射和散射；ε_i 和 ε_j 分别为像元 i 与 j 的朝向角，等于各自法向向量与它们连线的交角；R_{ij} 为它们之间的距离；**AREA** 为像元 i 的倾斜面积，等于像元 i 的水平面积除以像元 i 的坡度的余弦。

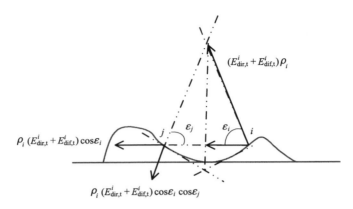

图 3.2　目标像元 j 接受来自于邻近像元 i 的邻近附加辐射传输示意图

该算法认为，将邻近像元 i 接收到的直接辐射和散射辐射经坡面自身反射出去的方向设为像元 i 的坡面法向方向，将此方向上的反射辐射校正到目标像元 j 的坡面法向方向，再乘以其在所在周边区域的面积比，则为目标像元 j 接收到的邻近附加辐射。该方法基于地表下垫面为朗伯体的假设，并未考虑反射像元的 BRDF 特性，但对反射像元与目标像元的遮蔽情况进行了考虑，是当前应用较广的一个邻近附加辐射计算模型。

3.4　全球下行短波辐射卫星产品

目前遥感反演的全球短波辐射产品主要有 ISCCP-FD、GEWEX-SRB、CERES-FSW、EUMETSAT 和 NCEP-NCAR 数据集等，如表 3.5 所示。

表 3.5　下行短波辐射全球/区域产品的主要特征

数据集	空间分辨率	时间分辨率	时间范围	区域范围
ISCCP-FD-SRF	2.5°	3 h	1983~2009 年	全球
GEWEX-SRB	1°	3 h/天/月	1983~2007 年	全球
NCEP-NCAR	209 km	6 h/日/月	1948 年至今	全球
CERES-FSW	1°	瞬时/小时/月	2001 年至今	全球
EUMETSAT CM-SAF	0.03°	小时/日/月	1983~2005 年	70°S~70°N；70°W~70°E
EUMETSAT CM-SAF	15 km	小时/日/月	2005.9~2007.4	30°N~80°N，60°W~60°E

续表

数据集	空间分辨率	时间分辨率	时间范围	区域范围
EUMETSAT LSA-SAF	全圆盘模式	瞬时/每天	2005.4 至今	70°S～70°N; 70°W～70°E
EUMETSAT OSI-SAF	0.05°	小时/每日	2001～（GOES） 2004～（MSG）	60°S～60°N; 与卫星有关
ECMWF-ERA40	2.5°/ 1.0°/ 0.75°	4 次/天，日，月	1957～2002 年	全球

注：ERA40 对中国只提供 2.5°×2.5°资料。

表 3.6 列出了产品使用的传感器和反演算法。这些产品大多采用辐射传输和参数化方程两套方法计算地表下行短波辐射，而且提供了不同时空尺度的合成产品。

表3.6　下行短波辐射全球/区域产品的主要算法

数据集	采用数据	反演算法
ISCCP-FD-SRF	GOES、GMS、INSAT、METEOSAT	GISS GCM 辐射传输模型
GEWEX-SRB	GOES、GMS、INSAT、METEOSAT	Pinker & Laszlo 算法
NCEP/NCAR	NCEP GTS、　TD54、JMA、NCEP archives、COADS	Lacis & Hansen 算法及 Sasamori 算法
CERES-FSW	TRMM/CERES TERRA（AQUA）/CERES	Fu & Liou 代码
EUMETSAT CM-SAF	Meteosat/SEVIRI、MetOP/AVHRR、NOAA/AVHRR	晴空：查找表方法 云天：MAGICSOL 方法（Heliosat 的改进）
EUMETSAT LSA-SAF	MSG/AVHRR	参数化模型
EUMETSAT OSI-SAF	GOES-E/METEOSAT	参数化模型
ECMWF-ERA40	航海观测、飞机观测、高空探测及卫星资料	数据同化

下面对几种主要全球短波辐射产品做简单介绍。

3.4.1　ISCCP

3.4.1.1　产品概述

ISCCP 是世界气候研究计划（World Climate Research Program，WCRP）的第一个子计划，始于 1982 年，至今已经 30 年，且目前仍在执行中。其数据集始于 1983 年 7 月 1 日，目前可获得数据截止到 2009 年 12 月 31 日。其数据来源包括欧洲太空局（ESA）、欧洲气象卫星应用组织（EUMETSAT）、日本气象厅（JMA）、加拿大大气环境局（AES）、美国国家海洋和大气管理局（NOAA）、法国中央气象局、美国国家航空航天局（NASA）。曾用于生产 ISCCP 数据集的卫星数据包括 GOES（5～9）、GMS（1～5）、INSAT、

METEOSAT（2～5）、NOAA（7～14）。

ISCCP 的短波辐射产品为 280 km 等面积图上的每 3 h 像素级（pixel-level）结果，ISCCP-FD 数据集提供了全天气、晴天和阴天条件下的上行/下行，短波（5.0～200.0 μm）和短波（0.2～5.0 μm）辐射通量（从地表到大气顶）的数据集，以及所有用来计算的输入参数（除去气溶胶）。为便于使用，该资料集分为 4 个子集：大气层顶辐射通量集（TOA RadFlux）、地表辐射通量集（SRF RadFlux）、辐射通量廓线集（RadFlux Profiles）、辐射通量计算输入资料集（RadFlux Inputs）。其中前两个资料集仅给出了特定层次（大气层顶或地表）的辐射通量，以及影响该层通量的关键的云和地面特性数据资料。第 3 个资料集则是全部 5 层的辐射通量廓线的总集。第 4 个资料集则包括了用于辐射通量计算的所有输入数据。另外，根据辐射通量廓线集格式转换后的产品，还得出了第 5 个可用的月平均资料产品。各产品定义及输出参数个数见表 3.7。

表 3.7　ISCCP-FD 数据产品名称及输出参数

产品名称	辐射产品意义	输出参数个数/个
FD-TOA	大气层顶辐射通量	20
FD-SRF	地表辐射通量	25
FD-PRF	辐射通量廓线（含大气层顶和地表）	81
FD-INP	辐射通量计算输入资料（包括附加资料）	281/128*
FD-MRF	辐射通量廓线月均值	81

* 281 为 FD-INP 输出参数个数最大值，128 为平均值，根据不同的输出要求而异。

3.4.1.2　反演方法

ISSCCP-FD 基本输入数据包括：

1）ISCCP-D1 提供的每 3 h 的云和地表属性。

2）NOAA TOVS 提供的每日垂直探空大气温湿度廓线产品。

3）TOMS 提供的每日臭氧产品。

4）湿度测空仪的湿度廓线提供的云层垂直分布数据（Wang et al.，2000）。

5）Han 提供的云颗粒长期数据（Han et al.，1994，1999）。

6）SAGE-Ⅱ 提供的平流层和上层对流层水汽、平流层 AOD 长期数据。

7）NCEP-1 再分析数据提供的近地层空气温度周期变化数据。

8）NASS GISS GCM 提供的对流层 AOD 长期数据和地表反照率数据（Zhang et al.，2004）。

9）NASS GISS 气候模型提供的不同地表类型发射率数据。

上述所有数据被投影至 280 km 等面积的全球网格上。辐射通量的计算是使用 NASA 戈达德空间科学研究所一个完整、细致、性质稳定的 GISS GCM 辐射传输模型来计算所有位置的辐射通量，并对应 5 个不同大气高度：地表、680 mbar 大气压、440 mbar 大气压、100 mbar 大气压和大气层顶（0 mbar，TOA，大致相当于平均海平面以上 100 km）（Zhang et al.，1995；Zhang et al.，2004），该模型在大气垂直异质、多向散射的大气体里来处理气体的吸收和热辐射发射(Lacis and Oinas，1991)。最初的辐射传输模式称为 95 辐射传输模式，如今该模式已升级为 03 辐射传输模式，且 ISCCP-C 系列云资料集已由 ISCCP-D 系列云资料集取代，后者包含了更全面的云特性，并特别关注了冰云，尤其使用了一种云垂直分布(CVS)统计模式，使得大气内部辐射垂直廓线的计算成为可能。

下面对其中的关键算法做简要介绍。

（1）云参数获取

云参数获取要经过 3 个基本步骤：云识别、辐射传输模式分析和统计计算。在云识别处理过程中，首先对一个月内的 B3 资料进行统计分析。假定晴空下垫面的可见光和红外辐射率值比云目标的值变化小，晴空区可见光波段更暗，红外波段更暖，这样便确定出每个时刻(3 h 一次)和每个格点(30 km)的晴空值，并由此得到晴空合成图。然后，再将 B3 资料逐时、逐点地与晴空阈值相比，当可见光通道测得的反射率高于晴空反射率某一定值(如 3%)，或红外通道测得的亮温低于晴空亮温的某一定值(ISCCP C 到 D 从 6000 降到 4000)时即判定为有云。多通道组合便可获得云的性质。辐射传输模式分析处理是将模式反演的云，或地表参数与测量的辐射率及其他大气、地表相关信息做对比分析，统计计算处理是统计辐射率所反演参数的空间分布信息。云参数的最终结果需要用其他观测资料，如地面云观测资料加以证实。

（2）栅格化产品

所有的大气/地表输入参数包括空值标识、陆地/水体/海滨标识、白天/黑夜标识、总云量、大气温湿度廓线、云光学厚度(水云平均有效粒子半径设为 10μm，冰云有效粒子半径设为 30μm)，以及云水路径、冰雪覆盖标识和云类型(高云、中云、低云、卷云、深厚对流云)。上述数据具有不同的空间与时间分辨率(如 NOAA TOVS 产品空间分辨率大致为 2.5°，NOAA GFDL 数据纬向分辨率为 2.5°，经向为 5.0°，臭氧为 10°)，因此，首先需要对上述数据进行时间平均与空间平均，然后所有数据都被重投影至 280 km 分辨率的格网上，对应的纬向分辨率为 2.5°，经向分辨率可变，总共 6596 个像元。

空间平均：利用 D1 数据集(来自于 5 颗静止卫星和两颗极轨卫星数据)的空间融合值作为空间均值结果。为保证数据的连续性与一致性，在选取输入数据时遵循如下两个规则：纬度在 55°以内区域选取最低卫星天顶角的静止卫星数据作为首选数据；高纬度地区以极轨卫星为主，以静止卫星为辅。

时间平均：利用每个格点的格林尼治时间每 3 h 平均值作为 3 h 辐射通量计算的输入数据。

3.4.1.3　产品精度

ISCCP 在给出资料集的同时，也对资料的误差进行了比对分析，以及相关的敏感性试验。ISCCP 与地球辐射平衡试验(ERBE)、全球能量平衡档案(GEBA)、云和地球辐射能量系统(CERES)、基本地面辐射网(BSRN)、第一次 ISCCP 区域试验(FIRE)、海洋通量(SeaFlux)等资料集的对比发现，无论是对比卫星反演数据，还是地表观测数据，ISCCP-FD 资料集均与之吻合较好，仅在有些地方存在有限偏差。ISCCP-FC 通量的总体区域月平均误差大气层顶为 10~15 W/m^2，地表为 20~25 W/m^2；而新的 FD 通量偏差小于 10 W/m², 区域均方根差别比之前的小, 总体误差维持在大气层顶 5～10 W/m², 地表 10～15 W/m² 的水平(Zhang et al., 2004)。

Bishop 通过对比 ISCCP-FD 1983～1991 年的资料发现, 在海洋及洁净站点, ISCCP 月平均值误差为 10W/m², 其误差主要在于忽略了气溶胶的时空变异性(Bishop et al., 1997)。Zhang 利用 18 年 ISCCP-FD 的月平均值与 BSRN、CERES、ERBE 的比较表明: ISCCP-FD DSR 月均值的误差和标准差为 2.02 W/m² 和 18.49 W/m²; 在不同的纬度带, 其平均误差小于 10 W/m², 最大偏差出现在热带地区, 为 21.3 W/m², 其次为南半球高纬度地区, 偏差为–20.0 W/m²。南北半球的最大 RMS 分别为 20.6 W/m² 和 21.8 W/m²(表 3.8)。Zhang 等(2004)将误差原因归结为热带地区频繁的秸秆及焚烧林木导致 ISCCP 将这些"浓烟"探测为云, 从而使结果误差较大。

表 3.8　ISCCP-FD 与 BSRN 月均值的比较(1992～2001 年)

项目	FD	BSRN	平均差	标准差	协方差	斜率	截距	拟合均方根差	样本数
所有 ISCCP-FD 及 BSRN 的地表下行短波辐射及长波辐射通量数据									
下行短波辐射	168.20	166.19	2.017	18.491	0.9825	0.96	3.90	13.07	1970
下行长波辐射	302.23	300.01	2.219	19.042	0.9706	1.05	–17.40	12.89	1831
ISCCP-FD 的地表下行短波辐射及 BSRN 在纬度分区的值									
90°S～65°S	114.23	122.36	–8.133	20.599	0.9907	1.05	2.31	13.38	302
65°S～35°S	145.18	165.15	–19.972	15.370	0.9822	1.03	15.08	10.53	23
35°S～15°S	217.11	219.53	–2.412	11.728	0.9847	1.00	2.32	8.29	144
15°S～15°N	247.72	226.40	21.318	13.963	0.8928	0.95	9.03	10.07	218
15°N～35°N	210.87	200.61	10.262	16.092	0.9742	0.97	–4.65	11.45	243
35°N～65°N	168.34	168.23	0.116	14.180	0.9847	0.95	7.96	9.88	819
65°N～90°N	86.64	86.63	0.005	21.798	0.9724	0.97	3.01	15.51	221

3.4.2　GEWEX

3.4.2.1　产品概述

GEWEX-SRB 是 NASA WCRP/GEWEX(世界气候研究计划/全球能量与水循环试验)发布的一个长期地表辐射收支(SRB)数据产品集, 该数据集提供了 1983～2007 年的地表短波辐射数据, 包括晴天和云天的地表和天顶长短波辐射。产品分为四种时间分辨率: 3 h、日均、月均、每 3 h 月均, 空间分辨率为 1°。该数据集采用 Pinker/Laszlo 的改进短波算法来计算短波辐射(Pinker and Laszlo, 1992)。这个算法对每一个时间标识都计算相应的宽波段太阳辐射, 并使用双流爱丁顿模型将大气顶的宽波段反射辐射通量映射到地表。大气顶的反射辐射通量则使用地球辐射收支试验(ERBE)提供的可见辐射和角度分布模型中的窄波段向宽波段的转换关系来计算。

3.4.2.2　反演方法

输入数据如下。

1）云参数来源于 ISCCP DX 数据产品。

2）温度和水汽数据从戈达德 EOS 数据同化系统（GEOS-4）-层级四中获取。

3）臭氧数据根据不同的时间段来源不同：前 21.5 年（1983.7～2004.12）的臭氧气柱含量来自臭氧总量映射分光计（TOMS）档案系统，来自于 NIMBUS-7 和 Meteor-3 卫星，之后出现了 1993.12～1996.7 共 32 个月的间断，之后采用 EP-TOMS 提供的 TOMS 数据直至 2004 年 12 月。所有的 TOMS 缺失数据由泰罗斯业务垂直探空器（TOVS）提供的数据填补。2004 年 12 月后的臭氧气柱含量由 AQUA 星的 OMI 仪器测量获取，但 TOVS 数据依然使用，用于填补 TOVS 的数据缺口。2005 年 1 月开始，采用平流层的监控臭氧混合分析数据（SMOBA）。

其主算法采用 Pinker-Laszlo 的短波辐射模型计算全球短波辐射，其算法流程图如图 3.3 所示。

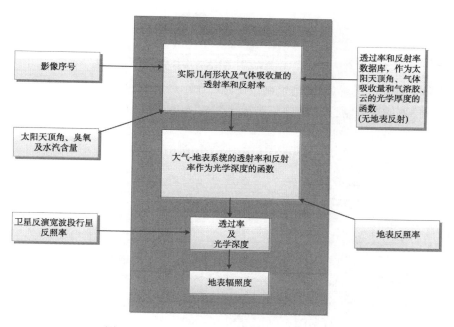

图 3.3　Pinker-Laszlo 地表短波辐射估算流程图

算法思路为：晴空/阴天下的反射率（R）、透过率（T）和吸收率（A）利用如下光学参数求解——光学厚度（TAU）、单次散射反照率（OMEGA）和相函数/不对称因子（g）。R、T、A 可由测量及卫星数据获得，由卫星反演得到 TAU，结合辐射传输模型和卫星观测的大气顶反射率（TOA）进而求得大气总透过率，从而可进一步获得地表下行短波辐射。算法的关键是确立 T 与 R 的函数关系：$T=f(R)$，T 确立后，即可得下行短波辐射。

1）利用辐射传输模型确立 N 组大气/地表状况下 T 与 R 的函数关系式：$T=f_i(R)$，$i=1$，

2，…，N，代表 N 组大气/地表状况，包括地表反照率、吸收气体含量(臭氧、水汽)和散射气体含量(大气颗粒、气溶胶和云滴)。

2)利用卫星图像反演宽波段大气顶表观反照率。

3)利用函数关系式 $T=fs(R)$，以及求得的宽波段反照率，即可求得下行短波辐射透过率和总下行短波辐射通量。

反射与透射辐射假定大气为平面平行水平非匀质大气，散射与吸收利用 delta-Eddington 近似在 5 个光谱区间计算(0.2～0.4 μm，0.4～0.5 μm，0.5～0.6 μm，0.6～0.7 μm，0.7～4.0 μm)。充分考虑臭氧与水汽吸收、瑞利散射、气溶胶对下行辐射的衰减和云的衰减作用(利用 Stephens 的二流近似计算)。

GEWEX-SRB 备用算法采用 Staylor 的算法。该算法为参数化/物理模型，主要输入数据为 ISCCP-C1 数据，其算法为 Darnell 算法的修订(Darnell et al.，1988，1992)。下行辐射通量表示为大气顶辐射、晴空大气透过率和云透过率三者共同作用的结果。晴空大气透过率表示为地表大气压、地表反照率、气溶胶和有效晴空大气光学厚度的函数。云透过率基于全阴天条件、全晴空条件和实际观测条件(来自于 ISCCP 资料)下的阈值计算。

日总辐射可以表示为

$$\text{SW} = \int_{SR}^{SS} T_C \times T_A \times S \times \cos\theta \mathrm{d}t = \int_{SR}^{SS} T_C \times [1 + 0.065 P \times A_S] \times \exp(-\tau_\theta) \times S \times \cos\theta \mathrm{d}t \qquad (3.49)$$

式中，T_C 和 T_A 分别为云和大气透过率；S 为日地距离矫正的 TOA 短波辐射通量；τ_θ 为 θ 太阳天顶角处的有效晴空宽波段光学厚度；A_S 为地表反照率；P 为地表大气压；SS，SR 分别为日落、日出时刻。

$$T_C = 0.05 + 0.95(R_{OVC} - R_{MEAS})/(R_{OVC} - R_{CLR}) \qquad (3.50)$$

式中，R_{OVC} 与 R_{CLR} 分别为全阴天与晴空条件下的 TOA 反射率边界值；R_{MEAS} 为每 3 h 的实际反射率。

3.4.2.3　产品精度

GEWEX 利用大量地面测量数据对产品精度进行了评估验证，这些地面数据来自 GEBA(Swiss Federal Institute of Technology's Global Energy Balance Archive)和 CMDL(NOAA's Climate Monitoring 和 Diagnostics Laboratory)，其总体误差在 10 W/m² 之内。其误差主要由输入数据的不确定性引起，如冰雪覆盖地表，站点数据不能代表整个格点 DSR 分布情况。其中，非洲和南美洲的部分地区误差较大，其原因是焚烧森林及秸秆导致的气溶胶变化未在短波辐射模型中加以考虑(Konzelmann et al.，1996)。通过 BSRN(Baseline Surface Radiation Network)站点的测量数据对产品质量进行了评价，结果见表 3.9。BSRN 测量的不确定性在 ±5～20 W/m²，从而会导致 3%的系统偏差。

Yang 等(2010)对 GEWEX-SRB 和 ISCCP-FD 月平均下行辐射在青藏高原地区的验证表明其分别低估–48 W/m² 和–10 W/m²，并将其原因归结为未考虑地形，验证结果见表 3.10。

表 3.9　GEWEX-SRB 短波辐射验证（1992～2007 年）　　　　　　（单位：W/m²）

	GEWEX 方法		质量控制方法	
	Bias	RMSE	Bias	RMSE
月值	−4.3	23.1	−6.7	18.7
日值	−3.2	35.7	−6.4	37.7
3 h 月值	−6.7	41.0	N/A	N/A
3 h	−5.9	87.9	N/A	N/A

注：Bias 表示误差均值。

表 3.10　GEWEX，ISCCP 在青藏高原的验证

站点	样本数	平均值/(W/m²)	MBE/(W/m²)			RMSE/(W/m²)			R^2		
			GEWEX	ISCCP	Hybrid	GEWEX	ISCCP	Hybrid	GEWEX	ISCCP	Hybrid
日均值统计值											
SQH	133	319	−13	−19	21	33	48	29	0.75	0.47	0.89
Gerze	859	243	−2	−8	10	24	33	22	0.89	0.8	0.93
Naqu	1360	220	−3	−13	−4	34	36	29	0.72	0.72	0.81
Anduo	1787	224	−1	−16	1	31	43	27	0.77	0.62	0.84
总计	4139	230	−2	−13	2	31	39	27	0.79	0.71	0.87
月均值统计值											
SQH	5	314	−13	−18	21	14	19	21	0.97	1.00	1.00
Gerze	29	245	−2	−9	10	14	18	11	0.96	0.94	0.99
Naqu	46	221	−3	−13	−3	14	19	11	0.86	0.87	0.94
Anduo	63	224	−1	−15	1	11	19	9	0.94	0.93	0.97
总计	143	230	−2	−13	2	13	19	11	0.93	0.92	0.97

3.4.3　NCEP/NCAR

3.4.3.1　产品概述

NCEP/NCAR 再分析数据集是由美国国家环境预报中心（NOAA National Center for Environmental Prediction，NCEP）和美国国家大气研究中心（National Center for Atmospheric Research，NCAR）联合制作的，采用当今最先进的全球资料同化系统和完善的数据库，对各种资料来源（地面、船舶、无线电探空、测风气球、飞机、卫星等）的观测资料进行质量控制和同化处理，获得了一套完整的再分析资料集，不仅包含的要素多、范围广，而且延伸的时段长，是一个综合的观测资料集。其中，地表通量数据集时间分辨率包括每天 4 次、每天、每月的数据产品，时间范围从 1948 年 1 月 1 日至今；长时间月均值资料，时间范围为 1981～2010 年。所有数据采用 T62Gaussian 栅格，共 192×94

个栅格，覆盖范围为 88.542°N～88.542°S，0°E～358.125°E。

地表通量数据集包括云强迫净短波辐射、晴空下行短波辐射、下行/上行短波辐射、净短波辐射、近红外波段直射/散射下行短波辐射、可见光波段直接/散射下行短波辐射，共 14 种辐射数据集。

3.4.3.2　反演方法

输入数据如下。

大部分 NCEP/NCAR 再分析数据来自于 NCAR，同化数据(包括地表和高空大气观测)来自于 NCEP。

1)高空观测数据来自于 NCEP GTS(1962 年 3 月之后)，包括无线电探空测风仪、高空气球和飞机数据；此外，美国空军提供了全球 TD44 数据，时间范围为 1948～1970 年。

2)卫星云迹风资料来自最初的 NCEP 数据和日本气象厅。

3)海洋-大气数据集(COADS)来自多种探空资料，包括船监测、固定气球、漂流气球、海冰浮标。

4)飞机资料来自 NCEP GTS 数据集(1962 年后)，包括 GARP、GATE、FGGE 等。

5)陆表天气数据来自全球 GTS 数据集(1967 年后)，早期资料来自美国空军和NCDC。

3.4.3.3　反演算法

紫外波段(波长小于 0.35μm)的瑞利散射和吸收、可见光波段(0.5～0.7μm)的臭氧吸收、近红外波段(0.7～4.0μm)的水汽吸收采用 Lacis 和 Hansen(1974)的参数化方程。二氧化碳吸收采用 Sasamori 等(1972)的算法。同时考虑大气压与云-地表间的多次散射过程。云辐射特性(反射、吸收)利用云光学厚度、云层温度和云层湿度来计算。

(1)臭氧吸收

$$A_{oz}(x)=A_{oz}^{uv}(x)+A_{oz}^{vis}(x) \tag{3.51}$$

$$A_{oz}^{vis}(x)=\frac{0.02118x}{1+0.042x+0.000323x^2} \tag{3.52}$$

$$A_{oz}^{uv}(x)=\frac{1.082x}{(1+138.6x)^{0.806}}+\frac{0.0658x}{1+(103.6x)^3} \tag{3.53}$$

式中，x 为某一层臭氧柱含量的函数。

(2)水汽吸收

$$A_{wv}(y)=\frac{2.9y}{(1+141.5y)^{0.685}+5.925y} \tag{3.54}$$

(3)云对短波辐射的影响

$$\tau_{sw}=\begin{cases} a(T_c-T_0)^2\Delta p_c, & T_0\leqslant T_c\leqslant -10℃ \\ b\Delta p_c & 0℃\leqslant T_c \end{cases} \tag{3.55}$$

式中，τ_{sw} 为短波光学厚度；T_c 为云平均温度；Δp_c 为云气压厚度；T_0 取值为–82.5℃；$a=2.0\times10^{-6}$；$b=0.08$。

3.4.3.4　产品精度

Kalnay 比较了 1985～1991 年的 NCEP 大气顶平均辐射量和地表辐射量与 Ramanathan 等（1989）和 Morel（1994）的结果，后两组数据来自气象资料估算结果，结果表明，对于大多数区域来说，这三组数据吻合较好，再分析数据大气顶的上行短波辐射要高 11 W/m²，这意味着大气要向外层空间散失 11 W/m²。地表净辐射值要比气象资料估算结果低 5～8 W/m²，意味着大气要散失 5.5 W/m² 的能量到地表（图 3.4）。

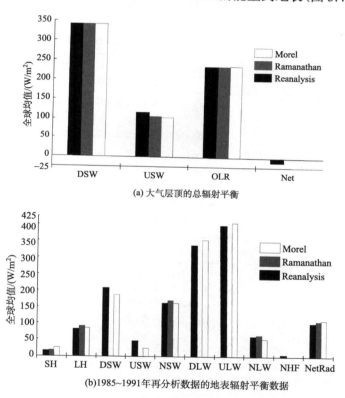

(a) 大气层顶的总辐射平衡

(b)1985~1991年再分析数据的地表辐射平衡数据

图 3.4　再分析数据与气象数据估算值的比较（Ramanathan et al.，1989；Morel et al.，1994）
SH：显热通量；DSW：下行短波辐射；USW：上行短波辐射；NSW：净短波辐射；DLW：下行长波辐射；ULW：上行长波辐射；NLW：净长波辐射；NHF：净热通量；NetRad：净辐射

3.4.4　云和地球能量平衡系统

3.4.4.1　产品概述

云和地球能量平衡系统（Cloud and the Earth Radiant Energy System，CERES）探测器是为了 EOS 而开发的具有最高优先级的科学卫星探测器之一。最早于 1997 年 11 月搭载在 TRMM（Tropical Rainfall Measuring Mission）（1997～2001 年），现在包含 Terra、Aqua、NPP 三颗卫星的观测。CERES 传感器有 3 个宽波段通道，分别是短波（0.3～5 μm）通道，用于观测反射的太阳光；短波通道（8～12 μm），用于观测地球发射的红外辐射；总通道（0.3～200 μm），用于观测所有波段的辐射，星下分辨率为 20 km（TRMM 为 10 km）。CERES 结合其他探测器的监测数据（如 MODIS 等），反演了地球能量平衡、云辐射、大气层顶特性、大气和地表辐射等产品。CERES 产品分为如下几类（表 3.11）。

表 3.11　CERES 辐射产品数据集

项目	数据产品	数据及简介	参数	分辨率
Level 3B	EBAF-TOA	TOA 通量	短波，长波，净辐射，太阳入射	每月； 1°×1°
		云辐射效应	短波，长波，净辐射	
		云参数	云量，云光学厚度，云有效压强，云有效温度	
	EBAF-surface	地表通量	上行/下行短波，上行/下行长波，净短波，净长波，净辐射	
		云辐射效应	短波，长波，净辐射	
Level 3	SYN1deg	TOA 通量	短波，长波，8～12 μm 波段，紫外及 PAR	每月，月每 3 h，月每小时，每日，每 3 h，每小时，1°×1°
		地表通量	上行/下行短波，上行/下行长波，反照率，上行/下行 8～12 μm 波段，短波直射/散射，紫外辐射，PAR 直射/散射	
		云参数	云量，云有效压强，云有效温度，云有效高度，云顶压强，云底压强，云粒子相态，液态水路径，冰水路径，液态水粒子半径，冰粒子有效直径，云光学厚度	
	SSF1deg	TOA 通量	短波，长波，8～12 μm 波段，净辐射，反照率，太阳入射，TOA 短波观测数，TOA 长波观测数	每月，每日，每小时；1°×1°
		云参数	云量，云有效压强，云有效温度，云粒子相态，液态水路径，冰水路径，液态水粒子半径，冰水粒子有效直径，云光学厚度	每月，每日，每小时；1°×1°
Level 2	SSF	TOA 通量	短波，长波，8～12 μm 波段	Field-of view（大约 20km）；瞬时
		地表通量	下行短波，下行长波，净短波，净长波，长波地表发射率，8～12 μm 波段地表发射率，地表反照率	
		云参数	云量，云有效压强，云有效温度，云有效高度，云顶压强，云底压强，云粒子相态，液态水路径，冰水路径，液态水粒子半径，冰水粒子有效直径，红外发射率，云光学厚度	

注：数据来源于 http://ceres.larc.nasa.gov/order_data.php （2018-3-20）；其以前版本各产品为 FSW；SRBAVG；SYN/AVG/ZAVG，如今各产品名称被表 3.11 所列各项取代。

CERES 的辐射通量产品是由一个经过大量修改的平面并行相关 k 辐射传输代码计算产生的，该代码是一个包含有 15 个短波波段和 12 个短波波段的双流辐射传输代码，被称为"兰利 Fu-Liou 代码"（Fu and Liou，1993；Fu et al.，1997）。该代码使用相关 k 方式处理气体的吸收和发射，也对散射进行了处理。这个代码还考虑了 H_2O，CO_2，O_3，O_2，CH_4 和 N_2O 对辐射的影响，瑞利散射、气溶胶、液态云滴、六边形的冰晶和光谱间隔依赖的地表反射率也都对辐射的影响进行了处理（Charlock and Alberta，1996）。该辐射传输代码在每个星下点都要运行 8 次，包括原始状态下（没有云和气溶胶）、晴天（无云）、阴天原始状态（有云、无气溶胶）和全天气状态。该代码在每种状态下运行两次，一次是使用未经调整的原始输入数据进行运算，另一次则使用拉格朗日乘数最小化技术对某些输入参数进行调整后再运算(Rutan and Charlock，2013)。

CERES 简单处理数据集采用参数化模型计算地表辐射通量，不包含 TOA 和地表之间的辐射通量。该系列数据包括单轨迹数据 SSF(Single Scanner Footprint TOA/ Surface Fluxes 和 Clouds)、栅格数据 SFC(Monthly Gridded TOA/ Surface Fluxes 和 Clouds)、月平均数据 SRBAVG(Monthly TOA/Surface Averages)。其中，SRBAVG 相当于复杂处理数据集中的 AVG 和 ZAVG 数据，包括栅格平均、地带平均、全球平均，与 AVG 采用 3h 不同，SRBAVG 采用每小时数据来描述日循环。SFC、SRBAVG 产品时间段分别为 2001～2011 年 11 月和 2001～2005 年 10 月。

3.4.4.2　反演方法

CERES 辐射产品的输入数据主要包括以下内容。

1)云属性：来自于 MODIS 云成像器像素(分辨率 1km)。

2)AOD：来自于 MODIS(MOD08D3)产品，Collins/Rasc 大气传播和化学模型定义了气溶胶成分和比例高度，用于填补 MODIS AOD 产品的空值或云比例大于 75%的地区。

3)压力、温度和水汽：来自于 GEOS-4.0。

4)臭氧：来自 NCEP 提供的平流层监控臭氧混合分析数据。

5)地表反照率：海洋来自 COART 模型的查找表；晴空陆表则根据大气顶到地表的参数化模型计算，空值用气象值填充。

下面介绍其关键算法。

(1)瞬时辐射计算

CERES 瞬时辐射产品利用 Fu-Liou 的二流辐射传输代码计算，能够提供地表和不同大气层的辐射通量。在计算过程中通过调整输入参数来改善模型结果，具体过程如图 3.5 所示。在模型初始运行后，比较模型计算 TOA 通量和观测值间的差别，调整输入的大气参数，使得计算值更接近观测值。对于晴天情况，可调整地表反照率、AOD、臭氧等；对于云天情况，可调整云高和光学厚度(CERES ATBD 5.0)。

(2)云属性的时间插值

CERES 采用了 5 颗静止卫星数据(GOES、Meteosat、GMS)进行时间内插，来获取时间连续的 TOA 通量和云特性数据。静止卫星测量的辐射亮度与 CERES 或 MODIS 数据进行归一化，然后采用 CERES 或 MOIDIS 的反演算法。

云产品的内插方法如表 3.12 和图 3.6 所示。MODIS-only 方法采用 1 d 两次的云特性，而 GEO/MODIS 则采用 3 h 一次的静止卫星数据和 1 d 两次的 MODIS 数据。两种方法处理过程相同：都采用可见光和近红外数据，每月或每日云量是小时云量的平均云特性采用云量加权平均，白天云特性是太阳天顶角小于 90°的数据平均。经过比较，用 MODIS/GEO 方法比仅用 MODIS 方法更准确,但对于有些无法用静止卫星反演的云特性,则只采用 MODIS 数据。

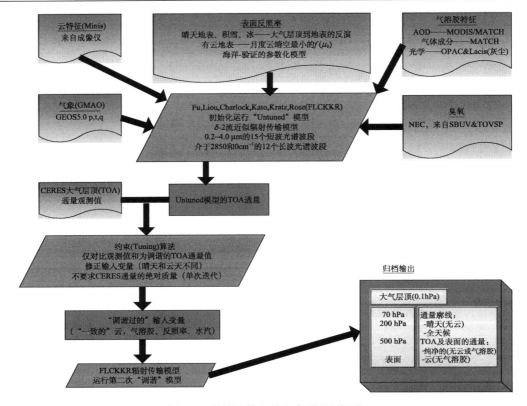

图 3.5　通量计算和输入变量（见彩图）

资料来源: http://ceres.larc.nasa.gov/science_information.php?page=CeresComputeFlux（2018-3-20）

表 3.12　利用 MODIS+GEO 融合数据及只采用 Terra 星 MODIS（当地时刻 10:30）观测值的采样模式

Hour+:30	0	1	2	3	4	5	6	7	8	9	0	1	2	3	4	5	6	7	8	9	0	1	2	3
融合数据	G	I	I	G	I	I	G	I	I	G	M	I	G	I	I	I	G	I	I	G	I	I	G	M	I
MODIS	I	I	I	I	I	I	I	I	I	I	M	I	M	I	I	I	I	I	I	I	I	I	I	M	I

注：M = MODIS 观测值；G = GEO 观测值；I =利用 MODIS 和 GEO 观测值线性插值。

（3）大气层顶短波辐射时间插值

有两种方法用来进行大气层顶短波辐射时间插值，第一种是采用类似 ERBE 插值过程的方法，第二种是结合窄波段静止卫星数据提供的变化的气象信息与 CERES 观测时的大气状况进行插值，下面对这两种方法做简要介绍。

第一种：与短波辐射的时间内插不同，短波辐射必须考虑二向反射率模型中的各向异性效应，因此，所有数据采用 ADM 模型调整至统一的太阳天顶角，ADM 模型提供了不同太阳天顶角下地表反照率的变化信息，可以用公式表示为

$$\alpha_i(t')=\alpha_i(\mu_0(t_{\text{obs}}))\frac{\delta_i(\mu_0(t'))}{\delta_i(\mu_0(t_{\text{obs}}))} \tag{3.56}$$

式中，$\alpha_i(t')$ 为任意时刻的反照率；t_{obs} 为观测时刻；μ_0 为太阳天顶角余弦；δ 为归一化反照率值（与太阳正中天时刻反照率的比值）。

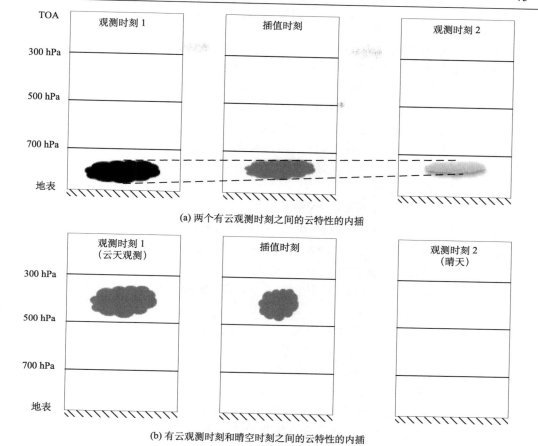

(a) 两个有云观测时刻之间的云特性的内插

(b) 有云观测时刻和晴空时刻之间的云特性的内插

图 3.6　云特性的时间插值方法

计算时的云类型有 4 种：晴空、少部分云、大多数云覆盖、全阴天。

第二种：天气状况由晴天至全阴天会导致短波辐射减少 20%～30%，而反照率会增加 400%～500%。因此，该方法的第一步是将云信息进行时间插值（图 3.6(b)），宽波段反照率可以表示为

$$\alpha_{\mathrm{bb}}=b_0+b_1\alpha_{\mathrm{nb}}+b_2\alpha_{\mathrm{nb}}^2+b_3\ln(\sec\theta_0) \tag{3.57}$$

式中，α_{nb} 为窄波段反照率；α_{bb} 为宽波段反照率；θ_0 为区域中心的太阳天顶角。

（4）短波辐射空间内插

相比于时间内插，空间内插相对简单，区域平均值可以表示为

$$x_{\mathrm{mean}}=\left(\sum_{i\in S}x_i\right)/N_S \tag{3.58}$$

式中，N_S 为总的 "footprints" 数量。该算法也应用于 ERBE 和其他卫星处理系统中。

直射/散射比例可以表示为

$$\tilde{r}=\left(\sum_i\frac{r_iF_i}{(1+r_i)}\right)\Big/\left(\sum_i\frac{F_i}{(1+r_i)}\right) \tag{3.59}$$

式中，F_i 为下行短波辐射通量。

（5）3 h 产品 SYN 的生成

SYN 产品的地表和大气辐射是在 3 h、1° 尺度上进行辐射传输计算的结果。SYN 的生成包括输入参数的时间内插、辐射传输计算两个过程。时间内插处理通过对多颗卫星的产品进行时间内插，得到全球范围内 3 h 一次的大气层顶辐射通量（包括晴天和全天的长短波）、窗口的大气层顶辐射亮度、云参数信息；该过程的输入数据包括 FSW 提供的大气层顶长短波辐射通量、云参数信息，以及静止卫星提供的静止卫星辐射亮度（CERES ATBD 7.0）。

（6）月平均数据的生成

区域月平均产品 AVG 则是对 SYN 产品进行月均值、3 h 月均值计算。地带和全球月平均产品 ZAVG 则是 AVG 产品的地带平均和全球平均（CERES ATBD 8.0）。

CERES 简单处理数据集在对瞬时通量（SFC）进行时间内插时（SRBAVG），采用每小时静止卫星辐射亮度和参数化模型来产生时间连续的通量。计算月平均值、月每小时平均值时，参与到均值计算的天含有不少于 1 个 CERES 观测值。区域和全球的均值采用面积加权平均方法得到。

有三种参数化的大气透过率模型来计算下行短波辐射，第一种采用大气透过率模型计算，以晴空和全阴天的大气透过率做线性关系式，求得任意天气下的大气透过率，从而求得总下行短波辐射（Schmetz，1989）。第二种通过分别计算净地表短波辐射与地表反照率来计算，只适应于晴空模式（Li et al.，1993；Li and Garand，1994）。第三种为 LPSA（Langley Parameterized Shortwave Algorithm）参数化模型（Darnell et al.，1992），这种方法与 GEWEX-SRB 方法一致，在此不再赘述。下面对前两种方法做简要介绍。

（7）Schmetz 透过率模型

任意天气下的下行短波辐射可以表示为

$$S \downarrow = S_0 \cos \Theta_0 \tau_{\text{atm}} \tag{3.60}$$

式中，S_0 为太阳常数；Θ_0 为太阳天顶角；τ_{atm} 为大气透过率，可表示为云光学厚度和太阳天顶角的函数：

$$\tau_{\text{atm}} \equiv \tau_{\text{atm}}^{\text{clear}} A \tag{3.61}$$

$$A = \frac{\alpha_{\text{toa}}^{\text{max}} - \alpha_{\text{toa}}}{\alpha_{\text{toa}}^{\text{max}} - \alpha_{\text{toa}}^{\text{clear}}} \tag{3.62}$$

式中，$\alpha_{\text{toa}}^{\text{max}}$ 为地表反照率贡献近似为 0，即厚云光学厚度的行星反照率；$\alpha_{\text{toa}}^{\text{clear}}$ 即晴空条件下的行星反照率。

（8）Li-Garand 模型

Li 以辐射传输计算模式为基础发展了一种参数化模式，该模式使用了 3 个基本参数：太阳天顶角、大气可降水量和行星反照率；4 个修正参数分别是臭氧总量、云顶高度、等效云滴半径和 AOD。该参数化模型应用于 70 种不同类型和云光学厚度的云、地表类型、水汽量和 AOD 组成的混合情况，发现这些例子中 90% 的结果与复杂的传输模型计算的结果符合较好，误差在 0～10 W/m² 的范围内（Li et al.，1993）。地表净短波辐射可以表示为

$$\alpha_s = \alpha(\mu) - \beta(\mu)r \tag{3.63}$$

式中，α_s 为地表吸收的短波辐射量；r 为行星反照率；μ 为太阳天顶角余弦。

地表反照率（ALB_s）可以表示为

$$ALB_s = \alpha(\mu,p) + \beta(\mu,p)\alpha_t \tag{3.64}$$

式中，α_t 为 TOA 的反照率；μ 为太阳天顶角的余弦；p 为大气可降水量（cm）。

（9）LPSA 参数化模型

此模型请参见本节 GEWEX-SRB 模型介绍部分。

3.4.4.3　产品精度

CERES 产品精度要求为瞬时产品 20 W/m²，1°的月平均为 10 W/m²（CERES ATBD 4.6）。通过 CAVE 计划，许多研究者对 CERES 辐射产品进行了验证，CERES 据此给出了各产品的数据质量。

下面对其各版本的产品做简要介绍。

Edition 2B：与 2A 的不同是气溶胶处理方式。CRS 将气溶胶分布分为 7 种类型，2A 版本的单次散射反照率和不对称因子来自 OPACS-GADS，而 2B 版本采用修订的沙漠粉尘型气溶胶（desert dust），其气溶胶有 3 个来源：MATCH、MODIS 瞬时反演值、Langley 对 MODIS 的插值结果。

Edition 2F：与 2B 的不同是辐射传输计算时采用的云和气溶胶特性。2F 采用最新的 MODIS 第 5 版本窄波段辐照度，该算法在云反演的改动较小，但气溶胶反演改进较大。其气溶胶有两个来源：MATCH，MODIS 反演的瞬时气溶胶值。

Edition 2G：与以前各版本的最大不同在于，其采用 GEOS-5 的温湿度扩线数据。以前的版本则采用 GEOS-4 的温湿度数据。气溶胶数据与 2F 一致。

2A 与 2B 版本的评价结果见表 3.13。

TERRA CRS 在 17 个 CAVE 站点的比较验证情况见表 3.14（其中 2B 版本数据取自 2000～2005 年 5～12 月数据，2F 版本数据取自 2006 年 5～12 月数据）。

表 3.13　CRS 产品精度评价　　　　　　　　（单位：W/m²）

版本	观测值	样本数	Bias	RMSE
TERRA-2 A 版本	482.3	7862	9.1	92.9
TERRA- 2 B 版本	566	13932	11	101
Aqua- 2 A 版本	555	13287	8	116
Aqua- 2 A 版本	550	13894	9	115

表 3.14　TERRA 各版本验证结果

项目	版本	全天空		晴空	
		2B	2B-2F	2B	2B-2F
"未调整的" 下行短波辐射	MBE	10.98	3.28	6.76	1.06
	RMSE	115.5	−2.45	40.17	12.69

续表

项目	版本	全天空		晴空	
		2B	2B-2F	2B	2B-2F
"调整的" 下行短波辐射	MBE	17.62	4.31	7.10	2.60
	RMSE	117.34	−1.74	40.42	1.98

AQUA CRS 在 17 个 CAVE 站点的比较验证情况见表 3.15(其中 2B 版本数据取自 2003~2005 年 5~12 月数据，2C 版本数据取自 2006 年 5~12 月数据)。

表 3.15　AQUA 各版本验证结果

项目	版本	全天空		晴空	
		2B	2B-2C	2B	2B-2C
"未调整的" 下行短波辐射	MBE	9.73	−0.99	6.83	−0.79
	RMS	126.15	−0.38	28.52	0.33
"调整的" 下行短波辐射	MBE	18.24	−1.80	7.93	0.93
	RMS	126.45	−0.40	28.80	−0.30

注：表 3.13~表 3.15 数据来源于 http://ceres.larc.nasa.gov/dqs.php(2018-3-20)。

由以上数据可以看出，CRS 各版本 8 个月瞬时产品全天空估算的瞬时 DSR 平均偏差介于 7~18 W/m^2，RMSE 范围为 116~126 W/m^2，调整参数后的产品精度与调整前相比没有明显的提升。

Rutan 利用 28 个 CAVE 站点 2001 年全年数据对 CERES-CRS Edition 2A 数据进行了比较验证，其结果见表 3.16。调整系数后的算法对云反射特性高估，从而导致云光学厚度与云量被低估。晴空条件下的下行短波辐射偏差为–6 W/m^2，RMSE 为 32 W/m^2，有云条件下的 RMSE 为 100 W/m^2 左右，全天气下的偏差为 8 W/m^2 左右，而 RMSE 为 92 W/m^2，Rutan 将误差的原因归结为 AOD 的影响占主要(Rutan and Charlock，2013)。

对于简单处理产品，采用 CAVE 对 SSF 进行验证，模型 A 晴空 RMSE 在 27.13~67.81 W/m^2。而模型 B 晴天 RMSE 在 19.30~62.46 W/ m^2；全天气下模型对荒漠和极地地区低估，而对岛屿等地区高估大约为 52 W/ m^2 左右，RMSE 为 137.41 W/ m^2，这主要是由极地地区的云参数不准确造成的(表 3.17)。

表 3.16　CRS Edition2A 在 28 个 CAVE 站点的验证结果　　　　(单位：W/m^2)

CAVE 站点		大气层顶(TOA)及地表模拟值与观测偏差(RMS)					
项目		全天		晴天		阴天	
		未调整	调整后	未调整	调整后	未调整	调整后
长波	大气层顶向上	1(9)	1(5)	−1(5)	−1(3)	1(11)	1(4)
	到达地表	−4(23)	−4(23)	−8(17)	−8(17)	−3(23)	−3(24)
	地表发射	−4(25)	−4(23)	−1(20)	−1(20)	2(21)	2(21)
短波	大气层顶向上	4(27)	1(12)	2(7)	1(3)	5(33)	−2(17)
	到达地表	8(91)	9(93)	−6(32)	−6(32)	9(99)	19(104)
	地表反射	−19(56)	−19(56)	−19(35)	−20(35)	−17(59)	−16(59)

表 3.17 Terra Edition 2B SSF 验证结果(与 1 min 数据的比较) (单位：W/m²)

类型	晴空				全天气	
	模型 A		模型 B		模型 B	
	MBE	RMSE	MBE	RMSE	MBE	RMSE
大陆型	−9.31	31.36	−23.89	35.97	8.55	93.94
沙漠型	−25.22	42.68	−29.39	46.24	−18.18	80.31
海洋型	4.02	27.13	−21.63	28.72	24.54	87.61
岛屿型	−13.27	43.41	−15.62	62.46	52.99	137.41
极地型	−61.32	67.81	2.05	19.30	−14.47	89.08

注：模型 A 为 Li-Garand 模型，模型 B 为 LPSA 参数化模型。

数据来自于 http://eosweb.larc.nasa.gov/PRODOCS/ceres/SSF/Quality_Summaries/ssf_surface_flux_terra_ed2G.html (2018 -3-20)。

对于合成产品，由于测量数据与栅格数据在尺度上差异很大，因此，采用月平均值来减小尺度误差，所以没有对瞬时产品(FSW、SFC)、3 h 产品(SYN)直接进行比较。栅格化产品(FSW、SFC)的数据质量主要参考相应瞬时产品的质量。合成产品质量(SYN3小时值、SRBAVG 月平均小时值)主要参考 Level 2 瞬时产品质量(SSF 或 CRS)、MODIS云参数的质量、引入的静止卫星数据(归一化定标、重采样、反演等误差)、时间采样处理的误差，误差分析参考相关文档。

对于 AVG 月平均产品，选取 23 个 CAVE 站点 2000.4～2005.10 的数据进行验证，并与其他数据辐射资料(ISCCP 等)、CERES-SRBAVG 模型 B 产品进行比较，结果如表 3.18 所示。ECMWF 产品、GEWEX 产品和 ISCCP 产品低估下行短波辐射的误差，CERES 的短波辐射产品高估 3.3～4.7 W/m²。

表 3.18 辐射产品与 23 个地面站点的月均值的比较

项目	下行短波(188 W/m²)		上行短波(42 W/m²)		下行长波(334 W/m²)		上行长波(380 W/m²)	
	Bias	Sigma	Bias	Sigma	Bias	Sigma	Bias	Sigma
ECMWF	−4.9	23.8	−9.5	21.8	−0.4	14.3	−0.9	13.9
ISCCP-FD	−1.0	20.6	−15.6	20.5	7.1	20.6	0.3	22.5
GEWEX-SRB	−2.9	22.4	−18.4	29.9	−0.9	11.2	−2.7	13.9
模型 B	0.5	24.0	−15.7	32.4	−0.5	10.3	−7.6	15.4
Terra 未调整	4.4	12.3	−13.1	21.8	−5.2	10.4	−5.6	16.4
Aqua 未调整	3.3	9.8	−14.7	21.6	−5.6	10.4	−5.3	16.4
Terra 调整后	4.6	12.4	−13.1	21.6	−5.2	10.3	−5.0	15.9
Aqua 调整后	3.7	9.9	−14.5	21.6	−5.5	10.4	−4.8	15.9

注：Bias 为偏差，Sigma 为先验不确定性，下同。

对于简单处理数据集，采用全球分布的 32 个 CAVE 站点数据(除去沿海和高山两个站点后)与 SRBAVG 月均值产品比较，结果见表 3.19。SRBAVG Bias(误差)和 RMSE(均方根误差)分别为 7.3 W/m²(3.9%)和 21.1 W/m²(11.3%)。瞬时产品 SSF(模型 B)与 1 min地面数据验证，Bias 和 RMSE 分别为 3.3%和 15%。比较 SRBAVG 与其他数据集(图 3.7)，晴天时除 NCEP 估算的下行短波辐射高于其他产品以外，其他数据集的差别不大；云天时，不同产品差别较大，以 ECMWF 产品估算值较低，而模型估算值较高。相应地，图 3.8 列出了全球云量和云光学厚度产品的分布情况，由此可以看出，除云产品以外，AOD 和大气廓线数据等也是影响产品精度的一个因素。

表 3.19　地表辐射通量　　　　　　　　　　　　（单位：%）

项目	短波		长波	
	SOFA	SRBAVG	SOFA	SRBAVG
Bias	3.3	3.9	−0.6	0.2
RMSE	15.0	11.3	7.4	3.0

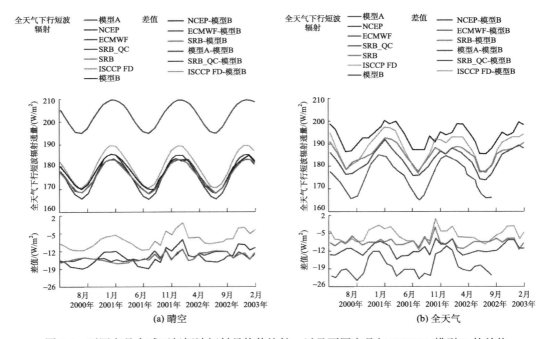

图 3.7　不同产品全球下行短波辐射月均值比较，以及不同产品与 CERES 模型 B 的差值
（2001～2003 年）（见彩图）

模型 A 和模型 B 表示 CERES/SRBAVG 月平均产品的不同算法，SRB、SRB_QC 表示 GEWEX_SRB 的主算法和质量控制算法

3.4.5　EUMETSAT 辐射产品

3.4.5.1　产品概述

EUMETSAT 提供了 3 种辐射产品数据集，分别是 LSA-SAF、OSI-SAF 和 CM-SAF。

1）LSA-SAF（land surface analysis satellite application facility）数据集包括 MSG/SEVIRI、Metop/AVHRR 反演的植被参数、地表反照率、地表温度、地表下行辐射通量、水热通量等。DSR 包括瞬时的、每日的反演产品。SEVIRI DSSF（down-welling surface

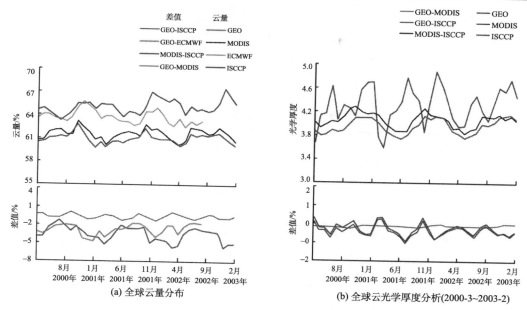

图 3.8　不同产品全球云量及云光学厚度变化对比(见彩图)

shortwave flux)产品(LSA-07)分辨率 MSG 为全圆盘模式、30 min；AVHRR 极轨卫星 DSSF 产品(LSA-08)覆盖欧洲及高纬地区，空间分辨率为 0.01°，时间分辨率为 0.5 d；日产品 (LSA-09)为全圆盘模式。目前该产品的下载受到限制。

　　2) OSI-SAF(the ocean and sea ice satellite application facility)是 EUMETSAT 面向海洋 和海冰卫星应用而生产的数据集，其目的是解决海洋-大气交互过程中的气象学与海洋学 中的一系列问题(http://www.osi-saf.org/)。其数据产品包括 10 m 高度处的海风矢量、海洋 表面温度、下行短波辐射(SSI)和下行短波辐射(DLI)、海冰等。其辐射产品特性见表 3.20。

表 3.20　OSI-SAF 辐射产品特性

名称/参考	覆盖范围	空间分辨率/(°)	时间特征	格式	时间频次
METEOSAT DLI / OSI-303	60°S～60°N	0.05	每小时	netcdf	4 h
	60°W～60°E		每天	GRIB2	
GEOS-E DLI / OSI-035	60°S～60°N	0.05	每小时	netcdf	4 h
	135°W～15°W		每天	GRIB2	
METEOSAT SSI / OSI-304	60°S～60°N	0.05	每小时	netcdf	4 h
	60°W～60°E		每天	GRIB2	
GOES-E SSI OSI-306	60°S～60°N	0.05	每小时	netcdf	4 h
	135°W～15°W		每天	GRIB2	

　　气候监测卫星应用数据集 CM-SAF(satellite application facility on climate monitoring) 融合由多种数据源 MSG(SEVIRI and GERB)、Metop(AVHRR、IASI、ATOVS、GOME、 GRAS)、DMSP(SSM/I)、NOAA(AVHRR，ATOVS)生成的高质量数据集，用于长期和

短期气候变化研究。

3) CM-SAF 地表下行短波辐射(surface incoming short-wave radiation，SIS，CM-54)
和下行直接辐射产品(surface incoming direct radiation，SID，CM-106 只有 SEVIRI/MSG
一种产品)的具体产品信息参见表 3.21。

表 3.21　CM-SAF 产品特性

	产品来源	时间范围		时间分辨率	空间分辨率
		已生产	可下载		
SIS	AVHRR	1983-1～2005-1	2004-11-1～	每小时	15 km
	SEVIRI	1983-1～2005-1	2005-9-1～	日均	
	融合产品	1983-1～2005-1	2007-5-1～2012-2-29	月均	0.03°
SID	SEVIRI	1983-1～2005-1	2010-4-14～		

3.4.5.2　反演方法

图 3.9 为 LSA-DSSF 的算法流程图，根据晴阴天模式选择不同的参数化方案。

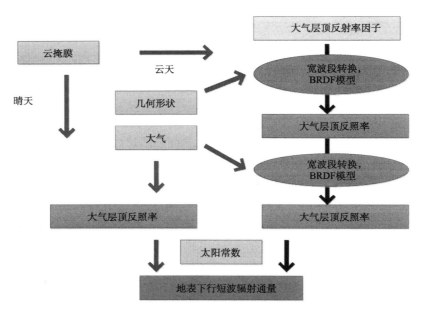

图 3.9　LSA-DSSF 算法流程图(见彩图)

下行短波辐射可以表示为

$$F\downarrow = F_0 v(t)\cos\theta_s T \tag{3.65}$$

式中，F_0 为太阳常数；θ_s 为太阳天顶角；T 为有效大气透过率；根据晴阴天采取不同的
参数化方案；$v(t)$ 为日地距离订正因子。

晴空有效大气透过率(T)可以表示为

$$T = T_A + \sum_{n=1}^{\infty} T_A (A_S A_A)^n = \frac{T_A}{1 - A_S A_A} \tag{3.66}$$

式中，T_A 为直接透过的太阳辐射部分；A_S 为地表反照率；A_A 为大气半球反照率。

云天有效大气透过率 (T) 可以表示为

$$T = \frac{T_A T_C}{1 - A_S T_{bc} A_C} \tag{3.67}$$

式中，T_C 为云透过率；A_C 为云反照率；T_{bc} 为地表和云间的大气透过率。

OSI-SAF 的反演分为五步。

1）定标。将卫星可见光波段 DN 值转换为二向反射率值，这取决于特定的传感器通道：

$$R_{nb} = L_{sc} / [v(j) \cos(\theta_0)] \tag{3.68}$$

式中，R_{nb} 为窄波段反射率；L_{sc} 为传感器的滤波函数；θ_0 为太阳天顶角；$v(j)$ 为日地距离订正因子。

2）窄波段转化为短波宽波段反射率。

3）宽波段二向反射率转化为行星反照率。这取决于卫星视角和下垫面类型 (Manalo et al.，1998)。

4）晴空参数化模型：

$$E = E_0 v(j) \cos(\theta_0) T_a \tag{3.69}$$

式中，E 为地表太阳辐射；E_0 为太阳常数；T_a 为晴空大气透过率 (考虑多次散射)。

5）云天下参数化模型 (Brisson et al.，1999)：

$$E = E_0 v(j) \cos(\theta_0) T_1 T_{cl} \tag{3.70}$$

式中，T_1 为太阳-地表间大气透过率，不考虑多次散射；T_{cl} 为云因子。

小时 SSI 结合上述算法及其他各种辅助数据，如 ATLAS (陆地、海洋、海滨比例、高程、地表类型)、月平均 (地表反照率、水汽含量、能见度、臭氧) 或瞬时气象参数 (水汽含量、云类型与云覆盖比例) 等，具体流程如图 3.10 所示。

3 h 和日总辐射分别对 GOES 和 MSG 数据进行计算，并分别生成对应的产品。产品如下。

LML SSI：LML 区域 3 h 产品，从静止卫星 (GOES/MSG) 反演得到的 SSI，覆盖 60°N~60°S，100°W~45°E，0.1°分辨率。

MAP SSI：MAP 区域日产品，从 GOES/MSG/NOAA 极轨卫星反演得到，覆盖 90°N~60°S，100°W~45°E，0.1°分辨率。

CM-SAF 短波辐射产品采用 MAGIC (mesoscale atmospheric global irradiance code) 代码实现。

模型所需要的基本输入数据如下。

1）有效云反照率与晴空指数：来自 MAGICSOL 模型。

2）气溶胶：月均值 AOD 信息来自 AEROCOM (http://aerocom.met.no)，分辨率为 1°×1°；GADS/OPAC 提供的相对湿度，以校正 AOD，单次散射反照率和不对称因子，分辨率为 2.5°×2.5°。

3）水汽：来自 ECMWF (ERA-40，ERA-Interim)。

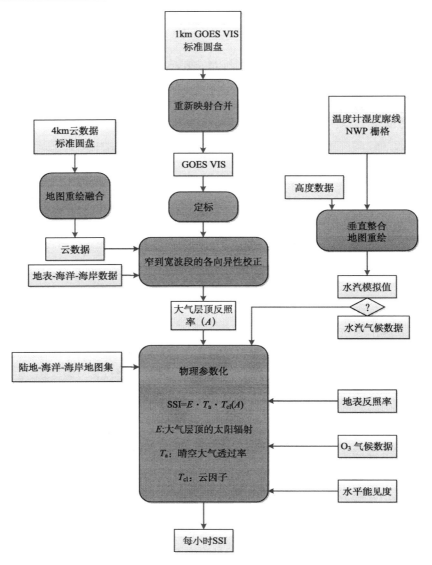

图 3.10　OSI-SAF 小时产品反演流程图

4) 臭氧：来自标准大气廓线。

晴空模式下 SSI 的计算流程如图 3.11 所示，具体过程为，首先利用真实气溶胶数据对由 MAGIC 生成的查找表进行插值，其他各大气成分设定为，水汽含量 15 mm，臭氧含量 345 DU，地表反照率为 0.2，然后利用各种大气成分的校正因子对 SSI 进行校正，其对水汽的校正公式为

$$\text{SIS}_{\text{COR}} = \text{SIS}_{\text{LUT}} + \Delta\text{SIS}_{\text{H}_2\text{O}} \times \cos(\text{SZA})^a \tag{3.71}$$

对臭氧的校正公式与此类似，对地表反照率的校正公式为

$$\text{SIS} = \text{SIS}_{\text{COR}} \times (0.98 + 0.1 \times \text{SAL}) \tag{3.72}$$

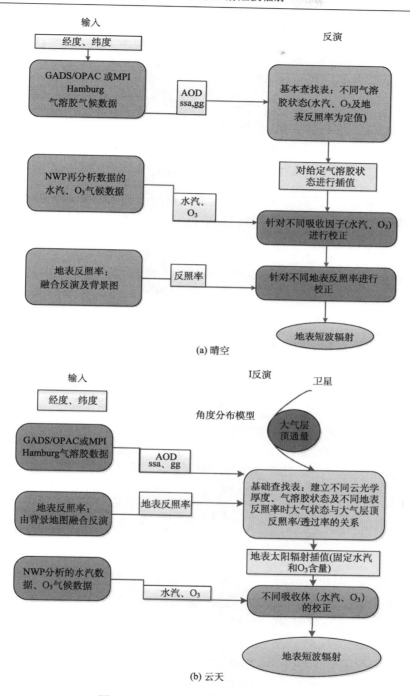

图 3.11 CM-SAF 短波辐射反演流程图

在有云条件下 SSI 采用晴空指数来对晴空下的 SSI 加以校正：

$$SIS = k \times SIS_{CLS} \tag{3.73}$$

式中，SIS_{CLS} 为晴空下的 SIS；k 为晴空指数，可以利用云的反照率来计算：

$$k = 1 - CAL \tag{3.74}$$

为避免 k 出现异常，利用下式对其进行订正：

$$CAL < -0.2, \ k = 1.2$$

$$-0.2 \leqslant CAL \leqslant 0.8, \ k = 1 - CAL$$

$$0.8 < CAL \leqslant 1.1, \ k = 2.0667 - 3.66687 \times CAL + 1.6667 \times CAL^2$$

$$1.1 < CAL, \ k = 0.05$$

日平均值是对像元的瞬时值进行算术平均，每天至少需要 3 个有效瞬时值，接着对日平均值进行空间平均，到 15 km×15 km 的格网。其计算公式为

$$SIS_{DA} = SIS_{CLSDA} \frac{\sum\limits_{i=1}^{n} SIS_i}{\sum\limits_{i=1}^{n} SIS_{CLS_i}} \tag{3.75}$$

式中，SIS_{DA} 为 SIS 的日均值；SIS_{CLSDA} 为晴空条件下 SIS 的日均值；SIS_i 为第 i 景影像的 SIS；SIS_{CLS_i} 为相应的晴空条件下的 SIS；n 为一天中的影像数目。

月平均产品是该月像元级的日均值进行算数平均得到的，每个像元至少需要 20 个有效日均值，空间平均后再进行时间平均。MSG 月平均日变化产品(monthly mean diurnal cycle)是从 15min 分辨率的 MSG 数据获取的。对 MSG 的瞬时辐射通量求每小时的月均值，每个均值需要有 20 个有效值参与计算，时间平均后进行空间平均。

MSG 辐射产品的精度在 60°N 内尚可接受，但比中纬度地区差，因此，生产了 AVHRR/SEVIRI 月均值的融合产品。融合方法为，55°N 以内采用 MSG 产品，65°N 采用 AVHRR 数据；55°N～65°N 将二者进行加权平均，加权函数为纬度的函数，如下式所示：

$$Rad(lat(x)) = \frac{Rad(lat(x))_{MSG}}{1 - x/10} + \frac{Rad(lat(x))_{AVHRR}}{x/10} \quad \begin{array}{l} x = 1, 2, \cdots, 10 \\ lat(x) = 55°N + x°N \end{array} \tag{3.76}$$

3.4.5.3 产品精度

CM-SAF SIS SDL SOL 月均值产品的目标是，90%的绝对误差在 10 W/m² 以内，为了检验产品质量，CM-SAF 对瞬时值进行了初步验证。选取了 4 个验证点，分别来自 BSRN 测量网、Lindenberg 站点、Cabauw 站点，并分别对 MSG 和 AVHRR 产品的瞬时、小时产品精度进行了比较验证分析。具体验证情况如下所示。

MSG 辐射产品的验证站点来自两类：非洲的 BSRN 站点和 AMMA 项目热带地区的验证站点。数据来自于 2004 年 7 月至 2006 年 11 月，期间部分数据有缺失。MSG 在非洲的验证结果见表 3.22。非洲站点的绝对偏差为 3.4%，在阿尔梅里亚(西班牙南部干旱地区)的绝对偏差为 2.7%，其 RMSE 分别为 17.6%和 21.3%。本部分未涉及其在海洋的验证。

表 3.22　BSRN 及 AMMA 站点信息

站点	纬度	经度	国家/区域	海拔/m
Tamanrasset	22.78° N	5.52° E	阿尔及利亚	?
Sede Boger	30.87° N	34.77° E	以色列	?
De Aar	30.68° S	24.00° E	南非	?
Almeria	37.08° N	2.35° W	西班牙	?
Fino	54.01° N	6.59° E	北海	0
ARM - Niamey	13.52° N	2.63° E	贝宁	228

造成模型误差等的因素如下。

1)地表反照率，地表反照率 0.2～0.25 会引起月平均值 4.65%～7.45%的变化(2004年7月)。

2)云 3D 效应的影响。

3)日均值算法的影响。

4)非洲地区偶然的沙尘暴、热带的焚烧森林、秸秆等事件导致的大气变化。

此外，EUMETSAT 科学研究组利用 BSRN 4 个站点(表 3.23，其系统偏差为 5 W/m^2)，对 CM-SAF 的瞬时产品及日、月产品进行了验证，结果见表 3.24～表 3.26(本书只列出了 2004年7月的验证结果)(Mueller et al.，2004)。瞬时值的绝对平均偏差为 16.6 W/m^2(4.65%)，RMSE 为 103.5 W/m^2(28.5%)，月均值为 2.6～2.9 W/m^2(2.5%～11.6%)，日均值为 8.6 W/m^2(40%)。

表 3.23　BSRN 站点信息

站点	纬度	经度	海拔/m
Payerne	46.81° N	6.94° E	491
Carpentras	44.05° N	5.03° E	100
Lindenberg	52.22° N	14.12° E	125
Cabauw	51.97° N	4.93° E	2

表 3.24　CM-SAF 瞬时下行短波辐射与测量值的比较

点位	年	月	卫星反演值/(W/m^2)	站点观测值/(W/m^2)	Bias/(W/m^2)	Bias/%	RMSE/%	相关性
De Aar	2004	7	386.8	387.1	−0.3	−0.1	16.9	0.95
		10	537.9	523.5	14.4	2.7	21.5	0.94
Sde Boger	2004	7	619.5	605.5	−13.9	2.2	10.1	0.99
		10	445.1	428.3	−16.8	−3.9	24.3	0.92
Tamanrasset	2004	7	554.9	564.7	−9.8	−1.7	23.0	0.94
		10	482.8	514.1	−31.3	−6.1	11.1	0.99
Almeria	2006	6	508.9	513.0	4.1	0.8	20.5	0.95
		7	571.0	559.6	11.4	2.0	19.4	0.94
		8	531.9	530.9	−1.1	−0.2	16.5	0.96
		9	447.5	463.1	15.6	3.4	26.2	0.91
		10	316.7	332.5	15.8	4.8	28.2	0.92
		11	272.7	288.5	15.7	5.5	24.3	0.93
		12	279.3	300.8	21.5	7.2	27.0	0.87

表 3.25　　2004 年 7 月瞬时值验证情形

站点	样本数	月均值测量值 /(W/m²)	月均值计算值 /(W/m²)	相关系数	Bias/(W/m²)	Bias/%	RMSE/(W/m²)	RMSE/%
Lindenberg	429	327.7	345.3	0.93	17.6	5.4	90.5	27.6
Cabauw	392	304.1	324.8	0.90	20.7	6.8	106.0	34.9
Carpentras	418	494.3	510.4	0.95	16.1	3.2	96.7	19.6
Payerne	424	378.3	390.2	0.91	12.0	3.2	120.9	32.0

表 3.26　　2004 年月均值验证情形

站点	月均值测量值 /(W/m²)	月均值计算值 /(W/m²)	Bias/(W/m²)	Bias/%	月均值测量值 /(W/m²)	月均值计算值 /(W/m²)	Bias/(W/m²)	Bias/%
Lindenberg	216.3	218.0	1.7	0.8	76.2	68.0	−8.2	−10.8
Cabauw	207.2	209.1	1.9	1.0	73.7	74.0	0.7	1.0
Carpentras	311.2	307.0	4.2	−1.4	101.5	100.3	−1.3	−1.2
Payerne	242.4	239.2	−3.2	1.3	82.2	80.3		

注：左栏为 7 月；右栏为 10 月。

AVHRR 反演下行短波辐射结果见表 3.27～表 3.29。在 2002 年 10 月、2003 年 6 月，反演的平均 RMSE 为 80.9 W/m²（46.8%）、97.4 W/m²（19%），平均误差为 18.2%和 0.3%。日均值 RMSE 为 25.2 W/m²（9%），Bias 为 9.6 W/m²（3.5%）。

表 3.27　　2004 年日均值验证情形

站点	相关系数	月均值测量值平均绝对偏差/(W/m²)	月均值计算值平均相对偏差/%	相关系数	月均值测量值平均绝对偏差/(W/m²)	月均值计算值平均相对偏差/%
Lindenberg	0.97	16.0	7.4	0.94	12.7	16.6
Cabauw	0.93	20.5	9.9	0.95	10.4	14.1
Carpentras	0.94	15.0	4.8	0.96	10.2	10.1
Payerne	0.93	22.1	9.1	0.94	12.8	15.5

注：左栏为 7 月；右栏为 10 月。

表 3.28　　2003 年 6 月卫星反演瞬时值与测量值的比较

站点	测量月均值 /(W/m²)	测量值标准差 /(W/m²)	月均值计算值 /(W/m²)	计算值标准差 /(W/m²)	相关系数	RMSE /(W/m²)	RMSE/%	Bias /(W/m²)	Bias/%
Lindenberg	436.0	273.7	441.5	240.3	0.96	82.5	18.9	5.5	1.3
Payerne	549.4	285.6	559.9	269.1	0.91	120.3	21.9	10.5	1.9
Carpentras	579.3	309.2	555.5	281.1	0.97	82.3	14.2	−23.8	−4.1
Cabauw	502.1	244.7	512.9	220.2	0.91	104.6	20.8	10.8	2.2
平均值	516.7	278.3	517.5	252.7	0.94	97.4	19.0	0.8	0.3

表 3.29　2003 年 6 月卫星反演日均值与测量值的比较

站点	测量月均值 /(W/m²)	测量值标准差 /(W/m²)	月均值计算值 /(W/m²)	计算值标准差 /(W/m²)	相关 系数	RMSE /(W/m²)	RMSE/%	Bias /(W/m²)	Bias/%
Gm-lin	266.1	63.3	282.0	49.9	0.92	30.2	11.3	15.9	6.0
Payerne	303.9	39.8	314.8	34.0	0.84	24.0	7.9	10.8	3.6
Carpentras	321.3	37.2	326.8	23.1	0.91	19.7	6.1	5.4	1.7
Cabauw	252.0	62.2	258.4	62.4	0.91	26.8	10.6	6.4	2.6
平均值	285.8	50.6	295.5	42.4	0.90	25.2	9.0	9.6	3.5

　　LSA-SAF 利用欧洲观测站对其瞬时产品及日总辐射产品的精度进行了评估验证。晴空条件下的 Bias 为 8.65 W/m²，标准误差为 48.25 W/m²，云天条件下的 Bias 为 0.21 W/m²，标准误差为 108.41 W/m²，所有天气下的 Bias 为 2.02 W/m²，标准误差为 86.50 W/m²。其瞬时产品所有天气下的标准误差为 71～97 W/m²(17%～38%)，月均值产品为 22～165 W/m²(8%～71%)，日产品的标准误差为 20～44 W/m²(6%～18%)。

　　OSI-SAF 对月产品的相对误差要求为 5%，标准误差为 30%(OSI-SAF CDOP Product requirement document)。其产品分为 SAT 产品：每 30 min 全圆盘模式；PRD 产品：每小时的 0.05°产品；DAY：日产品。OSI-SAF 研究组利用 11 个站点的资料对 2010 年 8～11 月的每小时估算值与实际值进行了比较，结果见表 3.30。下行短波辐射的 RMSE 为 75.2 W/m²，而日均值为 18.1 W/m²。

表 3.30　OSI-SAF 产品验证(2010-8～2011-1)

通量	产品	Bias	标准误差	RMSE	RMSE/%	平均值	样本数量/个	相关性
短波	SAT	6.78	77.70	78.00	19.9	392.30	82428	0.956
短波	PRD	7.38	74.84	75.19	19.2	392.30	41453	0.959
短波	DAY	2.66	17.94	18.13	12.2	148.48	4188	0.981
长波	SAT	−6.76	19.74	20.87	6.7	311.16	78313	0.944
长波	PRD	−6.68	19.33	20.45	6.6	311.29	39989	0.946
长波	DAY	−6.67	13.08	14.68	4.7	310.99	1675	0.972

　　而 Le 等(2007)利用 28 个月(2004-1～2006-4)的测量数据对 OSI-SAF 不同时间分辨率的产品进行了验证(表 3.31)，结果表明，其小时产品的误差为 70 W/m²，日产品误差为 15 W/m²。

表 3.31　OSI-SAF 产品验证(2004-1～2006-4)

项目	SSI						DLI					
	平均值 /(W/m²)	Bias /(W/m²)	标准误差 /(W/m²)	RMSE /(W/m²)	RMSE /%	样本数 量/个	平均值 /(W/m²)	Bias /(W/m²)	标准误差 /(W/m²)	RMSE /(W/m²)	RMSE /%	样本数 量/个
每小时	403.4	1.9	68.4	68.4	17.0	165181	325.3	−1.6	20.7	20.8	6.4	149608
3 h	349.4	−2.2	49.5	49.6	14.2	62221	325.4	−1.6	19.0	19.1	5.9	50661
每天	170.5	0.7	14.9	14.9	8.7	16362	325.1	−1.5	14.8	14.9	4.6	6427
G/M	194.8	1.8	15.1	15.2	7.8	813	377.4	0.9	6.9	7.0	1.8	831
H/M	89.5	−3.9	26.7	27.0	30.2	552	309.6	−8.2	23.7	25.0	8.1	544

OSI-SAF 产品的精度呈现出一定的纬度性(表 3.32)，分别表示中纬度 GOES/MSG、安德烈斯群岛和大西洋赤道地区。GOES 和 MSG 在中纬度地区的验证精度类似，其 RMSE 分别为 64.2 W/m² 和 58.9 W/m²，而安德烈斯群岛地区的 RMSE 却相对较高，为 95.6 W/m²。赤道地区的偏差较高，为 41.4 W/m²(7.9%)。

表 3.32　OSI-SAF 产品分纬度带验证(2004-1～2006-4)

区域	平均值/(W/m²)	Bias/(W/m²)	标准误差/(W/m²)	RMSE/(W/m²)	RMSE/%	样本数量/个
GOES 中纬度	400.8	4.8	64.0	64.2	16.0	67226
MSG 中纬度	371.1	−1.8	58.9	58.9	15.9	70375
安德烈斯群岛	492.2	4.3	95.5	95.6	19.4	27580
赤道	522.4	41.4	84.9	94.5	18.1	39393

3.5　光合有效辐射产品

3.5.1　ISCCP

3.5.1.1　产品概述

ISCCP 提供 ISCCP-BR、ISCCP-PL，时间尺度是 3 h，空间分辨率为 2.5° 光合有效辐射产品。

3.5.1.2　反演方法

ISCCP-BR 使用的是 NASA 的 GISS(Goddard Institute for Space Studies)短波数据集，在其基础上乘以 0.5 的系数得到。

ISCCP-PL 采用的是 Pinker 和 Laszlo 的方法。其有估算宽波段(200～4000 nm)太阳辐射通量的方法。该宽波段太阳辐射通量由 400～500 nm、500～600 nm、600～700 nm 和 700～4000nm 几个波段的模型结果合成得到。方法的基本思路是，假设在 N 种大气条件下，通过利用辐射传输模型正向模拟计算，得到大气透过率(T)与大气层顶(TOA)宽波段反射率(R)之间的相关关系，然后通过卫星数据获得的反照率推算出大气的透过率，最后计算得到到达地表的光合有效辐射。ISCCP-PL 正是根据这种算法，利用每 3 h ISCCP C1 数据集反演得到的。

3.5.1.3　产品精度

Bishop 和 Rossow(1991)将短波数据与地面数据进行了对比，认为 RMSE 为 9%。Dye 和 Shibasaki(1995)分别对比了 ISCCP-BR、ISCCP-PL 和 TOMS PAR 三种产品。从 4 个季度三种产品的对比可以看出，ISCCP-BR 是三类产品中最大的，ISCCP-PL 次之，TOMS PAR 最小。ISCCP-BR 较 TOMS PAR 大 12%～16%，ISCCP-PL 较 TOMS PAP 大 8%～12%。由于在辐射传输模型中使用的地表反照率不同，可能使 TOMS PAR 在沙漠

地区被低估。三种产品与地面实测数据对比，ISCCP-BR、ISCCP-PL 和 TOMS PAR 的 RMSE 分别是 28.7%、14.7%、16.6%。结果显示 TOMS PAR 较前两种精度更高。

3.5.2　TOMS-PAR

3.5.2.1　产品概述

Eck 和 Dye（1991）利用 TOMS（total ozone mapping spectrometer）的紫外波段的观测数据得到 PAR 产品。产品空间分辨率为 1°×1.25°，时间分辨率为月。

3.5.2.2　反演方法

Eck 和 Dye（1991）在算法中将 PAR 分为潜在 PAR 和云条件下的 PAR 两部分，潜在 PAR 即在晴空条件下，PAR 由到达大气层顶的 PAR 与臭氧、气溶胶等影响因素决定；而云条件下的 PAR 则是利用了 TOMS 的紫外波段，这一波段对云的反射率固定不变，又恰巧不是臭氧的强吸收波段，利用波段的这一特点可以区分是云，还是地面高反射，将云对 PAR 的影响归纳为一个线性关系，如下式，真实 PAR 便是潜在 PAR 与云条件下 PAR 的乘积。

$$I_{ap} = I_{pp}[1 - (R_{TOMS} - 0.05) / 0.9] \tag{3.77}$$

$$I_{pp} = I_{op} \cos Z[0.5(1 + e^{-m^* rR})e^{-m^*(\tau + \alpha X)} + 0.05] \tag{3.78}$$

式中，I_{pp} 为无云条件下地面获取的 PAR；I_{op} 为大气层顶的 PAR；I_{ap} 为实际的 PAR；m^* 为用于计算日太阳辐射的有效大气质量；r 为气溶胶散射和吸收影响因子；X 为臭氧含量；α 为在 400～700 nm 臭氧的吸收系数；R 为瑞利散射系数；Z 为太阳点顶角；R_{TOMS} 为 TOMS 观测的紫外反射率。

大气层顶的总太阳辐射根据 McCulloug 提供的方法计算，然后再乘以 PAR 与总太阳辐射能的比率 0.378，得到 PAR；R 和 α 分别设为 0.131 和 0.053；根据 London 等观测到的大气中全球尺度的月平均臭氧含量 x 在 0.300 atm-cm 附近有–1%～2%的微小波动，因此，设定 x =0.300 atm-cm，r =0.02。

3.5.2.3　产品精度

Eck 和 Dye 等将 1979 年 4 月到 1980 年 11 月的月平均 TOMS PAR 产品与 3 个地面实测点的数据进行了对比。3 个站点分别是美国的 Montgomery，Alabama；DodgeCity，Kansas；Phoenix，Arizona。结果显示 Montgomery，Alabama 站点地面实测值与 PAR 产品的 r^2=0.985；DodgeCity，Kansas 站点地面实测值与 PAR 产品的 r^2=0.987；Phoenix，Arizona 站点地面实测值与 PAR 产品的 r^2=0.998。TOMS 的紫外波段为我们提供了很好的反演 PAR 的方法。这种方法可以从地面验证说明其 RMSE 在 5%～6%，产品真实可信。

3.5.3 MODIS PAR

3.5.3.1 产品概述

MODIS 海洋科研组的 Carder(1999)已经估算海洋光合有效辐射,并且发布了标准产品。时间分辨率为日、月、旬,空间分辨率为 1 km。

3.5.3.2 反演方法

Carder(1999)采用的模型把太阳下行单色光辐射 E_d 分为两部分,公式为

$$E_d(\lambda) = E_{dd}(\lambda) + E_{ds}(\lambda) \tag{3.79}$$

式中,$E_{dd}(\lambda)$ 为直射光通量,经过大气损失后没有经过散射直接到达地面的太阳辐射;$E_{ds}(\lambda)$ 为散射光通量,经过大气衰减后偏离直射后到达地面的太阳辐射。

(1)直射 $E_d(\lambda)$

直射单色光通量 E_{dd} 考虑传播过程中瑞利散射、臭氧、气溶胶的吸收和散射等作用,公式为

$$E_{dd}(\lambda) = F_0(\lambda)\cos(\theta)T_r(\lambda)T_{oz}(\lambda)T_o(\lambda)T_w(\lambda)T_a(\lambda) \tag{3.80}$$

式中,F_0 为经过日地距离纠正的大气层外太阳辐射,在此采用 Gordon 的算法,见式(3.80);$T_r(\lambda)$ 为瑞利散射透过率;$T_{oz}(\lambda)$ 为臭氧透过率;$T_o(\lambda)$ 为氧气透过率;$T_w(\lambda)$ 为水汽透过率;$T_a(\lambda)$ 为气溶胶透过率。

$$F_o(\lambda) = H_o(\lambda)\left\{1 + e\cos\left[\frac{2\pi(D-3)}{365}\right]\right\}^2 \tag{3.81}$$

式中,$H_o(\lambda)$ 为大气层顶的太阳辐射;e 为轨道离心率,等于 0.0167;D 为天数(1 月 1 日定为一年中第 1 天)。

大气路径长度 $M(\theta)$ 描述太阳辐射在大气中传播的路径长短,影响大气透过率。采用 Kasten 和 Young(1989)的算法,公式为

$$M(\theta) = \frac{1}{\cos\theta - 0.50572(96.07995 - \theta)^{-16364}} \tag{3.82}$$

臭氧主要分布在平流层,传播路径比较长,所以用 $M_{oz}(\theta)$ 采用 Paltridge 和 Platt 算法,公式为

$$M_{oz}(\theta) = \frac{1.0035}{(\cos^2\theta + 0.007)^{1/2}} \tag{3.83}$$

式中,θ 为太阳天顶角。

1)瑞利散射的透过率 $T_r(\lambda)$:

$$T_r(\lambda) = \exp\left[-\frac{M'(\theta)}{115.6406\lambda^4 - 1.335\lambda^2}\right] \tag{3.84}$$

$$M'(\theta) = M(\theta)\frac{P}{P_0} \tag{3.85}$$

式中，$M'(\theta)$ 为气压归一化的大气路径长度；P 和 P_0 分别为地面台站实测大气压强和标准大气压强。大气压强 P 不能通过遥感方法反演，可以通过对遥感卫星过境同时的地面站点数据进行插值的方法来获取区域连续的大气压强值。

2）臭氧的透过率 $T_{oz}(\lambda)$：

$$T_{oz}(\lambda) = \exp\left[-a_{oz}(\lambda)O_3 M_{oz}(\theta)\right] \tag{3.86}$$

式中，a_{oz} 为臭氧的吸收系数；O_3 为臭氧垂直方向上的臭氧质量；M_{oz} 为臭氧大气路径长度。

3）氧气的透过率 $T_z(\lambda)$：

$$T_0(\lambda) = \exp\left\{\frac{1.41 a_0(\lambda)M'(\theta)}{\left[1 + 118.3 a_0 M'(\theta)\right]^{0.45}}\right\} \tag{3.87}$$

$$M'(\theta) = M(\theta)\frac{P}{P_0} \tag{3.88}$$

式中，$a_0(\lambda)$ 为氧气的吸收系数；$M'(\theta)$ 为气压归一化的大气路径长度。

4）水汽的透过率 $T_w(\lambda)$：

$$T_w(\lambda) = \exp\left\{\frac{0.2385 a_w(\lambda)\text{WV}M(\theta)}{\left[1 + 20.37 a_w \text{WV}M(\theta)\right]^{0.45}}\right\} \tag{3.89}$$

式中，$a_w(\lambda)$ 为水汽的吸收系数；WV 为大气含水量（g/cm²）。

5）气溶胶的透过率 $T_a(\lambda)$：

$$T_a(\lambda) = \exp\left[-\tau_a(\lambda)M(\theta)\right] \tag{3.90}$$

式中，$\tau_a(\lambda)$ 为气溶胶光学厚度；$M(\theta)$ 为大气路径长度。气溶胶光学厚度 $\tau_a(\lambda)$ 公式为

$$\tau_a(\lambda) = \beta\lambda^{-a} \tag{3.91}$$

其中，$a = \begin{cases} -1.2060(\lambda > 0.5\mu m) \\ -1.0274(\lambda < 0.5\mu m) \end{cases}$

式中，β 为气溶胶的浑浊度参数，与波长无关，表示整层大气气溶胶的数量，β 为 $\lambda = 1\ \mu m$ 处的大气气溶胶的光学厚度，称为 Angstorm 大气浑浊度参数。a 的数值与气溶胶粒子平均半径有关，平均半径越小，气溶胶的散射性质越趋近分子散射。

（2）漫反射辐射通量 $E_{ds}(\lambda)$

漫反射辐射考虑了瑞利散射 I_r、气溶胶散射 I_a，以及地表和大气间的多次反射 I_g，公式为

$$E_{ds}(\lambda) = I_r(\lambda) + I_d(\lambda) + I_g(\lambda) \tag{3.92}$$

1）瑞利散射 $I_r(\lambda)$：

$$I_r = F_0 \cos\theta T_{oz} T_a T_w T_{aa}(1 - T_r^{0.95}) \times 0.5 \tag{3.93}$$

$$\omega_a = 0.945 \times \exp[-0.095 \times (\lg(\lambda)/0.4)^2] \tag{3.94}$$

$$T_{aa} = \exp\left[-(1-\omega_a)\tau_a M(\theta)\right] \tag{3.95}$$

式中，T_{aa} 为气溶胶吸收的透过率，ω_a 为气溶胶单次散射；τ_a 为气溶胶光学厚度。

2) 气溶胶散射 $I_a(\lambda)$:

$$I_a = F_0 \cos\theta T_{oz} T_o T_w T_r^{1.5} (1 - T_{as}) F_a \tag{3.96}$$

式中, T_{as} 为气溶胶散射的透过率; F_a 为气溶胶前向散射的概率。

$$T_{as} = \exp[-\omega_a \tau_a M(\theta)] \tag{3.97}$$

$$F_a = 1 - 0.5 \exp[(B_1 + B_2 \cos\theta) \cos\theta] \tag{3.98}$$

$$B_1 = B_3[1.459 + B_3(0.1595 + 0.4129 B_3)] \tag{3.99}$$

$$B_2 = B_3[0.0783 - B_3(0.3824 + 0.574 B_3)] \tag{3.100}$$

$$B_3 = \ln(1 - \langle \cos\theta \rangle) \tag{3.101}$$

式中, $\langle \cos\theta \rangle$ 为气溶胶散射不对称因子, 用来描述气溶胶散射向函数的各向异性因子 (Tanré et al., 1979), 是气溶胶类型指数 α 的函数:

$$\langle \cos\theta \rangle = \begin{cases} 0.85 & (\alpha > 1.2) \\ -0.1417\alpha + 0.82 & (0 \leqslant \alpha \leqslant 1.2) \\ 0.82 & (\alpha < 0) \end{cases} \tag{3.102}$$

3.5.3.3　产品精度

Gregg 和 Carder 使用 Li-Cor 的 LI-1800 进行了光合有效辐射的实地测量, 与反演值对比, 误差为 5.08%。

3.5.4　SeaWIFS PAR

3.5.4.1　产品概述

美国航空航天局(NASA)于 1997 年 9 月成功发射海洋水色卫星 SeaStar, 星上搭载的海洋宽视场扫描仪 SeaWIFS 共有 8 个通道, 设有 402~422 nm, 433~453 nm, 480~500 nm, 500~520 nm, 545~565 nm, 660~680 nm, 745~785 nm, 845~885 nm, 6 个在可见光范围内, 7、8 通道位于近红外。该产品主要关注的是到达海洋表面的日光合有效辐射。SeaWIFS 的 PAR 产品包括日 PAR、8 d PAR、月 PAR、年 PAR 和 9km 空间分辨率。

3.5.4.2　反演方法

本产品采用了 Frouin 算法, 利用了平面平行(plane-parallel)理论, 并假设云与洁净大气的影响是分开计算的。因此, 大气和海表面被看作是一个两层的模型, 上面一层包括各种分子和气溶胶, 下面一层包括云和海表面。

在太阳光入射角为 θ_s 时, 大气层顶部的入射太阳辐射为 $E_0 \cos(\theta_s)$ 。通过第一层到达第二层上表面时的太阳辐射为

$$E_0 \cos(\theta_s) T_d T_g (1 - S_a A)^{-1} \tag{3.103}$$

式中, T_d 为第一层(晴空层)的漫透过率; T_g 为气体透过率; S_a 为球面反照率; A 为云-海表系统的反照率。

通过第二层到达海表面的太阳辐射为

$$E = E_0 \cos(\theta_s) T_d T_g (1 - S_a A)^{-1} (1 - A)(1 - A_s)^{-1} \tag{3.104}$$

A_s 为海表面反照率，在没有云的情况下 $A = A_s$。

针对 SeaWIFS 传感器，把 $1 \sim 6$ 通道接收到的大气顶辐亮度 L_i^* 转化为反射比 R_i^*：

$$R_i^* = \pi L_i^* / [E\,]$$

$$R_i^* = \pi L_i^* / [E_{0i}(\frac{d_0}{d})^2 \cos\theta_s^*] \tag{3.105}$$

式中，E_{0i} 为通道 i 中的地球以外的太阳发光能量；θ_s^* 为在 SeaWIFS 观测时间的太阳天顶角；$\dfrac{d_0}{d}$ 为地球与太阳平均距离与实际距离比；R_i^* 为考虑到臭氧层对大气吸收率的修正系数。从 R_i^* 中去除臭氧对大气的吸收率的影响得到 R_i'：

$$R_i' = R_i^* / T_{gi} \tag{3.106}$$

$$T_{gi} = \exp[-k_{oi} U_o / \cos_s^*] \tag{3.107}$$

式中，k_{oi} 为通道 i 的臭氧吸收系数；U_o 为臭氧含量。

所以通过第一层到达第二层及到达云/海表面的上表面的太阳辐射为

$$E_{12} = E_0 \cos\theta_s T_d T_g (1 - S_a A)^{-1} \tag{3.108}$$

设云/海表的反射系数为 R_i，通道 i 的内部大气反射率为 R_{ai}，则

$$E_{12} R_i = E_0 \cos(\theta) T_g (R_i' - R_{ai}) \tag{3.109}$$

由式 (3.108) 和式 (3.109) 得

$$R_i' - R_{ai} = R_i T_d (1 - R_i S_{ai})^{-1} \tag{3.110}$$

设 θ_v 为观测角，则 T_d 可以表示为

$$T_d = T_{di}(\theta^*) T_{di}(\theta_v) \tag{3.111}$$

由式 (3.110) 和式 (3.111) 得

$$R_i = (R_i' - R_{ai})[T_{di}(\theta^*) T_{di}(\theta_v) + S_{ai}(R_i' - R_{ai})]^{-1} \tag{3.112}$$

R_a 利用准单次散射模型得到：

$$R_a = (\tau_{mol} P_{mol} + \omega_{aer} \tau_{aer} P_{aer})[4\cos(\theta^*)]^{-1} \tag{3.113}$$

式中，τ_{mol} 和 τ_{aer} 为气溶胶和分子的光学厚度；P_{mol} 和 P_{aer} 为各自的相位函数；ω_{aer} 为气溶胶的单一散射反照率。准单一散射模型在天顶角变大的情况下不是非常准确，然而对于 SeaWIFS 的太阳天顶角范围内（小于 $75°$）是可以接受的。漫散射率 T_d 和球体反照率 S_a 是由 Tanré 在 1979 年利用分析公式得到的：

$$T_d(\theta) = \exp[-(\tau_{mol} + \tau_{aer}) / \cos\theta] \exp[(0.52\tau_{mol} + 0.83\tau_{aer})\cos\theta] \tag{3.114}$$

$$S_a = (0.92\tau_{mol} + 0.33\tau_{aer})\exp[-(\tau_{mol} + \tau_{aer})] \tag{3.115}$$

式中，τ_{mol} 为分子的光学厚度；τ_{aer} 为气溶胶的光学厚度；θ 为 θ^* 或者 θ_v；通道 i 的光学厚度 T_{aeri} 由通道 8 的光学厚度 τ_{aer8}，以及通道 4 到通道 8 之间的 Angström 系数 α 得到：

$$\tau_{\text{aeri}} = \tau_{\text{aer8}}(\lambda_8 / \lambda_i)^\alpha \tag{3.116}$$

式中，λ_8 和 λ_i 为 SeaWIFS 通道 i 到通道 8 中的各自等量波长。我们利用 SeaWIFS 3 年的月度气候数据（1997～2000 年）来计算 τ_{aer8} 和 α，因为总体来说，与云和太阳天顶角相比，气溶胶对于 E 的影响是排第二位的。

为了估算 ω_{aer} 和 P_{aer} 有两个相类似的 SeaWIFS 气溶胶模型，即 K 和 l，当 $\alpha(1) < \alpha < \alpha(k)$ 时，就可以计算距离，$d_{\text{aer}} = [\alpha(1) - \alpha] / [\alpha(1) - \alpha(k)]$。利用这个距离，通过下面的公式就可以得到 ω_{aer} 和 P_{aer}：

$$\omega_{\text{aer}} = d_{\text{aer}}\omega_{\text{aer}}(k) + (1 - d_{\text{aer}})\omega_{\text{aer}}(I) \tag{3.117}$$

$$P_{\text{aer}} = d_{\text{aer}}P_{\text{aer}}(k) + (1 - d_{\text{aer}})P_{\text{aer}}(I) \tag{3.118}$$

式中，$\omega_{\text{aer}}(I)$ 和 $\omega_{\text{aer}}(k)$ 为 I 和 K 气溶胶模型中的单次散射反照率；$P_{\text{aer}}(I)$ 和 $P_{\text{aer}}(k)$ 为它们各自的相位函数。

根据 Frouin 在 1989 年的模型得到的臭氧和水的透射率（分别是 T_{go} 和 T_{gw}），气体透射率可以表示为

$$T_{\text{g}} = T_{\text{go}}T_{\text{gw}} \tag{3.119}$$

考虑到太阳天顶角对云/海表系统的反照率 A 的影响。A 可以表示为

$$A = FR_i \tag{3.120}$$

式中，F 为角系数。

最后海表的反照率 A_s 是由太阳天顶角，以及入射光线的直射和漫射光线的比例组成的参数方程计算得到的，是 Briegleb 和 Ramanathan 于 1982 年得出的。

$$A_{\text{s}} = \frac{T_{\text{dir}}T_{\text{d}}^{-1}0.05}{\{1.1[\cos(\theta)^{1.4} + 0.15]\}} + 0.08T_{\text{dif}}T_{\text{d}}^{-1} \tag{3.121}$$

这样既可以得出到达海表的辐照度 E，先对 E 在 400～700 nm 的光谱范围内积分，然后再从日出到日落的时间内积分，便得到最终的日平均光合有效辐射。

在 SeaWIFS 的 PAR 产品中，将每日以 $\text{mW}/(\text{cm}^2 \cdot \mu\text{m})$ 为单位的 PAR 估算值转换成以 $\text{Einstein}/(\text{m}^2 \cdot \text{d})$ 为单位的估算值。单位 $\text{mW}/(\text{cm}^2 \cdot \mu\text{m})$ 和单位 $\text{Einstein}/(\text{m}^2 \cdot \text{d})$ 的转换系数是 1.193。

3.5.4.3　产品精度

SeaWIFS 的 PAR 产品选取了 1997 年 11 月的 SeaWIFS 的 PAR 产品与 ISCCP 的 PAR 产品进行了对比，结果发现，日尺度 PAR 的 RMSE 为 32.6%，周尺度的 RMSE 为 13.4%，月尺度的 RMSE 为 8.4%，RMSE 随时间尺度的增大而减小。与加拿大西海岸（Halibut Bank 和 ep1）的地面测量 PAR 进行对比，发现结果与实测数据较为接近，RMSE 为 15%、3.7%、3.3%。

3.6　地面辐射观测网络

目前全球性或洲际的地面辐射观测网络主要有 GEBA、BSRN、SURFRAD、FLUXNET、ARM、CAVE。这些区域性观测网络的实时测量数据为验证辐射传输模型和

辐射产品的准确性提供了重要的数据支持。本节将对这些辐射观测网络做简单的介绍。

3.6.1　GEBA

GEBA(global energy balance archive)是一个搜集全球范围地面太阳辐射数据的数据库，由苏黎世理工学院(ETH Zurich)进行维护。该数据库收集了从 1950 年开始的全球超过 2000 个站点 250000 多个月平均地面辐射平衡和地面太阳辐射的观测数据。这些数据被免费提供，可以被用来：探测数年来能量平衡组分的变化，如长时间序列的太阳辐射减少(全球变暗，Ohmura et al.，1989)，以及近年来的回升(全球变亮，Ohmura et al.，2006)；验证各种模型模拟的地面辐射通量；验证遥感算法；验证大气对太阳辐射的吸收作用；其他商业应用；可以通过在线注册方式下载数据[http://www.geba.ethz.ch/(2018-3-20)]。

3.6.2　BSRN

BSRN(baseline surface radiation network)，是全球气候研究计划(World Climate Research Programme，WCRP)下 GEWEX 的一个项目。BSRN 的站点遍布全球，甚至在某些极端条件下也有分布短波测量站点，但是在高原地区(如西藏)、潮湿多云地区(如亚马孙，或者东南亚)、北半球中纬度海岛区域(如日本)，以及极地地区则鲜有分布站点。BSRN 用于测量全球辐射、评估辐射收支变化和能源评估检测。

BSRN 站点的分布图如图 3.12 所示(截止到 2014 年 10 月)。有关数据的详细介绍及下载情况可访问其主页 http://bsrn.awi.de/(2018-3-20)。

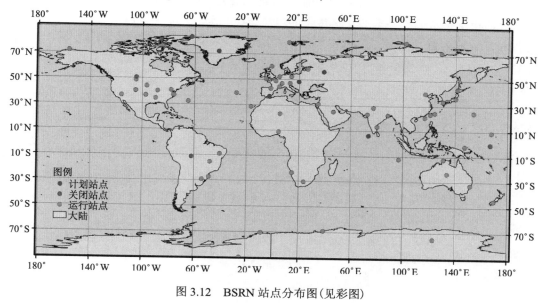

图 3.12　BSRN 站点分布图(见彩图)

3.6.3　SURFRAD

SURFRAD(surface radiation budget observing network)始建于 1993 年,它是第一个跨

越全美的地表辐射观测网络，由 NOAA 提供资助，其主要目的是为气候研究、天气预报、卫星和教育领域提供美国不同气候类型地区长期连续的、精确的、高质量的地表辐射观测数据。SURFRAD 的观测数据包括下行短波辐射和上行短波辐射，均为 3 min 的平均值，经过处理后将一天的数据和质量控制标识放在一个文件中进行实时发布，并免费供用户下载（http://www.esrl.noaa.gov/gmd/grad/surfrad/index.html（2018-3-20））。总的来说，SURFRAD 测量地表短波辐射的仪器精度为 2%～5%，其站点分布如图 3.13 所示。

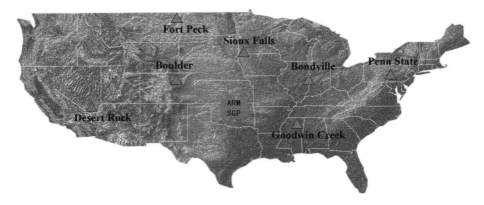

图 3.13　SURFRAD 站点分布图（见彩图）

3.6.4　FLUXNET

FLUXNET 是一个以全世界广泛分布的通量塔为基础的全球通量观测网络，负责收集、存档和发布从世界各地通量塔搜集的二氧化碳、水汽、能量等通量数据。FLUXNET 对收集来的数据进行定标，可以使来自不同地区、不同通量塔的数据相互比较，它提供平台供科学家交流数据，其分布如图 3.14 所示。

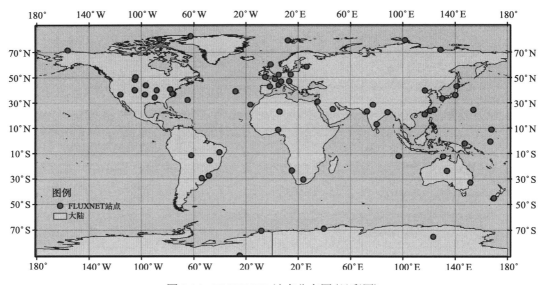

图 3.14　FLUXNET 站点分布图（见彩图）

FLUXNET 的通量塔网络遍布世界各大主要国家，北美、欧洲、亚洲、非洲都有它的子网络存在，如 Asiaflux、Ameriflux、FLUXNET-Canada 和 CarboEurope 等。目前共有超过 500 个可长期观测数据的通量塔站点加入到 FLUXNET 中，这些参数包括站点的植被、土壤、水文、气象等信息[http://www.fluxnet.ornl.gov/]。

3.6.5 CAVE

CAVE(CERES/ARM validation experiment)用于验证 NPP 上的 CERES 仪器，EOS 的 Terra 和 Aqua，以及 TRMM 卫星等。CAVE 包含若干站点的辐射和气象数据，这些站点包括 ARM，NOAA 的 SURFRAD，GMD 和 PMEL，以及世界气候研究计划的 BSRN 网络。目前共有 84 个观测站，其站点分布如图 3.15 所示[http://www-cave.larc.nasa.gov/]。

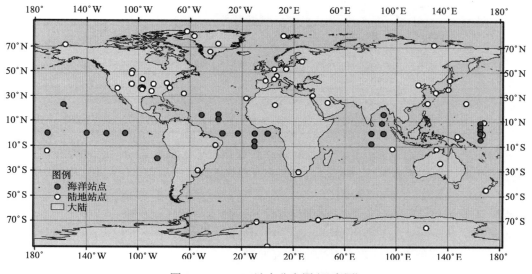

图 3.15 CAVE 站点分布图(见彩图)

蓝色站点代表海洋，白色代表陆地

3.6.6 ARM

ARM(atmospheric radiation measurement)是美国能源部支持下的天气辐射观测项目，是目前关于地表辐射收支测量方面最完整和复杂的野外试验项目，其主要目的是研究气溶胶效应、降水、地表通量和云对全球气候变化的影响。其主要布设在 3 个主要区域：南部大平原、热带西太平洋和北部的阿拉斯加，分别代表了不同的气候特征条件。这些区域假设不同的地面和探空仪器(http://www.arm.gov)。其站点分布如图 3.16 所示。

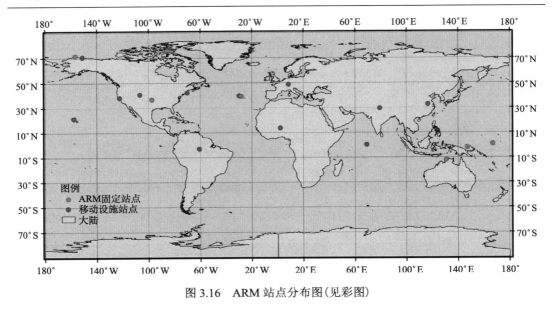

图 3.16　ARM 站点分布图(见彩图)

3.6.7　其他洲际观测网络

1)AsiaFlux。为研究亚洲区域,乃至全球碳、水循环,AsiaFlux 于 1999 年 9 月成立,日本通量网、韩国通量网、中国通量网等联合起来构成了亚洲通量网,使得在南亚、东南亚、东亚、远东等亚洲区域范围内,共有 72 个通量站点。

2)EuroFlux。EuroFlux 欧洲通量网络建立于 1996 年,主要致力于欧洲森林二氧化碳和水汽通量长期观测,以及气候系统相互作用。站点主要集中在森林植被上,气候类型主要包括扩地中海式气候、温带气候和干旱性气候。数据从 1996 年至今,大部分站点有 PAR 观测项,可用于欧洲区域的 PAR 产品验证。

3)AmeriFlux。AmeriFlux 网络成立于 1996 年。该网络提供二氧化碳、水、能量、天气、季节和年际时间尺度上生态系统层次的连续观测。目前由来自北美洲、中美洲和南美洲的 136 个站点组成。免费提供 1996 年至今的辐射通量、PAR、二氧化碳等观测量的下载服务。详细可见 http://ameriflux.lbl.gov/。

3.7　小　　结

本章主要介绍了地表入射短波辐射的估算方法,以及主要的遥感卫星产品和全球地面辐射观测站。

晴空短波辐射的估算包括:利用地面实测气象数据或者遥感反演大气参数的经验方法;物理意义明确,计算复杂,结果精确的辐射传输方法;基于辐射传输方程简化而来的,考虑关键大气参数对太阳辐射衰减的参数化方法;基于辐射传输方程的,物理意义明晰的,易于在遥感像元尺度实现的查找表方法。云天短波辐射的估算包括:利用云量或者云指数的经验统计方法;基于太阳在云中的辐射传输过程的辐射传输方程解法;基于辐射传输方程的查找表方法；对云的辐射传输采用二流近似模式的参数化方法，以及基于统计原理的 Monte Carlo 方法。起伏地形对太阳辐射不同分量的影响机理不一致，因此，需要分别对直接辐射和散射辐射进行订正。

目前的全球和区域下行短波辐射产品包括 ISCCP-FD 辐射数据集，GEWEX-SRB、GEWEX-QCSW，NCEP/NCAR 的辐射产品，CERES 辐射产品，Eumetsat 面向气象监测、地面应用、海洋应用的三套数据集 CM-SAF、LSA-SAF 和 OSI-SAF 产品。其中 LSA-SAF、OSI-SAF、CERES 的瞬时产品、GSIP 产品的空间分辨率为像元分辨率，CM-SAF 为 15 km 分辨率，其他产品的时空分辨率分别为 3h、1°～2.5°。ISCCP-FD 产品采用辐射传输方法计算短波辐射，GEWEX-SRB 和 CERES 同时采用辐射传输方法和参数化方法，Eumetsat 的三套数据集采用辐射参数化方法。

最后介绍全球和洲际的辐射观测网络，这些数据大多可以免费下载。包括 GEBA、BSRN、SURFRAD、FLUXNET、CAVE、ARM 和各大洲的通量观测网络等。

参 考 文 献

陈渭民, 高庆先, 洪刚. 1997.由 GMS 卫星资料获取我国夏季地表辐射收支.大气科学, 21(2): 238-246.

傅抱璞. 1958 .坡地对日照和太阳辐射的影响. 南京大学学报:自然科学版, 2(232): 46.

孙洋, 黄广辉, 郝晓华. 2011. 结合极轨卫星 MODIS 和静止气象卫星 MTSAT 估算黑河流域地表太阳辐射. 遥感技术与应用, 26(6): 728-734.

王开存, 周秀骥, 刘晶淼. 2004. 复杂地形对计算地表太阳短波辐射的影响. 大气科学, 28(4): 625-633.

张海龙, 辛晓洲, 李丽等. 2017.中国-东盟 5 km 分辨率光合有效辐射数据集(2013). 全球变化数据学报, 1(1): 40-44.

左大康, 王懿贤, 陈建绥. 1963. 中国地区太阳总辐射的空间分布特征. 气象学报, 1: 006.

Badescu V.2002. A new kind of cloudy sky model to compute instantaneous values of diffuse and global solar irradiance. Theoretical and Applied Climatology, 72(1): 127-136.

Bishop J K B, Rossow W B. 1991. Spatial and temporal variability of global surface solar irradiance. Journal of Geophysical Research: Oceans, 96(C9): 16839-16858.

Bishop J K B, Rossow W B, Dutton E G. 1997. Surface solar irradiance from the international satellite cloud climatology project 1983–1991. Journal of Geophysical Research: Atmospheres, 102(D6): 6883-6910.

Brisson A, Le Borgne P, Marsouin A. 1999. Development of algorithms for surface solar irradiance retrieval at O&SI SAF low and mid latitudes. Lannion: DNMI.

Bugler J W. 1977. The determination of hourly insolation on an inclined plane using a diffuse irradiance model based on hourly measured global horizontal insolation. Solar Energy, 19(5): 477-491.

Cano D, Monget J M, Albuisson M, et al. 1986. A method for the determination of the global solar radiation from meteorological satellite data. Solar Energy, 37(1): 31-39.

Carder K L. 1999. Instantaneous photosynthetically available radiation and absorbed radiation by phytoplankton. MODIS Algorithm Theoretical Basis Document, V5.

Charlock T P, Alberta T L. 1996. The CERES/ARM/GEWEX Experiment(CAGEX) for the retrieval of radiative fluxes with satellite data. Bulletin of the American Meteorological Society, 77(11): 2673-2683.

Coakley Jr J A, Chylek P. 1975. The two-stream approximation in radiative transfer: including the angle of the incident radiation. Journal of the Atmospheric Sciences, 32(2): 409-418.

Darnell W L, Staylor W F, Gupta S K, et al. 1988. Estimation of surface insolation using sun-synchronous satellite data. Journal of Climate, 1(8): 820-835.

Darnell W L, Staylor W F, Gupta S K, et al. 1992. Seasonal variation of surface radiation budget derived from International Satellite Cloud Climatology Project C1 data. Journal of Geophysical Research: Atmospheres, 97 (D14): 15741-15760.

Deneke H M, Feijt A J, Roebeling R A. 2008. Estimating surface solar irradiance from METEOSAT SEVIRI-derived cloud properties. Remote Sensing of Environment, 112 (6): 3131-3141.

Dye D G, Shibasaki R. 1995. Intercomparison of global PAR data sets. Geophysical Research Letters, 22 (15): 2013-2016.

Eck T F, Dye D G. 1991. Satellite estimation of incident photosynthetically active radiation using ultraviolet reflectance. Remote Sensing of Environment, 38 (2): 135-146.

Eissa Y, Chiesa M, Ghedira H. 2012. Assessment and recalibration of the Heliosat-2 method in global horizontal irradiance modelling over the desert environment of the UAE. Solar Energy, 86 (6): 1816-1825.

Fritz H P. 1964. Infrared and raman spectral studies of π complexes formed between metals and C n H n rings. Advances in Organometallic Chemistry, 1: 239-316.

Frouin R, Pinker R T. 1995. Estimating photosynthetically active radiation (PAR) at the earth's surface from satellite observations. Remote Sensing of Environment, 51 (1): 98-107.

Frouin R, Lingner D W, Gautier C, et al. 1989. A simple analytical formula to compute clear sky total and photosynthetically available solar irradiance at the ocean surface. Journal of Geophysical Research: Oceans, 94 (C7): 9731-9742.

Frouin R, Franz B, Wang M H. 2001. Algorithm to estimate PAR from SeaWIFS data Version1.2 documentation.

Fu Q, Liou K N. 1993. Parameterization of the radiative properties of cirrus clouds. Journal of the Atmospheric Sciences, 50 (13): 2008-2025.

Fu Q, Liou K N, Cribb M C, et al. 1997. Multiple scattering parameterization in thermal infrared radiative transfer. Journal of the atmospheric sciences, 54 (24): 2799-2812.

Goodchild M F, Lee J. 1989. Coverage problems and visibility regions on topographic surfaces. Annals of Operations Research, 18 (1): 175-186.

Gordon H R, Clark D K, Brown J W, et al. 1983. Phytoplankton pigment concentrations in the Middle Atlantic Bight: comparison of ship determinations and CZCS estimates. Applied Optics, 22 (1): 20-36.

Gregg W W, Carder K L. 1990. A simple spectral solar irradiance model for cloudless maritime atmospheres. Limnology and Oceanography, 35 (8): 1657-1668.

Gueymard C A. 2012. Temporal variability in direct and global irradiance at various time scales as affected by aerosols. Solar Energy, 86 (12): 3544-3553.

Hamilton H L, Jackson A. 1985. A shield for obtaining diffuse sky radiation from portions of the sky. Solar Energy, 34 (1): 121-123.

Han Q, Rossow W B, Lacis A A. 1994. Near-global survey of effective droplet radii in liquid water clouds using ISCCP data. Journal of Climate, 7 (4): 465-497.

Han Q, Rossow W B, Chou J, et al. 1999. The effects of aspect ratio and surface roughness on satellite retrievals of ice-cloud properties. Journal of Quantitative Spectroscopy and Radiative Transfer, 63 (2-6): 559-583.

Hay J E, Mckay D C. 1985. Estimating solar irradiance on inclined surfaces: a review and assessment of methodologies. International Journal of Solar Energy, 3 (4-5): 203-240.

Jiang Y. 2009. Computation of monthly mean daily global solar radiation in China using artificial neural networks and comparison with other empirical models. Energy, 34 (9): 1276-1283.

Kalnay E, Kanamitsu M, Kistler R, et al. 1996. The NCEP/NCAR 40-year reanalysis project. Bulletin of the American Meteorological Society, 77(3): 437-471.

Kasten F, Young A T. 1989. Revised optical air mass tables and approximation formula. Applied Optics, 28(22): 4735-4738.

Klucher T M. 1979.Evaluation of models to predict insolation on tilted surfaces. Solar Energy, 23(2): 111-114.

Kondratyev K Y. 1969. Radiation in the Atmosphere Academic. New York: Academic Press.

Konzelmann T, Cahoon D R, Whitlock C H. 1996. Impact of biomass burning in equatorial Africa on the downward surface shortwave irradiance: observations versus calculations. Journal of Geophysical Research: Atmospheres, 101(D17): 22833-22844.

Lacis A A, Hansen J. 1974. A parameterization for the absorption of solar radiation in the earth's atmosphere. Journal of the Atmospheric Sciences, 31(1): 118-133.

Lacis A A, Oinas V. 1991.A description of the correlated k distribution method for modelling nongray gaseous absorption, thermal emission, and multiple scattering in vertically inhomogeneous atmospheres. Journal of Geophysical Research: Atmospheres, 96(D5): 9027-9063.

Li Z, Garand L. 1994.Estimation of surface albedo from space: a parameterization for global application. Journal of Geophysical Research: Atmospheres, 99(D4): 8335-8350.

Li Z, Leighton H O, Cess R D. 1993. Surface net solar radiation estimated from satellite measurements: Comparisons with tower observations. Journal of Climate, 6(9): 1764-1772.

Liang S, Zheng T, Liu R, et al. 2006. Estimation of incident photosynthetically active radiation from Moderate Resolution Imaging Spectrometer data. Journal of Geophysical Research: Atmospheres, 111(D15):3281-3288.

Liu B Y H, Jordan R C. 1977. Application of Solar Energy for Heating and Cooling of Buildings. Ashrae Grp.

Lu N, Qin J, Yang K, et al. 2011.A simple and efficient algorithm to estimate daily global solar radiation from geostationary satellite data. Energy, 36(5): 3179-3188.

Manalo-Smith N, Smith G L, Tiwari S N, et al. 1998. Analytic forms of bidirectional reflectance functions for application to Earth radiation budget studies. Journal of Geophysical Research: Atmospheres, 103(D16): 19733-19751.

McCullough E C. 1968. Total daily radiant energy available extraterrestrially as a harmonic series in the day of the year. Theoretical and Applied Climatology, 16(2): 129-143.

Morel P. 1994. Scientific issues underlying the global energy and water cycle. London: Abstracts, European conference on the global energy and water cycle, The rural meteorological society.

Mueller R W, Dagestad K F, Ineichen P, et al. 2004. Rethinking satellite-based solar irradiance modelling: the SOLIS clear-sky module. Remote sensing of Environment, 91(2): 160-174.

Ohmura A, Gilgen H J, Wild M. 1989.Global Energy Balance Archive, GEBA. Geographisches Institut, Eidgenö ssische Technische Hochschule Zurich.

Ohmura Y, Kuniyoshi Y, Nagakubo A. 2006. Conformable and scalable tactile sensor skin for curved surfaces. IEEE International Conference on Robotics and Automation, 2006:1348-1353.

Paltridge G W, Platt C M R. 1976. Radiative Processes in Meteorology and Climatology. Amsterdam:Elsevier Scientific Pub C.

Pinker R T, Ewing J A. 1985. Modelling surface solar radiation: model formulation and validation. Journal of Climate and Applied Meteorology, 24(5): 389-401.

Pinker R T, Laszlo I. 1992.Modelling surface solar irradiance for satellite applications on a global scale. Journal of Applied Meteorology, 31(2): 194-211.

Proy C, Tanre D, Deschamps P Y. 1989 .Evaluation of topographic effects in remotely sensed data. Remote Sensing of Environment, 30(1): 21-32.

Qin J, Chen Z, Yang K, et al. 2011.Estimation of monthly-mean daily global solar radiation based on MODIS and TRMM products. Applied energy, 88(7): 2480-2489.

Ramanathan V, Barkstrom B R, Harrison E F. 1989 .Climate and the Earth's radiation budget.physics Today, 247(1):22-32.

Rigollier C, Lefèvre M, Wald L. 2004.The method Heliosat-2 for deriving shortwave solar radiation from satellite images. Solar Energy, 77(2): 159-169.

Rossow W B, Zhang Y C. 1995. Calculation of surface and top of atmosphere radiative fluxes from physical quantities based on ISCCP data sets: 2. Validation and first results. Journal of Geophysical Research: Atmospheres, 100(D1): 1167-1197.

Rutan D A, Charlock T P. 2013. Validation of CERES/SARB data product using ARM surface flux observations.

Rutan D A, Charlock T P, Rose F G, et al. 2004.Validation of CERES/SARB data product using ARM surface flux observations. Norfolk: Poster 2.4 in 13th Conference on Satellite Meteorology and Oceanography.

Sandmeier S, Itten K I. 1997. A physically-based model to correct atmospheric and illumination effects in optical satellite data of rugged terrain. IEEE Transactions on Geoscience and Remote Sensing, 35(3): 708-717.

Sasamori T, London J, Hoyt D V. 1972. Radiation Budget of the Southern Hemisphere. Boston: American Meteorological Society.

Schmetz J. 1989. Towards a surface radiation climatology: retrieval of downward irradiances from satellites. Atmospheric Research, 23(3-4): 287-321.

Stephens G L. 1978. Radiation profiles in extended water clouds. II: parameterization schemes. Journal of Atmospheric Sciences, 35(11): 2123-2132.

Stephens G L, Ackerman S, Smith E A. 1984. A shortwave parameterization revised to improve cloud absorption. Journal of Atmospheric Sciences, 41(4): 687-690.

Tanré D, Herman M, Deschamps P Y, et al. 1979 .Atmospheric modelling for space measurements of ground reflectances, including bidirectional properties. Applied Optics, 18(21): 3587-3594.

Temps R C, Coulson K L. 1977. Solar radiation incident upon slopes of different orientations. Solar Energy, 19(2): 179-184.

Wang J, Rossow W B, Zhang Y. 2000. Cloud vertical structure and its variations from a 20-yr global rawinsonde dataset. Journal of Climate, 13(17): 3041-3056.

Yang K, He J, Tang W, et al. 2010. On downward shortwave and longwave radiations over high altitude regions: observation and modelling in the Tibetan Plateau. Agricultural and Forest Meteorology, 150(1): 38-46.

Zhang H L, Huang C, Yu S S, et al. 2018. A Lookup-Table-Based Approach to Estimating Surface Solar Irradiance from Geostationary and Polar-Orbiting Satellite Data. Remote Sensing, 10(3):1-19.

Zhang X T, Liang S L, Zhou G Q, et al. 2014. Generating Global LAnd Surface Satellite incident shortwave radiation and photosynthetically active radiation products from multiple satellite data. Remote Sensing of Environment, 152:318-332.

Zhang Y C, Rossow W B, Lacis A A . 1995. Calculation of surface and top of atmosphere radiative fluxes from physical quantities based on ISCCP data sets: 1. Method and sensitivity to input data uncertainties. Journal of Geophysical Research: Atmospheres, 100(D1): 1149-1165.

Zhang Y, Rossow W B, Lacis A A, et al. 2004. Calculation of radiative fluxes from the surface to top of atmosphere based on ISCCP and other global data sets: refinements of the radiative transfer model and the input data. Journal of Geophysical Research: Atmospheres, 109(D19).

第4章 地表入射长波辐射

4.1 晴天下行长波辐射反演算法

地表下行长波辐射的估算主要有 4 种方法,大气辐射传输模型、经验方法、参数化模型、基于传感器热红外辐射亮度的混合算法。大气辐射传输模型利用遥感获取的大气温湿度廓线和辐射传输方程直接计算长波辐射。经验方法和参数化模型都是建立下行长波辐射与大气参数的关系。经验方法是建立下行辐射与地面气象参数(如气温、水汽压)的经验关系。参数化模型则是对辐射传输模型进行参数化,或者利用大气辐射传输模型模拟和统计回归方法,建立下行长波辐射与卫星反演的地表温度、水汽含量、上行长波辐射等的统计关系。基于传感器热红外辐射亮度的算法是直接从卫星接收到的热红外数据来反演长波辐射,算法的建立也是基于大气辐射传输模型模拟和统计回归。

4.1.1 参数化方法

4.1.1.1 基于地面气象数据的方法

地表接收的大气下行长波辐射是整层大气发射的结果。在实际计算中,往往用大气的有效发射率和有效温度来代替整层大气的作用,下行长波辐射可以写成:

$$R_L^\downarrow = \varepsilon_{atm} \sigma (T_{atm})^4 \tag{4.1}$$

式中,ε_{atm} 为大气有效发射率;σ 为玻尔兹曼常数;T_{atm} 为大气有效温度。

在经验模型中,大气被认为是一个灰体,大气下行长波辐射用大气有效比辐射率和大气有效温度来表示,见式(4.1)。在晴天条件下,大气的有效温度采用近地面气温表示,大气有效发射率采用近地面温度和大气水汽压表示。在有云的情况下,一般利用云量系数对晴天大气下行长波辐射进行校正。在遥感估算下行长波辐射时,近地面温湿度可以从气象卫星反演获得。

一些研究者利用大量测量数据发现,晴天大气下行辐射通量与近地面温湿度之间存在很好的经验关系,因此,发展了利用大气温度 T_a 和水汽压 e_a 估算下行长波辐射的经验模型。这种模型一般用近地面气温和水汽压来估算晴天大气的有效发射率,用近地面气温代替整层大气的有效温度。

为了更准确地计算下行长波辐射,一些学者发展了物理意义更明确的晴天大气发射率,Prata(1996)引入水汽密度 $w=46.5(e_a/T_a)$ 来考虑大气温湿度的垂直影响,Dupont 等(2008)提出了 $(e_a/T_a)^2/w$ 的比辐射率形式,在模型中考虑水汽垂直分布对比辐射率的影响。表 4.1 列出了目前常用的晴天条件下的经验模型。

表 4.1　12 种广泛应用的晴天下行长波辐射经验模型

作者	公式
Angstrom（1918）	$R^{\downarrow}_{\mathrm{L,clr}} = \sigma T_a^4 (a - b \times 10^{-ce_a})$　　　a=0.83，b=0.18，c=0.067 hPa^{-1}
Brunt（1932）	$R^{\downarrow}_{\mathrm{L,clr}} = \sigma T_a^4 (a + b \times e_a^{0.5})$　　a=0.52，b=0.065hPa$^{-0.5}$
Swinbank（1963a）	$R^{\downarrow}_{\mathrm{L,clr}} = \sigma T_a^6$　　　　　　a=5.31×10^{-13}
Swinbank（1963b）	$R^{\downarrow}_{\mathrm{L,clr}} = a T_a^6 - b$　　　　a=1.195，b=171 W/m^2
Idso 和 Jackson（1969）	$R^{\downarrow}_{\mathrm{L,clr}} = \sigma T_a^4 \{1 - a \exp[-b(273 - T_a)^2]\}$　　a=0.261，b=0.000777 K^{-2}
Brutsaert（1975）	$R^{\downarrow}_{\mathrm{L,clr}} = a\left(\dfrac{e_a}{T_a}\right)^{1/7} \sigma T_a^4$　　　　a=1.24
Idso（1981）	$R^{\downarrow}_{\mathrm{L,clr}} = \left[a + b e_a \exp\left(\dfrac{1500}{T_a}\right)\right] \sigma T_a^4$　　　a=0.7，b=5.95×10^{-5}
Prata（1996）	$R^{\downarrow}_{\mathrm{L,clr}} = [1 - (1+w)\exp(-(a+bw)^{1/2})]\sigma T_a^4$ $w = 46.5\left(\dfrac{e_a}{T_a}\right)$[cm]　　　　　a=1.2，b=3.0
Iziomon（2003）	$R^{\downarrow}_{\mathrm{L,clr}} = \left[1 - a \exp\left(-b\dfrac{e_a}{T_a}\right)\right]\sigma T_a^4$ 低地：a=0.35，b=10 khPa^{-1}；山区：a=0.43，b=11.5 khPa^{-1}
Dilley 和 O'Brien（1998）	$R^{\downarrow}_{\mathrm{L,clr}} = a + b\left(\dfrac{T_a}{273.16}\right)^6 + c \times \dfrac{w}{25}$ $w = 46.5\left(\dfrac{e_a}{T_a}\right)$[cm]　　　　a=59.38，b=113.7，c=96.96
Dupont 等（2008）	$R^{\downarrow}_{\mathrm{L,clr}} = \left[\dfrac{1.20 \times (e_a/T_a)^{1/7}}{\alpha \times \log\left(\dfrac{(e_a/T_a)^2}{w} \times 10^4\right) + \beta}\right] \times \sigma \times \left[\dfrac{T_a}{\gamma \times \log((T_a/T_{\min})^4 - 0.99) + \delta}\right]^4$ 其中，α=0.0492，β=0.888，γ=0.010，δ=1.020
Kruk 和 Vendrame（2010）	$R^{\downarrow}_{\mathrm{L,clr}} = a \times \left(\dfrac{e_a}{T_a}\right)^b \times \sigma T_a^4$　　　其中 a=0.576，b=0.202

注：$R^{\downarrow}_{\mathrm{L,clr}}$ 为晴天大气下行辐射（W/m^2）；T_a 为近地面空气温度（K）；e_a 为近地面水汽压（hPa）。

　　经验模型最大的优点是简单实用，不需要实时大气廓线和复杂的计算，因此，其在许多领域得到了广泛的应用；缺点是大多数经验模型仅对晴天或白天适用，在有云天气或晚上估算下行长波辐射的准确程度要低。此外，经验模型缺乏明确的物理含义，外推能力差，模型在用于与训练数据相近的气候条件下时，一般能获得准确和稳定的结果，但用于其他地区必须经过系数校正。

4.1.1.2　基于遥感反演参数的方法

　　这类方法参数化模型利用大气辐射传输模型和统计回归方法，建立下行长波辐射与卫星反演的地表参数（如地表气温和地表温度）和大气参数（如大气水汽含量和大气廓线）的统计关系。根据输入遥感参数，可将算法分为两类，一类是输入地表气温、大气整层含水量等参数，如 Zhou-Cess 算法（Zhou et al.，2007）和 Prata（1996）算法；另一类与辐射传输方法相同，需要输入大气温湿廓线，如 Gupta 参数化模型（Gupta，1989；Gupta et al.，2010）。

（1）Zhou-Cess 算法

Zhou-Cess 算法是一个计算全球大气下行长波辐射的算法，被 CERES 采用为下行长波辐射产品生产中的 C 算法。该算法是在复杂大气辐射传输模型计算的基础上得到的，认为大气下行长波辐射由向上的长波辐射通量、大气总水汽含量确定：

$$R_{L,clr}^{\downarrow} = a_0 + a_1 \times SULW + a_2 \times \ln(1+PWV) + a_3 \times [\ln(1+PWV)]^2 \tag{4.2}$$

式中，a_0、a_1、a_2、a_3 为回归系数；SULW 为地表上行长波辐射通量；PWV 为大气总水汽含量（column precipitable water vapor）。

（2）基于大气廓线的方法

Gupta 参数化模型（Gupta，1989；Gupta et al.，2010）是对辐射传输方程进行高度参数化的结果，需要将遥感反演的大气温湿度廓线作为输入。该算法被广泛应用于 GEWEX-SRB、CERES 辐射产品、欧洲气象卫星辐射数据集（EUMETSAT CM-SAF）、GOES-R 辐射产品的生产中。

晴天下行辐射用对流层底层有效温度（T_e）和大气总水汽含量（PWV）来表示：

$$R_{L,clr}^{\downarrow} = (A_0 + A_1 \times PWV + A_2 \times PWV^2 + A_3 \times PWV^3) \times T_e^{3.7} \tag{4.3}$$

式中，$A_i(i=0，1，2，3)$ 为回归系数；T_e 由地表温度 T_s、大气廓线最底层温度 T_1（对于 NOAA TOVS 廓线为地表到 850 mbar）、第二层温度 T_2（对于 NOAA TOVS 廓线为 850～700 mbar）表示：

$$T_e = K_s \times T_s + K_1 \times T_1 + K_2 \times T_2 \tag{4.4}$$

式中，K_s，K_1 和 K_2 为权重系数，值分别为 0.60、0.35、0.05。回归系数 A_0，A_1，A_2 和 A_3 为：$A_0 = 1.791 \times 10^{-7}$，$A_1 = 2.093 \times 10^{-8}$，$A_2 = -2.748 \times 10^{-9}$，$A_3 = 1.184 \times 10^{-9}$。

4.1.2　辐射传输方法

大气辐射传输模型需要输入遥感获取的大气温度和湿度廓线，利用模型精确计算每层大气的吸收和发射，最后得到整层大气的下行长波辐射。在下行长波辐射研究和产品生产中常用的大气辐射传输模型有 MODTRAN、SDBART、NASA 的 GISS（Zhang et al.，1995，2004）、Fu-Liou 模型（Fu and Liou，1993）等。

大多数辐射传输模型都采用分层的方法求解辐射传输方程，将每个大气层作为一个等温的平面平行大气，计算每层大气的发射、吸收、透过，得到从天顶到地表每个大气层的边界面上行和下行长波辐射。在不考虑散射时，方位角方向上是各向同性的，大气层 τ 处的上行长波辐射通量 $F_v^{\uparrow}$、下行长波辐射通量 $F_v^{\downarrow}$ 可以表示为

$$F_v^{\uparrow}(\tau) = 2\pi \int_0^1 I_v^{\uparrow}(\tau,+\mu)\mu \mathrm{d}\mu \tag{4.5}$$

$$F_v^{\downarrow}(\tau) = 2\pi \int_0^1 I_v^{\downarrow}(\tau,-\mu)\mu \mathrm{d}\mu \tag{4.6}$$

式中，$I_v^{\uparrow}(\tau,+\mu)$、$I_v^{\downarrow}(\tau,-\mu)$ 分别为边界面上的向上和向下的辐射亮度；μ 为视线方向，

$\mu = \cos\theta$ 。

4.1.3　传感器算法

在晴天条件下,卫星热红外通道接收到的数据包括整个大气层,尤其是近地面大气层的信息。为了避免在参数化模型中使用反演的遥感参数所带来的误差,Smith 和 Woolf(1983)、Morcrette 和 Deschamps(1986)提出了直接从卫星在大气层顶(TOA)的辐射亮度获取晴空长波辐射的方法,采用不同热红外通道辐射亮度的线性组合来表示长波辐射[转引自 Wang 和 Liang(2009)]。Lee 和 Ellingson(2002)首次提出非线性关系具有更明确的物理意义,并且将该方法用于 NOAA 卫星的 HIRS/2 传感器。

4.1.3.1　NOAA HIRS/2 晴空下行长波辐射模型

Lee 和 Ellingson(2002)利用 NOAA 卫星 HIRS/2 传感器不同热红外通道的非线性组合来表示长波辐射,并且通过逐步回归分析确定模型的最终表达式:

$$R_{\mathrm{L,clr}}^{\downarrow} = \sigma T_{10}^4 \left(a_0 + a_1 \sqrt{\frac{T_{13}}{T_{10}}} + a_2 \frac{T_{13}}{T_{10}} + a_3 \sqrt{\frac{T_{13}}{T_8}} + a_4 \sqrt{\frac{T_{13}}{T_7}} + a_5 \sqrt{T_8} + a_5 T_7 + a_5 T_8 \right) \quad (4.7)$$

式中,T_i 为 i 通道的辐射亮温;T_{10} 用来估算大气的有效温度,等式括号中表示与水汽含量相关的项,采用亮温比值是为了避免仪器噪声的影响;a_i 为随卫星观测天顶角而变化的回归系数。

4.1.3.2　MODIS 晴空下行长波辐射模型

Tang 和 Li(2008)、Wang 和 Liang(2009)分别利用线性和非线性关系从 MODIS 卫星反演 1 km 的长波辐射。Tang 和 Li(2008)将晴空长波辐射表示为各热红外通道的加权平均:

$$R_{\mathrm{L,clr}}^{\downarrow} = a_0 + a_1 \times M_{29} + a_2 \times M_{34} + a_3 \times M_{33} + a_4 \times M_{36} + a_5 \times M_{28} + a_5 \times M_{28} + a_6 \times M_{31} \quad (4.8)$$

式中,M_i 为 MODIS 各通道的通量,由通量辐射亮度 $L_i(\theta)$ 获取,$M_i = \pi L_i(\theta)$;a_i 为随卫星观测天顶角、地表高程而变化的回归系数。

Wang 和 Liang(2009)的非线性模型为

$$R_{\mathrm{L,clr}}^{\downarrow} = L_{\mathrm{Tair}} \left(a_0 + a_1 L_{27} + a_2 L_{29} + a_3 L_{33} + a_4 L_{34} + b_1 \frac{L_{32}}{L_{31}} + b_2 \frac{L_{33}}{L_{32}} + b_3 \frac{L_{28}}{L_{31}} + c_1 H \right) \quad (4.9)$$

式中,L_i 为 i 通道接收到的辐射亮度;L_{Tair} 夜间为 L_{31},白天等于 L_{32};H 为地表高程;a_i、b_i 和 c_i 为回归系数。

4.1.3.3　GOES-12 Sounder 和 GOES-R ABI 晴空下行长波辐射模型

GOES-12 Sounder、GOES-R ABI 具有与 MODIS 相似的通道,Wang 和 Liang(2009)对上述算法进行改进后,用于这两个传感器。GOES-12 Sounder 的反演算法为

$$R_{\mathrm{L,clr}}^{\downarrow} = a_0 + L_7 \left(a_1 + a_2 L_{12} + a_3 L_5 + a_5 L_4 + a_6 \frac{L_7}{L_8} + a_7 \frac{L_5}{L_7} + a_8 \frac{L_{11}}{L_8} + a_9 H \right) \quad (4.10)$$

GOES-R ABI 的反演算法为

$$R_{\text{L,clr}}^{\downarrow} = c_0 + L_{15}(c_1 + c_2 L_{14} + c_3 L_{10} + c_4 L_9 + c_5 \frac{L_{15}}{L_{14}} + c_6 \frac{L_{16}}{L_{15}} + c_7 \frac{L_{11}}{L_{14}} + c_8 H) \qquad (4.11)$$

4.1.3.4 HJ-1B/IRS 下行长波辐射模型

Yu 等(2013)利用大气辐射传输模型模拟和统计回归方法，发展了一个利用 HJ-1B 辐射亮温和大气水汽含量反演高分辨率大气下行长波辐射的参数化模型。在这个参数化模型中，晴天下行长波辐射由整层大气的有效发射率和有效温度决定。大气有效温度由热红外亮温表示，则大气有效发射率由亮温确定：

$$\varepsilon_k = \frac{\text{DLR}}{\sigma T_k^4} \qquad (4.12)$$

由于大气有效发射率为大气水汽含量的经验关系，因此，DLR 可以写为

$$R_{\text{L,clr}}^{\downarrow} = \sigma T_k^4 (a_0 \text{IWV} + a_1 \sqrt{\text{IWV}} + a_2) \qquad (4.13)$$

式中，IWV 为大气水汽含量(单位为 cm)；T_k 为 11.0 μm 热红外通道亮温，并且 k 为波段编号。模型系数 a_0，a_1，a_2 随地表高程、卫星观测天顶角(VZA)、地表类型而变化。当该参数化模型用于干旱地区白天时，模型系数还是地表温度与气温差别(T_s–T_a，简写为 $\delta T_{s,a}$)的函数。

现有基于传感器算法存在物理意义不明确、干旱区由于地表温度高于气温而引起的高估，以及仅能用于多个热红外通道卫星的问题。针对上述问题，Yu2013 算法做出了以下改进：采用了物理意义更明确的参数化形式；通过考虑地气温差，改善了干旱区高估的问题；采用热红外数据来近似空间变异性较大的大气温度、空间变异性较小的大气水汽采用外部产品，从而算法可用于只有一个热红外通道的卫星。

4.1.3.5 CERES 晴空下行长波辐射模型

Inamdar 和 Ramanathan(1997a)针对 CERES 传感器的宽通道(8~12 μm)的热红外波段提出了一个晴天算法，并且作为 CERES 下行长波辐射产品生产中的 A 算法(Ramanathan et al., 1997b)。他发展了窗口区、非窗口区的下行长波辐射与 OLR 的关系。总的大气下行长波辐射通量为窗口区下行辐射通量和非窗口区下行辐射通量之和：

$$F_0^- = F_{0,\text{win}}^- + F_{0,\text{nw}}^- \qquad (4.14)$$

式中，win 和 nw 分别为窗口区和非窗口区。在模型中采用地表的黑体发射($F_0^+ = \sigma T_s^4$，T_s 为地表温度)对通量进行归一化，式(4.14)可写为

$$f_0^- = f_{0,\text{win}}^- + f_{0,\text{nw}}^- \qquad (4.15)$$

式中，$f_0^- = F_0^- / F_0^+$，$f_{0,\text{win}}^-$ 和 $f_{0,\text{nw}}^-$ 也采用相同方法得到。可以将 $f_{0,\text{win}}^-$、$f_{0,\text{nw}}^-$ 建立与大气参数、TOA 辐射的关系：

$$f_{0,\text{win}}^- = g_1(w_{\text{tot}}, T_s, T_{950}, g_{\text{a,win}}, f_{\infty,\text{win}}^+, f_{0,\text{win}}^+) \qquad (4.16)$$

$$f_{0,\text{nw}}^- = g_2(w_{\text{tot}}, T_s, T_{950}, g_{\text{a,nw}}, f_{\infty,\text{nw}}^+, f_{0,\text{nw}}^+) \qquad (4.17)$$

式中，w_{tot} 为大气水汽含量；T_s 为地表温度；T_{950} 为近地面大气温度(采用 950 hPa 处温度)；$f_{\infty,win}^{+}$、$f_{0,win}^{+}$、$f_{\infty,nw}^{+}$、$f_{0,nw}^{+}$ 分别为窗口区大气层顶、窗口区地表、非窗口区大气层顶和非窗口区地表的射出长波辐射；∞ 和 0 分别为大气层顶和地表；$g_{a,win}$ 和 $g_{a,nw}$ 分别为窗口区和非窗口区的晴空大气的温室效应，射出长波辐射和温室效应都采用 F_0^{+} 进行了归一化。表 4.2 为不同地带(热带、非热带)下的方程和回归误差。

表 4.2　Inamdar & Ramanathan 参数化方程

区域	方程	均方根误差
热带(30°S~30°N)	$f_{0,win}^{-} = 3.2504 g_{a,win} + [0.1377 w_{tot} + 3.46305 \ln(f_{\infty,win}^{+} / f_{0,win}^{+})$ $+ 0.13866(T_s / 300) + 1.12813(T_{950} / 300)]f_{\infty,win}^{+} - 0.24155$ $f_{0,nw}^{-} = 0.25878 g_{a,nw} + [0.07363 \ln(w_{tot}) - 1.09875(T_s / 300)$ $+ 1.442(T_{950} / 300)]f_{\infty,nw}^{+} + 0.45445$ $f_0^{-} = f_{0,win}^{-} + f_{0,nw}^{-}$	窗口区： 3.3 W/m² 非窗口区： 1.7 W/m² 总误差： 4.4 W/m²
非热带(30°S~南极，30°N~北极)	$f_{0,win}^{-} = 1.6525 g_{a,win} + [0.15385 w_{tot} + 2.0074 \ln(f_{\infty,win}^{+} / f_{0,win}^{+})$ $+ 0.29873(T_s / 300) + 0.52062(T_{950} / 300)]f_{\infty,win}^{+} - 0.01875$ $f_{0,nw}^{-} = 0.12284 g_{a,nw} + [0.07748 \ln(w_{tot}) - 1.52282(T_s / 300)$ $+ 1.81629(T_{950} / 300)]f_{\infty,nw}^{+} + 0.52066$ $f_0^{-} = f_{0,win}^{-} + f_{0,nw}^{-}$	窗口区： 1.7 W/m² 非窗口区： 2.0 W/m² 总误差： 3.2 W/m²

4.2　云天下行长波辐射反演算法

4.2.1　云量校正方法

云对长波辐射的影响比较复杂，在经验模型中，一般研究中采用云量系数来对晴天长波辐射进行云校正，得到云天下行长波辐射 $R_{L,all}^{\downarrow}$，也有一些研究者对不同云类型的大气下行长波辐射进行参数化(Iziomon et al.，2003)，然而，由于对云类型的信息不如云量一样可以获取，因此，这些模型受到了一些限制。云量系数一般采用目视观测，为把天空分为 10 份时云所占的比例。在没有云观测的情况下，Crawford 和 Duchon(1999)提出了根据太阳辐射估计云量系数的公式：

$$c = 1 - \frac{S_d}{\hat{S}_d} \tag{4.18}$$

式中，c 为云量系数；S_d 为地表观测到的太阳总辐射；$\hat{S}_d$ 为晴天下行太阳总辐射的理论值。

表 4.3 是几个常用的云天经验模型。这些云天模型分为两种类型，一种用云量的函数来表示云的发射，如 Jacobs(1978)、Maykut 和 Church(1973)；另一种将云的影响表示为云对长波辐射的衰减，以及云自身发射作用的综合，如 Konzelmann 等(1994)、Crawford

和 Duchon（1999）、Duarte 等（2006），等等。

表 4.3　云天下行长波辐射经验模型

作者	公式
Jacobs（1978）	$R_{L,all}^{\downarrow} = (1 + 0.26c)R_{L,clr}^{\downarrow}$
Maykut 和 Church（1973）	$R_{L,all}^{\downarrow} = (1 + 0.22c^{2.75})R_{L,clr}^{\downarrow}$
Konzelmann（1994）	$R_{L,all}^{\downarrow} = (1 + 0.22c^{2.75})R_{L,clr}^{\downarrow}$
Crawford 和 Duchon（1999）	$R_{L,all}^{\downarrow} = R_{L,clr}^{\downarrow}(1 - c) + c\sigma T_a^4$
Iziomon 等（2003）	$R_{L,all}^{\downarrow} = (1 + Z_s c^2)R_{L,clr}^{\downarrow}$，　Z_s 在低地和高山分别为 0.0035 和 0.0050
Duarte 等（2006）	$R_{L,all}^{\downarrow} = (1 + 0.242c^{0.583})R_{L,clr}^{\downarrow}$
Duarte 等（2006）	$R_{L,all}^{\downarrow} = R_{L,clr}^{\downarrow}(1 - c^{0.671}) + 0.990c\sigma T_a^4$

除了上述两种类型以外，一些学者试图引入新的参数来描述云天辐射。Josey 等（2003）采用式（4.1）来计算云天辐射，云天有效发射率为 1，采用露点温度来调整气温，从而得到云天的大气有效温度 T_{atm}：

$$T_{atm} = T_a + 10.77c^2 + 2.34c - 18.44 + 0.84(Td_2 - T_a + 4.01) \tag{4.19}$$

式中，Td_2 为露点温度；$Td_2 - T_a$ 为露点抑制（dew point depression）。

Trigo 等（2010）沿用了 Josey 等（2003）中露点抑制的概念，大气有效发射率和有效大气温度分别如下：

$$\varepsilon_{atm} = 1 - (1 + IWV)\exp(-(\alpha + \beta IWV)^m) \tag{4.20}$$

$$T_{atm} = T_a + \delta(T_2 - Td_2) + \gamma \tag{4.21}$$

式中，m 晴天为 0.5，阴天为 1；系数 α、β、γ 和 δ 分别对晴天和阴天情况进行了回归。对于遥感反演，像元尺度的下行长波辐射是晴天部分 $R_{L,clr}^{\downarrow}$ 和云天部分 $R_{L,cld}^{\downarrow}$ 之和：

$$R_{L,all}^{\downarrow} = R_{L,clr}^{\downarrow}(1 - c) + cR_{L,cld}^{\downarrow} \tag{4.22}$$

4.2.2　参数化方法

4.2.2.1　采用云底温度的方法

在这类模型中，采用云底温度来计算云的辐射作用。云天总辐射一般表示为晴天辐射 $R_{L,clr}^{\downarrow}$ 与云辐射强迫 F_c 之和：

$$R_{L,all}^{\downarrow} = R_{L,clr}^{\downarrow} + F_c \tag{4.23}$$

（1）Schmetz1986 模型

在 Schmetz1986 模型中，云辐射强迫 F_c 利用玻尔兹曼方程，以及采用 2 m 处的气温和云天大气发射率计算。而云天有效发射率取决于云量 A_c、云发射率 ε_c，以及云底温度 T_{cb}，最终的 F_c 表示为

$$F_c = (1-\varepsilon_0)A_c\varepsilon_c\sigma T_a^4 \exp\left[(T_{cb} - T_a)/46\right] \tag{4.24}$$

式中，ε_0 为晴空大气发射率，在气温高于 280 K 和低于 275 K 时，ε_0 分别采用 Idso 和 Jackson(1969)、Idso(1981)的算法表示。

(2) Gupta 模型

Gupta(1989)模型为总的下行辐射是晴天下行长波辐射和云效应的修正：

$$R_{L,all}^{\downarrow} = R_{L,clr}^{\downarrow} + F_2 \times A_c \tag{4.25}$$

式中，$R_{L,clr}^{\downarrow}$ 为晴天下行辐射；F_2 为云强迫因子；A_c 为云覆盖比例。

云强迫因子采用云底温度 T_{cb} 和云底水汽含量 W_c 计算：

$$F_2 = T_{cb}^4 / (B_0 + B_1 \times W_c + B_2 \times W_c^2 + B_3 \times W_c^3) \tag{4.26}$$

式中，T_{cb} 为云底温度；W_c 为云底大气的总水汽含量；B_0、B_1、B_2、B_3 分别为回归系数，$B_0 = 4.990 \times 10^7$，$B_1 = 2.688 \times 10^6$，$B_2 = -6.147 \times 10^3$，$B_3 = 8.163 \times 10^2$。

上述算法会对低云产生高估，因此，Gupta 等(1992)提出了改进方法：当地表压强 P_s 与云底压强 P_{cb} 之差小于 200 hPa(低云)时，对云的辐射强迫 F_2 限定最大值。当云底部位于地面时，F_2 最大，由此可以计算出对应系数 B_0：

$$B_0' = T_s^4 / (\sigma T_s^4 - R_{L,clr}^{\downarrow}) \tag{4.27}$$

式中，σ 为玻尔兹曼常数；T_s 为地表温度。根据 $(P_s - P_{cb})$ 的值，在 B_0 和 B_0' 之间进行线性内插，得到回归系数。

(3) Diak2000 模型

在 Diak2000 模型中，F_c 表示为

$$F_c = (1-\varepsilon_0)A_c\sigma T_{cb}^4 \tag{4.28}$$

式中，ε_0 采用 Prata(1996)算法。

4.2.2.2　采用云水汽含量的方法

Zhou 和 Cess(2001)最早提出利用云水路径来表示云的影响，并在 MODTRAN 模型模拟的基础上，得到大气下行长波辐射与地表上行长波辐射通量、大气总水汽含量、云水路径的关系：

$$R_{L,cld}^{\downarrow} = a + b \times SULW + c \times \ln(PWV) + d \times [\ln(PWV)]^2 + e[\ln(1 + f_{clr} \times LWP)] \tag{4.29}$$

式中，a、b、c、d、e 为回归系数；f_{clr} 为云覆盖比例；SULW 为地表上行长波辐射通量；PWV 为大气总水汽含量(column precipitable water vapor)；LWP 为云水路径(cloud liquid water path)。等式右边的前 4 项表示晴空情况下的下行长波辐射，第 5 项表示云的影响。

原有算法会在两极地区产生低估，Zhou 等(2007)对算法进行了改进，引入了冰水路径(ice water path，IWP)。晴空部分和云天部分的长波辐射 $R_{L,clr}^{\downarrow}$、$R_{L,cld}^{\downarrow}$ 分别为(zhou et al., 2007)

$$R_{L,clr}^{\downarrow} = a_0 + a_1 \times SULW + a_2 \times \ln(1 + PWV) + a_3 \times [\ln(1 + PWV)]^2 \tag{4.30}$$

$$R_{L,\text{cld}}^{\downarrow} = b_0 + b_1 \times \text{SULW} + b_2 \times \ln(1 + \text{PWV}) + b_3 \times [\ln(1 + \text{PWV})]^2 \quad (4.31)$$
$$+ b_4 \times \ln(1 + \text{LWP}) + b_5 \times \ln(1 + \text{IWP})$$

全天长波辐射采用晴空比例 f_{clr} 为权重，为晴空部分和云天部分的叠加：

$$R_{L,\text{all}}^{\downarrow} = R_{L,\text{clr}}^{\downarrow} \times f_{\text{clr}} + R_{L,\text{cld}}^{\downarrow} \times (1.0 - f_{\text{clr}}) \quad (4.32)$$

4.2.3　辐射传输方法

在辐射传输方法中，利用云层信息，包括云几何信息（云底高度、云顶高度）、云物理信息（云温度、云相态、凝结水路径、云粒子半径）等，计算云层的辐射作用。下面介绍几个采用辐射传输方法计算下行长波辐射的算法。

Gupta（1983）提出了一个快速辐射传输模型。在有云情况下，下行辐亮度为云底辐射、云底大气辐射、云以上大气辐射之和：

$$L_v^o(\theta) = \varepsilon_c B_v(T_c) \tau_{\text{vc}}(\theta) + \int_{\tau_{\text{vc}}}^{1} B_v(T_z) \mathrm{d}\tau_{\text{vz}}(\theta) + (1 - \varepsilon_c) \int_{\tau_{\text{vh}}}^{\tau_{\text{vc}}} B_v(T_z) \mathrm{d}\tau_{\text{vz}}(\theta) \quad (4.33)$$

式中，ε_c 为云的发射率；T_c 为云底温度；τ_{vc} 为地表和云底高度之间的透过率。上式右边第一项表示云底辐射；第二项表示云底大气辐射；第三项表示云以上大气辐射经过云的衰减之后到达地面的部分。在实际计算中，第三项通常被忽略，因为对于中低云，云的发射率 ε_c 接近 1，而对于高云，高云以上的大气辐射对地表的影响非常小。

Frouin 和 Gautier（1988）采用快速辐射传输方法计算有云时海面的下行长波辐射。在他们的模型中，认为云只有一层，并且采用平面平行理论来参数化长波辐射，忽略云的散射作用。采用卫星可准确获取的云参数，如云量、云发射率，来计算云效应。有云时的辐射为

$$F_c^-(0) = 2\pi \int_0^{\infty} \mathrm{d}v \left\{ \int_0^1 \mu \mathrm{d}\mu \left[B_v(0) + \int_0^{z_n} \mathrm{d}z \left(\frac{\mathrm{d}B_v}{\mathrm{d}T}(z) t_v(z, 0; \mu) \right) \right] \right\} \quad (4.34)$$

总的下行辐射是晴空和云天下行辐射的线性组合：

$$F^-(0) \approx A_c F_c^-(0) + (1 - A_c) F_o^-(0) \quad (4.35)$$

式中，$F_o^-(0)$ 为晴空部分的下行辐射；模型的输入参数包括温度和水汽混合比的廓线、云覆盖比例、云发射率、云底高度。

ISCCP 采用 NASA 的 GISS2003 大气环流模型中的辐射传输模式计算辐射通量。该模型在一个垂直非均一、多次散射的大气中处理气体吸收和热发射，并且在云的处理方面有突出的优点。该模型在原有 GISS95 模式上进行了大量改进（Zhang and Rossow，2007），包括在地表波谱特性和地表温度处理方面的改进、气体辐射特性的改进、考虑了非球形性的云液滴粒子、更细致地区分水云和冰云等。采用新模型 CVS（云垂直统计）模式考虑了多层云的叠加。

GEWEX-SRB（全球能量和水分循环试验地表辐射平衡产品）采用 Fu-Liou 热红外模型（Fu and Liou，1993）计算长波辐射。计算过程中将像元分为高云、中云、低云三类，云量和云光学厚度根据云类型得到，给定云粒子大小，并根据文献给定云的物理厚度。

对高云、中云和低云进行随机叠加，以更好地近似阴天情况。

4.3　全球下行长波辐射产品及验证

目前遥感反演的全球长波辐射产品主要有 ISCCP-FD（Zhang et al.，2004）、GEWEX-SRB（2003）、CERES 辐射产品（Wielicki et al.，1996）（包括简单处理数据集 CERES-SSF/SFC/SRBAVG 和复杂处理数据集 CERES-CRS/FSW/SYN）、欧洲气象卫星组织（EUMETSAT）的 CM-SAF（2010）。此外，还有 EUMETSAT 的 LSA-SAF（2009），大气再分析数据，如 ECMWF-ERA、NCEP 等。表 4.4 列出了这些产品的时空分辨率和时间覆盖范围，表 4.5 列出了产品使用的传感器和反演算法，表 4.6 为各产品的主要输入参数。这些产品大多采用辐射传输和参数化方程两套方法计算 DLR，而且提供了不同时空尺度的合成产品。

表 4.4　下行长波辐射全球/区域产品的主要特征

数据集	空间分辨率	时间分辨率	时间覆盖范围
ISCCP-FD	2.5°	3 h	1983～2008 年
GEWEX-SRB	1°	3 h、每天、每月	1983～2007 年
CERES 产品	FOV/1°/1°	瞬时、月每小时	2000 年至今
EUMETSAT CM-SAF	15 km	每日、每月、月每小时	2004～2012 年
EUMETSAT LSA-SAF	FOV	半小时、每日	2006 年至今
EUMETSAT OSI-SAF	FOV	半小时、每日	2007 年至今

表 4.5　下行长波辐射全球/区域产品的主要算法

数据集	传感器	反演算法
ISCCP-FD	GOES、GMS、INSAT、METEOSAT	NASA GISS 辐射传输方程
GEWEX-SRB	同 ISCCP	Fu-Liou 辐射传输方程、LPLA 参数化方程
CERES	TRMM/CERES、TERRA/CERES、AQUA/CERES	Fu-Liou 辐射传输方程
CERES-SSF/SFC/SRBAVG	同上	3 套参数化方程
EUMETSAT CM-SAF	Meteosat/SEVIRI、MetOP/AVHRR、NOAA/AVHRR	LPLA 参数化方程
EUMETSAT LSA-SAF	同上	经验模型
EUMETSAT OSI-SAF	同上	经验模型

表 4.6　输入的云和大气数据集

数据集	ISCCP-FD	GEWEX-SRB	CERES	CM-SAF
云特性	ISCCP-D1	ISCCP-DX	MODIS/GEO	SG 数据集
大气廓线	TOVS（每日）	GEOS-4（3 h）	GEOS-4，GOES-5	GME（3 h）

4.3.1　ISCCP-FD 产品

4.3.1.1　产品概述

ISCCP-FD 资料是利用多颗极轨卫星和静止卫星数据，以及大气基本辐射特性得到的，曾用于生产 ISCCP 数据集的卫星数据包括 GOES（5～9）、GMS（1～5）、INSAT、METEOSAT（2～5）、NOAA（7～14）。ISCCP-FD 资料集从 1983 年 7 月到 2007 年 12 月，时间分辨率为 3 h，空间分辨率为 280 km。它采用 NASA GISS 的辐射传输方程，计算从地表到大气层顶（地表、680 hPa、440 hPa、100 hPa 和大气层顶）的全球辐射通量廓线。每一层均包含全天空和晴空两种天气状况下的短波（0.2～5.0 μm）、长波（5.0～200.0 μm）的向上、向下辐射通量，以及用于计算该通量的所有输入物理量。

ISCCP 还有两个较高分辨率的区域通量数据：ISCCP-FDX-P 和 ISCCP FDX-G 系列资料集。前一个是基于 30 km 水平分辨率的 ISCCP-DX 资料，用来支持区域实验；ISCCP-FDX-G 资料集与 ISCCP FDX-P 相似，但结果被平均到 0.50×0.50 经纬格点。

4.3.1.2　反演方法

ISCCP 采用 NASA GISS 大气环流模型中的辐射传输模式计算辐射通量（Zhang and Rossow，2007；Zhang et al.，1995，2004）。该模型在一个垂直非均一、多次散射的大气中处理气体吸收和热发射，并且在云的处理方面有突出的优点。ISCCP-FD 产品采用了 GISS 的 2003 辐射模式，该模式在原有 95 模式上进行了大量改进（Zhang et al.，2004），包括在地表波谱特性和地表温度处理方面的改进、气体辐射特性的改进、考虑了非球形性的云液滴粒子、更细致地区分水云和冰云等。新模型 CVS（云垂直统计）模式考虑了多层云的叠加（Zhang et al.，2004）。

辐射通量的计算需要输入如下产品。

1）ISCCP-D1 的云和地表特性数据包括云覆盖比例、云垂直分布统计、光学厚度、云顶压强/温度、云液态水路径、11 μm 通道反演的地表温度。当 D1 数据出现空值时采用月平均数据填充。

ISCCP 数据采用如下方式处理。ISCCP 辐射率产品（ISCCP-B3）是由单颗卫星最初级的可见光和红外数据（4～7 km），通过归一化定标和降分辨率至 30 km、3 h 取样后生成的。云识别、辐射传输模式分析和统计计算都是根据 B3 资料进行处理的。ISCCP 将不同卫星 3 h、30 km 的云产品（CX 和 DX，C 系列为旧版本数据，D 系列为改进后的数据集）进行空间融合，生成 280 km、3 h 的全球云产品（C1、D1）。

2）大气特性数据。从 TIROS 卫星的 TOVS 数据获取每日一次的大气温湿廓线数据，TOMS 提供的每日臭氧含量。

3）近地面气温、地表温度、地表发射率。辐射计算模型认为地表温度与近地面温度不同。通过地表温度和 TOVS 温度廓线，内插得到近地面温度。TOVS 廓线每日只有一次，因此，近地面温度不变，从 NCEP 再分析数据提取月平均气温日变化。从地表覆盖类型获取地表反照率和比辐射率的光谱响应（NASA GISS 气候模型提供）。

4.3.1.3 产品验证

Zhang 等(2004)将 ISCCP 辐射数据与 BSRN 测量值进行比较。由于栅格辐射通量 (2.5°)与测量数据的空间尺度差异很大，通过比较二者的月均值来减小栅格与点之间的尺度不匹配造成的误差，比较结果见表 4.7。DLR 月均值的误差和标准差为 2.2 W/m^2 和 19.0 W/m^2；在不同的地带，平均误差小于 10 W/m^2(南半球高纬地区除外)。通过分析输入参数的不确定性，得到 DLR 的不确定性为 10~15 W/m^2。随着输入的云特性数据质量的提高，DLR 最大的不确定性来自地表气温和近地层气温、水汽总含量(Zhang et al.,2006)。这两个输入参数的不确定性分别为 3 K、25%，引起的不确定性为 ≥10 W/m^2 和 ≤10 W/m^2。

表 4.7　ISCCP-FD 与 BSRN 月均值的比较(1991~2001 年)

数量/(W/m^2)	FD	BSRN	平均差别	标准差	相关系数	样本数/个
所有 ISCCP-FD 和 BSRN 数据的地表下行长波辐射						
DLR	302.23	300.01	2.219	19.042	0.9706	1831
不同纬度地带 ISCCP-FD 和 BSRN 的地表下行长波辐射						
90°S~65°S	194.11	184.12	9.994	19.127	0.9478	276
65°S~35°S	316.67	297.85	18.820	17.132	0.2916	23
35°S~15°S	357.99	360.82	2.828	22.663	0.8122	141
15°S~15°N	414.65	415.33	0.680	8.797	0.8094	136
15°N~35°N	360.45	356.36	4.096	19.956	0.8634	237
35°N~65°N	305.72	307.05	1.327	17.688	0.9209	814
65°N~90°N	251.83	244.61	7.217	20.080	0.9293	204

4.3.2　GEWEX-SRB 产品

4.3.2.1 产品概述

GEWEX-SRB(全球能量和水分循环试验地表辐射平衡产品)是采用 ISCCP 数据集获得的，采用了与 ISCCP-FD 不同的算法和输入参数。目前发布的产品是 3.0 和 3.1 版本，共计 24.5 年，从 1983 年 7 月到 2007 年 12 月，包括晴天和云天的地表和天顶长短波辐射，以及输入的参数产品。产品有 4 种时间分辨率类型：3 h 平均、日平均、月平均、3 h 月平均，产品为全球覆盖，空间分辨率为 1°。

该数据集的生产需要输入卫星获取的云参数、臭氧、再分析气象数据，以及地表类型和地形数据。

4.3.2.2 反演方法

GEWEX-SRB 包括主算法(GEWEX LW 算法)和备用算法(Quality-Check 算法)。

GEWEX LW 算法采用 Fu-Liou 模型 (Fu and Liou，1993) 的热红外辐射传输代码，该模型与 CERES 长波计算模型基本一致，最大的区别在于云层叠加处理方案。模型需要输入大气廓线、云、地表温度和发射率数据。

算法主要的输入数据如下。

1) 云参数产品采用 ISCCP-DX 产品，包括云特性和地表特性。在计算过程中将 ISCCP DX 像元分为高云、中云、低云三类，云量和云光学厚度根据云类型得到，给定云粒子大小，并根据文献给定云的物理厚度。对高云、中云和低云进行随机叠加，以更好地近似阴天情况 (GEWEX SRB，2003)。

2) 臭氧气柱值主要从 TOMS 存档数据获取 (1983～2004 年)，所有的空值 (包括极地区域) 从 TOVS 廓线获取。2004 年 12 月以后，臭氧从 Aura 的 OMI 获取；2005 年 1 月开始使用 NOAA 气候预测中心 (CPC) 的每日分析数据 (GEWEX SRB，2003)。

3) 大气温湿度廓线从 NASA GSFC (Goddard Space Flight Center) 的 GMAO (Global Modelling and Assimilation Office) 提供的四维同化产品 GEOS-4 (Goddard Earth Observing System model version 4) 得到。GEOS-4 空间分辨率为 $1°\text{lat} \times 1.25°\text{lon}$，垂直方向 55 个压强层。

4) 地表温度和发射率。在云量大于 50% 的情况下，地表温度从 GOES-4 数据获取；云量小于 50% 时，地表温度从 ISCCP 数据获取 (GEWEX SRB，2003)。

4.3.2.3　产品验证

GEWEX 项目利用 BSRN 一些站点的测量数据对产品质量进行了评价。BSRN 测量的不确定性在 $-5～5$ W/m² (1.5%，Ellsworth Dutton，NOAA，BSRN Manager)，结果见表 4.8。平均偏差小于 BSRN 测量的不确定性。GEWEX 所使用的模型已进行过大量验证，因此，3 h 产品的误差主要来源于气象输入的偏差和随机误差 (GEWEX SRB，2017)。

表 4.8　GEWEX-SRB 长波辐射验证 (1992～2007 年)

平均值	GEWEX 主算法		Quality-Check 备用算法	
	Bias/(W/m²)	RMSE/(W/m²)	Bias/(W/m²)	RMSE/(W/m²)
月平均	0.2	11.1	3.6	12.8
日平均	0.48	22.1	4.0	22.5
3 h 月平均	0.57	13.4	4.0	15.5
3 h	0.67	30.2	4.2	30.2

资料来源：http://gewex-srb.larc.nasa.gov/。

4.3.3　CERES 辐射通量产品

CERES 辐射通量产品包括简单处理数据集和复杂处理数据集，分别采用参数化模型和辐射传输模型计算地表辐射，见表 4.9。

表 4.9　CERES 辐射数据集

数据等级	CERES 产品	时间分辨率	空间分辨率和覆盖范围
		CERES 简单处理数据集	
Level 2	SSF	瞬时	FOV，1 h 扫描的轨道
Level 3	SFC	瞬时	1°，区域和全球
	SRBAVG	每月，月平均每小时	1°，区域和全球，地带和全球平均
		CERES 复杂处理数据集	
Level 2	CRS	瞬时	FOV，1 h 内的扫描轨道
	FSW	瞬时	1°，区域和全球
Level 3	SYN	3 h	1°，区域和全球
	AVG	每月，月平均 3 h	1°，区域和全球
	ZAVG	每月，月平均 3 h	地带和全球平均

4.3.3.1　产品概述

（1）简单处理产品

CERES 简单处理产品采用参数化模型计算地表辐射通量，不包含 TOA 和地表之间的辐射通量。该系列数据包括单轨迹数据 SSF（single scanner footprint TOA/ surface fluxes and clouds）、栅格数据 SFC（monthly gridded TOA/ surface fluxes and clouds）、月平均数据 SRBAVG（monthly TOA/surface averages），产品具体信息见表 4.9。其中，SRBAVG 相当于复杂处理数据集中的 AVG 和 ZAVG 数据，包括栅格平均、地带平均、全球平均，与 AVG 采用 3 h 数据不同，SRBAVG 采用每小时数据来描述日循环。SFC、SRBAVG 产品时间段分别为 2001 年至 2011 年 11 月和 2001 年至 2005 年 10 月，在最新版本中被 SSF1deg_Hour、SSF1deg_MHour、SSF1deg_Month 产品替代（时间段为 2000 年至 2012 年 1 月）。

（2）复杂处理产品

CERES 复杂处理产品包括轨道产品 CRS（clouds and radiative swath）、栅格化产品 FSW（monthly gridded radiative fluxes and clouds）、天气产品 SYN（synoptic radiative fluxes and clouds）、区域的月平均辐射和云产品 AVG（monthly regional radiative fluxes and clouds）、地带和全球月平均辐射和云产品 ZAVG（monthly zonal and global radiative fluxes and clouds）。其中 FSW、SYN/AVG/ZAVG 时间段分别为 2001 年至 2010 年 6 月和 2001 年至 2005 年 10 月，在 2012 年发布的新版本中（Edition3）被 CRS_1deg_Hour、SYN1deg_3Hour、SYN1deg_M3Hour、SYN1deg_Month 产品替代（时间段为 2000 年至 2011 年 11 月）。

4.3.3.2　反演方法

（1）瞬时产品反演

简单处理数据集的瞬时产品 SSF 采用 3 个参数化模型进行反演，分别为 LW-A 算法、

LW-B 算法、LW-C 算法。这 3 个算法分别为上文介绍过的 Inamdar 和 Ramanathan（1997）算法、Gupta（2010）算法、Zhou 和 Cess（2007）算法。其中，LW-A 算法为晴天算法，LW-B 和 LW-C 算法为全天算法。

　　复杂处理数据集的瞬时产品 CRS 通过 Langley 的 Fu-Liou 辐射传输方程进行正向计算，能够提供地表和不同大气层的辐射通量。该模型主要输入的数据包括 MODIS 云和气溶胶数据、GMAO 的 GOES-4 再分析数据提供的大气廓线，这些数据均由 CERES 的 MOA 气象数据库提供（CERES ATBD 5.0）。在计算过程中，通过调整输入参数来改善模型结果（图 4.1）：在模型初始运行后，比较模型计算 TOA 通量和观测值间的差别，调整输入的大气参数，使得计算值更接近观测值。对于晴天情况，可调整（tuning）地表反照率、皮肤温度、湿度；对于云天情况，可调整云量、云高和云光学厚度。

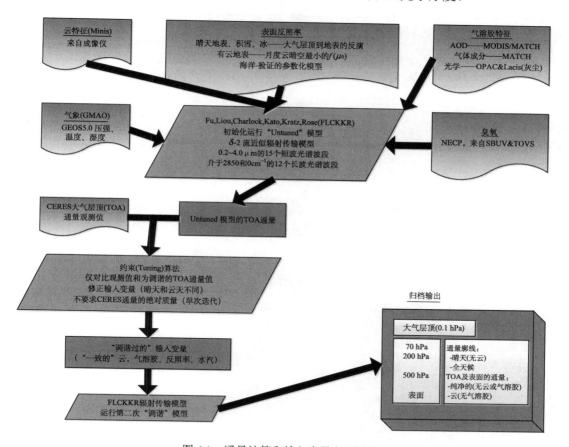

图 4.1　通量计算和输入变量（见彩图）

资料来源：http://ceres.larc.nasa.gov/science_information.php?page=CeresComputeFlux

（2）TOA 通量和云特性时间内插方法

　　CERES 采用 5 颗静止卫星数据（GOES、Meteosat、GMS）进行时间内插，来获取时间连续的 TOA 通量和云特性数据。静止卫星测量的辐射亮度与 CERES 或 MODIS 数据进行归一化，然后采用 CERES 或 MOIDIS 的反演算法（Young et al.，1998）。

以云产品为例，介绍 CERES 产品的两种内插方法，见表 4.10。MODIS-only 方法采用一日两次的云特性，而 GEO/MODIS 则采用 3 h 一次的静止卫星数据和一天两次的 MODIS 数据。两种方法处理过程相同：都采用可见光和近红外数据，每月或每日云量是小时云量的平均云特性采用云量加权平均(图 4.2)，白天云特性是 SZA<90°数据的平均。经比较，MODIS/GEO 方法比 MODIS-only 方法更准确，但对于有些无法用 GEO 反演的云特性，则只采用 MODIS 数据(Young et al.，1998)。

表 4.10　MODIS+GEO 融合的采样策略与仅用 Terra/MODIS 数据的对比(10:30 LT)

Hour+:30	0	1	2	3	4	5	6	7	8	9	0	1	2	3	4	5	6	7	8	9	0	1	2	23
Merge	G	I	I	G	I	I	G	I	I	G	M	I	G	I	I	G	I	I	G	I	I	G	M	I
MODIS	I	I	I	I	I	I	I	I	I	I	M	I	I	I	I	I	I	I	I	I	I	I	M	I

注：M = MODIS 测量；G = GEO 测量；I=MODIS 和 GEO 测量线性内插。

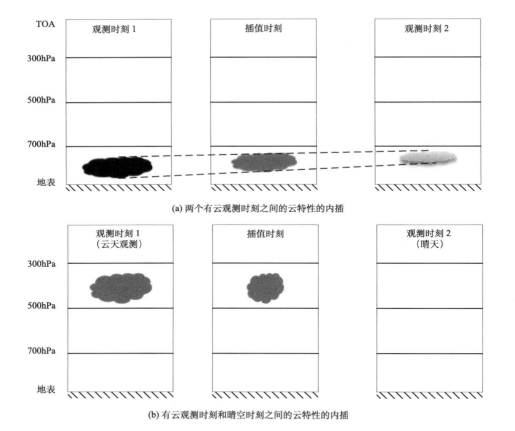

(a) 两个有云观测时刻之间的云特性的内插

(b) 有云观测时刻和晴空时刻之间的云特性的内插

图 4.2　云特性的时间内插方法

(3) 瞬时产品的时空尺度扩展

FSW 栅格数据的生成：FSW 每个栅格大小为 1°×1°，每个栅格为 1 个区域，对每个区域内的 CRS 数据进行空间平均，即得到 FSW 数据。每个 FSW 数据集包括 1 个月内所有的 CRS 产品。栅格化过程采用了两个主要处理，一是将瞬时的 TOA 观测数据指定到对应的栅格区域；第二个是平均处理，对时间和几何数据、辐射通量数据、云叠加情况、云特性数据进行空间平均(Young et al.，1997a，1997b)。

3 h 产品 SYN 的生成(Young et al.，1997a)：SYN 产品的地表和大气辐射是在 3 h、1°度尺度上进行辐射传输计算的结果。SYN 的生成包括输入参数的时间内插、辐射传输计算两个过程。时间内插处理通过对多颗卫星的产品进行时间内插，得到全球范围内 3 h 一次的 TOA 辐射通量(包括晴天和全天的长短波)、窗口的 TOA 辐射亮度、云参数信息；该过程的输入数据包括 FSW 提供的 TOA 长短波辐射通量、云参数信息，以及 GEO 提供的静止卫星辐射亮度。

月平均数据的生成(Young et al.，1997b)：区域月平均产品 AVG 则是对 SYN 产品进行月均值、3 h 月均值计算。地带和全球月平均产品 ZAVG 则是 AVG 产品的地带平均和全球平均。

CERES 简单处理数据集的栅格化过程、数据融合过程与复杂处理数据集相似。不同的是，在对瞬时通量(SFC)进行时间内插时(SRBAVG)，采用每小时静止卫星辐射亮度和参数化模型来产生时间连续的通量。计算月平均值、月每小时平均值时，参与到均值计算的天含有不少于 1 个 CERES 观测值。区域和全球均值采用面积加权平均方法得到。

4.3.3.3 产品验证

CERES 产品精度要求为瞬时产品 20 W/m^2，1°的月平均为 10 W/m^2。通过 CAVE(CERES/ARM Validation Experiment)计划，许多研究者对 CERES 辐射产品进行了验证，CERES 据此给出了各产品的数据质量(CERES，2017)。CAVE 包含 ARM、BSRN、CMDL、SURFRAD 共 40 个站点，如图 4.3 所示。

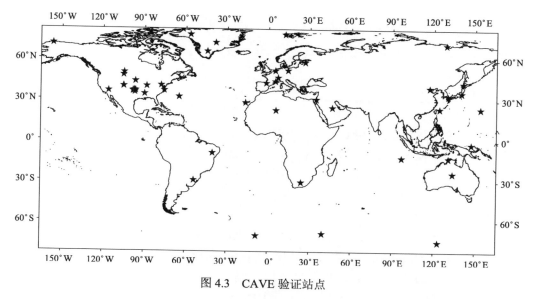

图 4.3 CAVE 验证站点

(1)瞬时产品的质量

复杂处理数据集的验证：CERES 团队采用 CAVE 的 17 个站点对 CRS 产品(版本

为 Edition 2B)进行验证(CERES,2009a,结果见表 4.11,Terra 卫星晴天和全天误差分别为 16.35 W/m² 和 19.46 W/m²(调整参数后的结果),Aqua 结果与 Terra 相似。Edition 2A 版本在阴天的 RMSE 为 23 W/m²(表 4.12),可以看出在极地地区有较大误差(Rutan,2004)。其他版本的产品(2C、2F)与 2B 的差别在 1 W/m² 以内(CERES,2008)。考虑到不同产品和其他时段的验证结果,CRS 瞬时产品的 Bias 和 RMSE 约为–8 W/m² 和 20 W/m²。

表 4.11　Terra Edition 2B CRS 验证结果(与 1 min 数据的比较)

项目	晴天		全天	
	Bias/(W/m²)	RMSE/(W/m²)	Bias/(W/m²)	RMSE/(W/m²)
Terra 未调整	–8.16	15.86	–6.35	19.18
Terra 调整	–9.19	16.35	–6.73	19.46
Aqua 未调整	–7.37	15.64	–8.09	19.01
Aqua 调整	–8.55	16.32	–8.36	19.23

注:Aqua 和 Terra 验证时间分别为 2003～2005 年的 5～12 月和 2000～2005 年的 5～12 月,未调整/调整分别表示输入参数未经过调整和经过调整。

数据来源:https://eosweb.larc.nasa.gov/PRODOCS/ceres/CRS/Quality_Summaries。

表 4.12　CRS Edition2A 在 28 个 CAVE 站点的验证结果(Rutan et al.,2004)

项目	全天		晴天	
	Bias/(W/m²)	RMSE/(W/m²)	Bias/(W/m²)	RMSE/(W/m²)
ARM/SGP 站点	–9	17	–11	15
岛屿站点	–4	14	–4	11
极地站点	1	29	–9	15
SURFARD 站点	–7	20	–8	17
海岸站点	3	19	4	12
所有	–4	23	–9	17

简单处理产品验证:采用 CAVE 对 SSF 进行验证(CERES,2010),模型 A 晴天 RMSE 在 14.29～20.47 W/m²。而模型 B 晴天 RMSE 在 20 W/m² 以内;云天时大多数地区 RMSE 在 20 W/m² 左右,极地地区结果较差,达到 28.15 W/m²,这主要是由极地地区的云参数不准确造成的。

(2)合成产品的质量

由于测量数据与栅格数据在尺度上差异很大,CERES 团队在验证时采用月平均值来减小尺度误差,因此,没有对瞬时产品(FSW、SFC)和 3 h 产品(SYN)进行直接比较。栅格化的瞬时产品(FSW、SFC)的数据质量主要参考 Level2 瞬时产品的质量。合成产品的数据质量(SYN 的 3 h 值、SRBAVG 月平均小时值)主要参考 Level2 瞬时产品的质量(SSF 或 CRS)、MODIS 云参数的质量、引入的静止卫星数据(归一化定标、重采样、反演等误差)、时间采样处理的误差,误差分析可参考相关文档(表 4.13)。

表 4.13　**Terra Edition 2B SSF 验证结果**(与 1min 数据的比较)　　　(单位:W/m²)

Scene Type	Points	晴天				全天	
		模型 A		模型 B		Model B	
		平均 Bias	RMSE	平均 Bias	RMSE	平均 Bias	RMSE
Continental	60536	−2.35	14.29	−5.11	15.00	−0.38	20.60
Desert	4318	2.61	20.47	−1.73	19.58	2.47	21.64
Coastal	4451	2.54	12.95	−3.65	13.60	4.20	20.24
Island	13479	−0.31	10.60	3.03	12.18	5.96	15.58
Polar	42061	−9.17	17.67	−6.68	15.96	−5.00	28.15

对于复杂处理数据集的 AVG 月平均产品,选取 23 个 CAVE 站点 2000 年 4 月~2005 年 10 月的数据进行验证,并与其他数据辐射资料(ISCCP 等)、简单数据集的 CERES-SRBAVG 集中的模型 B 产品进行比较,结果见表 4.14(CERES,2009c)。由于下行长波辐射主要取决于近地面廓线,GEWEX-SRB、AVG、模型 B 都采用 GOES-4 的大气廓线,因此,长波辐射的统计误差非常接近(10 W/m²),RMSE 约为 ISCCP-FD 的 50%。

表 4.14　**辐射产品与 23 个地面站点的月均值的比较**　　　(单位: W/m²)

项目	ECMWF	ISCCP-FD	GEWEX-SRB	模型 B	Terra 未调整	Aqua untuned	Terra tuned	Aqua 调整
Bias	0.4	0.4	−0.9	−0.5	−5.2	−5.6	5.2	−5.5
Sigama	14.3	20.6	11.2	10.3	10.4	10.4	10.3	10.4

注：模型 B 为 SRBAVG 采用模型 B 的结果,输入数据与 AVG 相同。

对于简单处理数据集的合成产品,采用全球分布的 32 个 CAVE 的站点数据(除去沿海和高山两个站点后)与 SRBAVG 月均值产品进行比较。SRBAVG 月均值产品的 Bias 和 RMSE 分别为 0.5 W/m²(2.0%)和 9.7 W/m²(3.0%);瞬时产品 SSF(模型 B)与 1 min 地面数据验证,误差和 RMSE 分别为–0.6%和 7.4%。比较 SRBAVG 与其他数据集(CERES,2009b),晴天时 GEWEX-SRB 与 SRBAVG 有较大区别,其他辐射集的月均值非常接近;云天时,不同产品差别较大。

4.3.4　欧洲卫星中心辐射产品

欧洲卫星中心 EUMETSAT 一共提供了 3 套地表辐射产品,包括气候监测卫星应用数据集 CM SAF、地表应用的卫星数据集 LSA-SAF(land surface analysis satellite application facility)、海洋和海冰应用的卫星数据集 OSI-SAF(the ocean and sea ice satellite application facility)。

4.3.4.1　CM SAF 产品

(1)产品概述

气候监测卫星应用数据集 CM SAF(satellite application facility on climate monitoring)融合多种数据源 MSG(SEVIRI and GERB)、Metop(AVHRR、IASI、ATOVS、GOME、

GRAS)、DMSP(SSM/I)、NOAA(AVHRR、ATOVS)生成的高质量数据集,用于长期和短期气候变化研究。

CM SAF 地表下行长波辐射(SDL)产品包括 AVHRR 产品、SEVIRI/MSG 产品、AVHRR/ SEVIRI 融合产品。SDL 产品提供日平均、月平均、月每小时三种尺度,空间分辨率为 15 km×15 km,起始时间为 2004~2012 年。

(2)反演方法

CM SAF 产品包括 MSG 和 AVHRR 产品。瞬时 DLR 采用 LPLW 参数化方法得到(CM SAF,2010)。模型所需要的云特性采用 NWC-SAF 软件反演得到,大气温湿廓线来源于全球 GME 的再分析数据(3 h、0.5°分辨率)。

日平均值是对像元的瞬时值进行算术平均,每天至少需要 3 个有效瞬时值,接着对日平均值进行空间平均到 15 km×15 km 的格网(CM SAF,2010)。月平均产品是该月像元级的日均值进行算数平均得到的,每个像元至少需要 20 个有效日均值,空间平均后再进行时间平均。

MSG 月平均日变化产品(monthly mean diutnal cycle)是从 15 min 分辨率的 MSG 数据获取的。对 MSG 的瞬时辐射通量求每小时的月均值,每个均值需要有 20 个有效值参与计算,时间平均后进行空间平均(CM SAF,2010)。

MSG 辐射产品的精度在 60°N 内尚可接受,但比中纬度地区差,因此,生产了 AVHRR/SEVIRI 月均值的融合产品。融合方法如下:55°N 以内采用 MSG 产品,65°N 采用 AVHRR 数据;55°N~65°N 将二者进行加权平均,加权函数为纬度的函数,如下式所示(CM SAF,2004):

$$Rad(lat(x)) = \frac{Rad(lat(x))_{MSG}}{(1 - x/10)} + \frac{Rad(lat(x))_{AVHRR}}{x/10} \tag{4.36}$$

式中,x=1,…,10,$lat(x)$=55°N+x°N。

(3)产品验证

CM-SAF 的目标是 90%的月均值绝对误差在 10 W/m^2 以内,为了检验产品质量,CM-SAF 对瞬时值进行了初步验证(CM SAF,2004,2005,2007)。选取了 4 个验证点,分别来自 BSRN 的 Payerne 站点、Lindenberg 站点、Cabauw 站点,其中 BSRN 测量的短波和长波系统误差分别为 5 W/m^2 和 10 W/m^2。 产品月均值 RMSE 为 10.8 W/m^2;MSG 反演的瞬时 DLR 误差在 8.9~11.1 W/m^2,RMSE 为 21.9~29.9 W/m^2;AVHRR 瞬时 DLR 的 RMSE 为 20~25 W/m^2。具体验证情况如下所示。

1)MSG 辐射产品。MSG 的验证结果见表 4.15(CM SAF,2005),2004 年 12 月、2004 年 10 月和 2004 年 7 月的均方根误差为 29.9 W/m^2(10%)、24.9 W/m^2(7.6%)和 21.9 W/m^2(6%),估算误差为 8.9 W/m^2(3%),10.1 W/m^2(3%)和 8.9 W/m^2(2.5%)。此前进行过验证基于 Meteosat ISCCP-DX(3 h)、ECMWF 数据的辐射通量,表明月均值的 RMS 为 10.8 W/m^2。

MSG 在北非、南非、西亚等区域的站点进行了验证,见表 4.16。所有站点的平均绝对误差为 8.98 W/m^2(2.7%),但是在非洲所有站点都低估。统计一景圆盘图在热带区域的结果，发现有大量不确定点，认为是受到了云的影响，因为有许多部分有云情况由于缺失云高数据而被当作晴天处理。

表 4.15　MSG 瞬时下行长波辐射与测量值的比较

站点	年	月	样本数/个	测量月均值/(W/m²)	反演值/(W/m²)	相关系数	Bias/(W/m²)	Bias/%	RMSE/(W/m²)	RMSE/%
Lindenberg	2004	12	673	296.1	294.0	0.63	−2.1	−0.7	29.2	9.9
Cabauw	2004	12	689	302.5	298.6	0.74	−4.0	−1.3	27.4	9.1
Payerne	2004	12	692	299.9	279.2	0.59	−20.7	−6.9	33.1	11.0
所有站点的平均绝对误差为 8.9 W/m² 或 3%，平均 RMSE 为 29.9 W/m² 或 10%										
Lindenberg	2004	10	585	308.4	311.3	0.79	2.8	0.9	25.1	8.1
Cabauw	2004	10	530	328.9	319.5	0.74	−9.4	−2.9	23.9	7.3
Carpentras	2004	10	584	350.5	337.8	0.75	−12.6	−3.6	23.9	6.8
Payerne	2004	10	589	333.5	317.9	0.65	−15.6	−4.7	26.7	8.0
所有站点的平均绝对误差为 10.1 W/m²或 3%，平均 RMSE 为 24.9 W/m² 或 7.6%										
Lindenberg	2004	7	674	349.7	355.1	0.76	5.4	1.6	22.3	6.4
Cabauw	2004	7	609	363.5	352.5	0.77	−11.0	3.0	23.4	6.4
Carpentras	2004	7	699	358.8	350.4	0.87	−8.4	−2.4	19.1	5.3
Payerne	2004	7	700	349.2	338.3	0.82	−10.9	−3.1	20.7	5.9
所有站点的平均绝对误差为 8.9 W/m² 或 2.5%，平均 RMSE 为 21.4 W/m² 或 6%										

表 4.16　MSG 瞬时下行长波辐射与测量值的比较，非洲站点

位置	年	月	测量月均值	反演值	相关系数	Bias/(W/m²)	Bias/%	RMSE/(W/m²)	RMSE/%
Tamanrasset	2004	7	367	352	0.85	−14.9	−4.1	23.1	6.3
	2004	10	322	314	0.72	−8.4	−2.6	16.9	5.2
Sede Boqer	2004	7	364.8	353.4	0.77	−11.4	−3.1	22.4	6.1
	2004	10	357.6	346.8	0.70	−10.9	−3.1	22.1	6.2
De Aar	2004	7	262.4	253.8	0.56	−8.55	−3.3	26.7	10.2
	2004	10	324.3	324.6	0.82	0.4	0.1	23.5	7.3
所有站点的平均绝对误差：8.98 W/m²或 2.7 %									

　　2）AVHRR 辐射产品。AVHRR 反演下行长波辐射结果见表 4.17（CM SAF，2004）。2002 年 12 月和 2003 年 6 月反演的平均 RMSE 为 25 W/m² 和 20 W/m²、平均误差为−3.6 %和−1.4%。

表 4.17　2002 年 12 月、2003 年 6 月卫星反演结果与测量值的比较

站点	年	月	样本数/个	MA/(W/m²)	MA_SAT/(W/m²)	COR	RMSE/(W/m²)	RMSE/%	Bias/(W/m²)	Bias/%
Lindenberg	2002	10	55	312.7	308.9	0.87	22.3	7.1	−3.7	−1.2
Payerne	2002	10	47	321.6	306.1	0.76	28.0	8.7	−15.4	−4.8
Carpentras	2002	10	41	349.0	334.8	0.83	25.1	7.2	−14.2	−4.1
Cabauw	2002	10	54	317.3	303.2	0.88	23.7	7.5	−14.1	−4.4
平均值	2002	10		325.2	313.2	0.84	24.8	7.6	−11.9	−3.6
Lindenberg	2003	6	132	348.3	356.5	0.85	18.3	5.3	8.2	2.4
Cabauw	2003	6	96	359.2	3451	0.81	18.1	5.0	−14.1	−3.9
Carpentras	2003	6	91	382.6	377.9	0.83	17.8	4.7	−4.7	−1.2
Payerne	2003	6	79	371.5	360.2	0.77	24.6	6.6	−11.3	−3.0
平均值	2003	6		365.4	359.9	0.81	19.7	5.4	−5.5	−1.4

注：MA、MA_SAT 分别表示月均值的测量值和反演值；COR、Bias、RMSE 为相关系数、误差和均方根误差。

4.3.4.2　LSA SAF 产品

为了充分利用 EUMETSAT 的卫星数据，IPMA 机构提供了 LSA-SAF 数据集（land surface analysis satellite application facility），该数据集包括 MSG/SEVIRI、Metop/AVHRR 反演的植被参数、地表反照率、地表温度、地表下行辐射通量、水热通量等。DLR 包括瞬时的、每日的反演产品。MSG 瞬时产品分辨率为 3 km、30 min，AVHRR 产品为 1 km、0.5 d。

DLR 计算采用了 Prata 晴天模型和 Josey 云天模型两个经验模型，并采用大气数据和地表辐射数据对模型进行校正。模型的近地面温度、湿度、大气水汽含量来源于 ECMWF 数据（LSA SAF，2009）。晴天和完全云天云量为 0 和 1，部分有云时云量为 0.5。

LSA 团队采用 BSRN 数据对模型进行了验证，60%～70%的反演值误差在 10%以内；在晴天存在负的系统误差，在云天和部分有云时有较多的离散值。2009 年以后的 DLR 产品采用了改进的 Prata 算法，有云条件下的结果大为改善（LSA SAF，2011）。对于每日产品，80%的数据相对误差在 10%以内。

4.3.4.3　OSI SAF 产品

OSI-SAF（the ocean and sea ice satellite application facility）是 EUMETSAT 面向海洋和海冰卫星应用而生产的数据集，其目的是解决海洋-大气交互过程中的气象学与海洋学中的一系列问题（http://www.osi-saf.org/）。该产品提供了 MSG/SEVIRI、NOAA/AVHRR、Metop/AVHRR、NPP/VIIRS、GOES-E 的下行长波辐射（DLI）。其中 MSG/SEVIRI 和 GOES-E 产品的空间分辨率为 0.05°，时间分辨率为每小时和每天。长波辐射采用 Prata 经验模型，云天时采用云量进行经验校正。

OSI-SAF 对月产品的相对误差要求为 5%，标准误差为 10%。OSI-SAF 研究组利用 11 个站点的资料对 2010 年 8～11 月的每小时估算值与实际值进行了比较，结果见表 4.18。其中，SAT 产品为每 30 min 全圆盘模式；PRD 产品为每小时的 0.05°产品；DAY 产品为日产品。瞬时下行长波辐射的 RMSE 为 20.45 W/m²，而日均值为 14.68 W/m²。

表 4.18　OSI-SAF 产品验证（2010-8～2011-1）

产品	Bias	Stdev	RMSE/(W/m²)	RMSE/%	mean	nbc	cor
SAT	−6.76	19.74	20.87	6.7	311.16	78313	0.944
PRD	−6.68	19.33	20.45	6.6	311.29	39989	0.946
DAY	−6.67	13.08	14.68	4.7	310.99	1675	0.972

注：mean、Stdev、RMSE 分别表示测量均值、标准差、均方根误差，nbc 和 cor 表示验证点数量和相关系数。

4.3.5　GSIP 产品

NOAA/NESDIS 利用 GSIP（GOES surface and insolation products）处理系统提供从静止卫星获取的能量平衡数据。GSIP 的主要产品是太阳总入射和光合有效辐射，而产品还包括大气层顶和地表的短波和长波辐射、云量、地表温度、云相态、可见光云光学厚度、射出长波辐射、衍生产品（合成的晴空和云空反射率）、辅助产品（大气总水汽含量和抽样含量）。最早的产品 GSIP-v1 采用 GOES East 估算美国区域。GSIP-v2 采用 GOES-East 和 GOES-West，北半球分辨率为 1 h，全圆盘为 3 h。最新的 GSIP-v3 产品分辨率提高到 4 km，采用欧洲和日本的静止卫星。

表 4.19　GSIP 产品状态

产品	时段	空间范围	空间分辨率	投影方式	状态
GSIP-v1	1996-1～2010-8	GOES-East, 仅限美国	50 km	0.5 度栅格	终止
GSIP-v2	2009-4～现在	GOES-East 和 GOES-West 北半球和全圆盘	14 km	1/8 度栅格	运行中
GSIP-v3	2014-3～现在	GOES-East 和 GOES-West 北半球和全圆盘 Meteosat 全圆盘 MTSAT 全圆盘	4 km	卫星像元，非栅格化（除了每日入射辐射和 PAR 为 5 km）	运行中

4.3.6　MusyQ 产品

4.3.6.1　产品概述

多源数据定量遥感产品生产系统（multi-source data synergized quantitative remote sensing production system，MuSyQ）由中国科学院遥感与数字地球研究所（RADI CAS）研发，集成了多源多尺度遥感数据归一化处理技术和多源协同定量遥感产品生产算法，可以对现阶段主流的 30～5000m 分辨率遥感数据进行归一化处理，并能够生产分辨率为 1～5 km 的 20 余种全球定量遥感产品。

MuSyQ 利用全球静止卫星（MTSAT-2R、FY2E、GOES-13、GOES15、MSG2）和极轨卫星（MODIS）生产了全球 5 km/3 h、重点区域 1 km/d 的下行长波辐射产品。对于 5 km

产品,静止卫星覆盖南北纬 60°内的区域,极轨卫星覆盖极地区域,共同覆盖全球(Yu et al.,2016)。

4.3.6.2 反演方法

MuSyQ 下行长波辐射产品融合了多个参数化方法,包括 Yu 等(2013)提出的晴天下行长波辐射模型,Zhou-Cess 提出的基于云水含量的全天候算法(简称 Zhou-Cess 算法),以及 Gupta 等提出的基于云底温度的全天候算法(简称 Gupta2010 算法)。Yu2013 算法在高水汽含量下存在着系统负偏差,MuSyQ 对 Yu2013 算法进行了改进(Yu et al.,2016):

$$DLR = \sigma T_k^4 (a_0 + a_1 V + a_2 V^2 + a_3 V^3) \tag{4.37a}$$

$$V = \sqrt{\ln(1 + IWV)} \tag{4.37b}$$

Yu 等(2016)采用全球大气廓线库对上述算法进行了模拟,分别得到各静止卫星和极轨卫星的模型系数。

MuSyQ 产品用到的数据源包括静止卫星数据原始数据、极地地区的 MODIS 数据和产品、像元经纬度和观测角度、NCEP 大气再分析数据、5 km 地表分类数据、5 km 地表高程数据。5 颗静止卫星覆盖不同区域,MODIS 覆盖极地区域,共同覆盖全球。南北纬 60°范围内和极地区域的算法流程如图 4.4 所示。

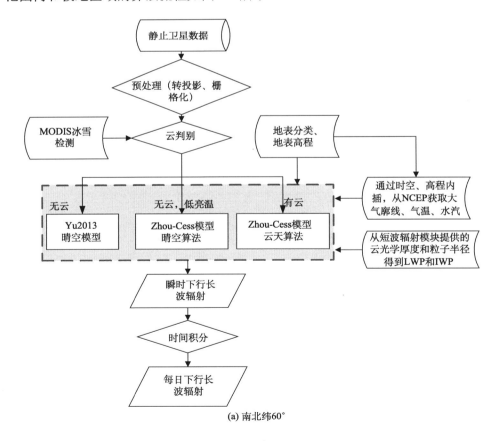

(a) 南北纬60°

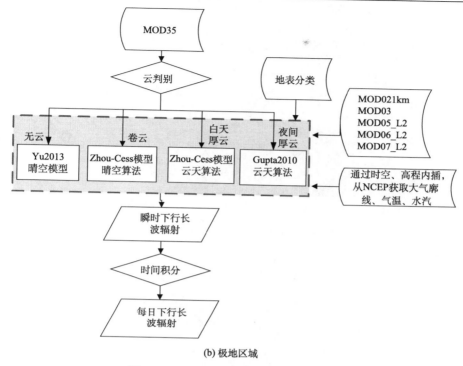

(b) 极地区域

图 4.4　5 km 下行长波辐射产品生产流程

现有下行辐射产品的误差主要来源于输入大气参数和云参数误差及由算法不完善导致的误差。Musyq 产品在如下方面进行了改进：①遥感反演大气产品具有空间分辨率高和垂直分辨率低的特点，大气再分析数据具有垂直分辨率高和空间分辨率低的特点，本产品组合使用这两种大气产品以获取高质量的大气输入参数。②现有辐射产品采用单一参数化方法，本产品组合运用了两个参数化算法和一个传感器算法（Yu2013 算法），根据云覆盖状况和昼夜情况选择对应算法。其中 Yu2013 晴空算法用于晴空且未被有云像元影响的情况，Zhou-Cess 模型晴空算法用于热红外亮温受到云影响的晴空像元，Zhou-Cess 模型云天算法用于白天有云像元，Gupta2010 云天算法用于夜间有云像元。③Musyq 产品提出了基于热红外亮温的晴天算法（Yu2013 算法），Yu2013 算法是一个利用卫星 TOA 热红外数据和大气参数反演 DLR 的普适性算法，并且通过考虑地气温差改善了传感器算法在干旱区高估的问题。

4.3.6.3　产品验证

Yu 等（2016）利用 BSRN、AsiaFlux、EuropeanFlux、AmeriFlux 等测量网络数据对 Musyq 的下行长波辐射产品进行了验证。验证产品的时间范围为 2012 年 7 月，空间范围为 MSG2、GOES13、MTSAT2R 的覆盖范围，验证站点如图 4.5 所示。各卫星范围瞬时产品的验证结果见表 4.20 和图 4.6。MTSAT-2R、MSG2、GOES13 的误差分别为 40.3 W/m², 30.9 W/m²、40.8 W/m²，其中判断为有云的像元远远少于晴空像元，而其他辐射产品有云像元多于晴空像元，可能相当一部分有云像元被误判为晴天。GOES13 晴空 DLR 出现一些高估点，而 MSG2、

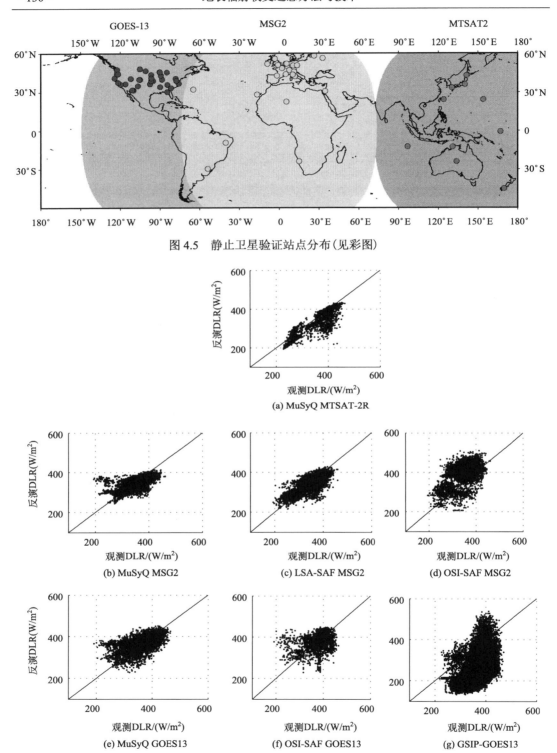

图 4.5　静止卫星验证站点分布(见彩图)

(a) MuSyQ MTSAT-2R

(b) MuSyQ MSG2　　(c) LSA-SAF MSG2　　(d) OSI-SAF MSG2

(e) MuSyQ GOES13　　(f) OSI-SAF GOES13　　(g) GSIP-GOES13

图 4.6　(a) MTSAT-2R 范围内的 MuSyQ DLR 结果；(b～d) MuSyQ，LSA-SAF，OSI-SAF 在 MSG2 范围内的结果；(e～g) MuSyQ，OSI-SAF，GSIP 在 GOES13 范围内的验证结果

MTSAT-2R 的晴空 DLR 则出现一些低估点。表 4.21 统计了不同误差范围的站点个数,可以看到,MSG2 大部分站点的误差在 20～30 W/m², 而 GOES13 的主要误差在 30～40 W/m²。

LSA-SAF、OSI-SAF 产品与 MSG2 反演产品对比,采用 OSI-SAF、GSIP 产品与 GOES13 反演的产品对比,验证结果见表 4.20 和图 4.6。LSA-SAF 产品输入了质量较优的云产品,反演结果略好于 Musyq 产品。OSI-SAF 产品在 MSG2 区域存在着较大高估,在 GOES13 区域存在着低估。GSIP 产品在 GOES13 区域存在着大量低估。

表 4.20　不同 DLR 产品的验证结果

产品	卫星	RMSE/(W/m²)	Bias/(W/m²)	R^2	样本数/个
MuSyQ	MTSAT2	40.3	25.7	0.79	2207
MuSyQ	MSG2	30.9	−5.7	0.39	6906
LSA-SAF	MSG2	28.0	−6.5	0.60	7203
OSI-SAF	MSG2	62.4	43.4	0.25	7375
MuSyQ	GOES13	40.8	2.8	0.30	5086
OSI-SAF	GOES13	54.5	−12.0	0.09	3638
GSIP	GOES13	130.8	−111.9	0.14	17168

表 4.21　不同误差范围的站点个数

卫星范围	RMSE≤20/(W/m²)	20～30 /(W/m²)	30～40/(W/m²)	40～50/(W/m²)	>50/(W/m²)	站点总数/个
MTSAT-2R	0	1	0	2	0	3
MSG2	3	11	4	1	1	20
GOES13	3	4	8	4	3	22

4.3.7　产品质量评价

4.3.7.1　地面观测数据

本书 3.4 节介绍了地表辐射观测网,其中包含下行长波辐射数据的测量网络有基准地表辐射网(the baseline surface radiation network,BSRN)、美洲通量网 AmeriFlux、亚洲通量网 AsiaFlux、欧洲通量网 EuroFlux、大气辐射测量网(atmospheric radiation measurement,ARM)、地表能量平衡收支网 SURFRAD、CAVE(CERES/ARM validation experiment)、陆地生态系统通量观测网 FLUXNET、全球能量平衡数据库 GEBA。表 4.22 列出了这些测量网络的有效站点数和时空范围。

表 4.22　地面测量网络的时空范围

数据集	站点总数/个	时间频率	空间覆盖范围	时间覆盖范围
BSRN	58	1min	全球	最早 1992 年至今
AmeriFlux	155	0.5h	北美、中美洲、南美洲	最早 1991 年至今
AsiaFlux	94	0.5h	亚洲	1999 年至今

续表

数据集	站点总数/个	时间频率	空间覆盖范围	时间覆盖范围
EuroFlux	53	0.5h	欧洲	1996 年至今
SURFRAD	7	1min	美国	2009~2012 年
CAVE	67	1min	全球	1998~2009 年
ARM	8	1min	全球	1992 年至今
FLUXNET	440	0.5h	全球	1991~2014 年

4.3.7.2　下行长波辐射产品质量评价

根据上述产品验证结果，表 4.23 给出了可供参考的全球产品精度（其中 LSA-SAF 精度为 10%，对照其他产品为 27~30 W/m²）。瞬时或 3 h 产品精度为 20~30 W/m²，CERES 产品相对于其他结果较好。月均值产品精度在 9.7~19.0 W/m²，除了 ISCCP-FD，其他产品精度接近。

表 4.23　下行长波辐射全球产品的产品精度（Bias/RMSE）　　　　（单位：W/m²）

数据集	算法类型	瞬时值	3h	日均值	月均值
ISCCP-FD	辐射传输	—	—	—	2.2/19.0
GEWEX-SRB	辐射传输	—	0.67/30.2	0.48/22.1	0.2/11.1
	参数化方法	—	4.2/30.2	4.0/22.5	3.6/12.8
CERES	辐射传输	−8/20	—	—	−5.2/10.3
	参数化方法	—/20	—	—	0.5/9.7
CM-SAF	参数化方法	8.9/29.9	—	—	—/10.8
LSA-SAF	参数化方法	10%	—	10%	—
OSI-SAF	参数化方法	−6.8/20.9	—	−6.7/14.7	5%

注：— 表示无相关记录。

表 4.24　所有站点 2003 年 All-sky DLR 的比较结果，ISCCP-FD 和 GEWEX-SRB 为 3 h 值的比较，CERES-FSW 为瞬时值比较

地区	GEWEX-SRB			ISCCP-FD			CERES-FSW		
	R^2	Bias	STD	R^2	Bias	STD	R^2	Bias	STD
北美	0.67	0.1(0.1)	32.7(10.6)	0.66	9.7(3.3)	35.8(11.6)	0.90	−8.8(−2.9)	18.5(6.0)
青藏高原	0.74	5.5(2.4)	30.4(13.4)	0.67	18.9(8.5)	33.9(14.8)	0.84	−9.6(−4.1)	22.4(9.7)
东南亚	0.56	−7.7(−1.9)	18.0(4.4)	0.55	3.6(0.9)	20.5(5.1)	0.94	−14.9(−3.6)	16.6(4.0)
日本	0.66	−5.8(−1.4)	31.1(9.7)	0.66	0.3(0.4)	32.6(10.1)	0.80	−13.6(−3.8)	22.3(6.8)
区域平均	0.66	−2.0(−0.2)	28.0(9.5)	0.62	8.1(3.2)	30.7(10.4)	0.80	−11.7(−3.6)	19.9(6.6)

注：STD 为标准差；括号外数据单位为 W/m²，括号内数据单位为%。

Gui 等（2010）用同一组验证数据对主要辐射数据集进行评估，结果见表 4.24。地表辐射研究要求瞬时产品精度在 20 W/m² 以内，可见除了 CERES-FSW 以外，其他产品都不能满足精度要求。在有云情况下，ISCCP 和 GEWEX 出现高估，而 CERES-FSW 出现轻微低估；在晴天情况下，大多数数据集被低估。误差主要来源于地面验证数据与栅格的空间尺度不一致、高程不一致，以及输入参数的误差。

尽管产品总的精度较高，由于反演算法和输入限制，产品在某些区域结果较差。前面的产品验证结果表明，CERES、CM-SAF 产品在干旱地区、极地云天情况有较大的误差。Yang 等(2006)发现在青藏高原，GEWEX-SRB、ISCCP-FD 的月平均下行长波辐射被严重低估，这主要是因为输入参数有误差，其中地表温度(低估约 11K)、近地面气温误差(低估 10K)引起 DLR 的误差分别为 50～60 W/m²、44 W/m²。CERES-FSW 月格网产品几乎在青藏高原所有站点低估(Gui et al.，2009)，RMSE 为–13.3～–91.2 W/m²。

4.4　小　　结

本章讨论了地表接收的下行长波辐射的估算方法和现有的遥感产品。本章主要由三部分组成：第一小节介绍了晴天下行长波辐射的反演算法；第二小节介绍了云天下行长波辐射的反演方法；第三小节介绍了现有的下行长波辐射产品及其产品质量。

目前的晴天 DLR 反演算法可分为三类：①参数化方法，包括基于地面气象数据的方法和基于遥感反演大气参数的方法；②辐射传输方法，采用辐射传输模型和大气廓线反演 DLR；③传感器方法，基于辐射传输模拟，建立 DLR 和卫星在气层顶辐射亮度的关系。辐射传输方法和基于遥感参数的参数化方法在全球尺度的下行长波辐射反演中有广泛应用，但是辐射传输方法理论上具有计算量大和精确大气廓线不可获取的问题；传感器方法能避免输入参数的影响，但是只能用于晴天情况；基于地面气象数据的参数化方法往往针对特定地点，适宜范围较小。

云天 DLR 算法中对云辐射的处理主要有三类：①云量校正方法，采用云量对晴天辐射进行云校正；②参数化方法，包括基于云底温度的参数化方法和基于云水汽含量的参数化方法；③辐射传输方法，在辐射传输计算中增加云廓线信息。

目前的全球和区域下行长波辐射产品包括 ISCCP-FD 辐射数据集，GEWEX-SRB，CERES 辐射产品，Eumetsat 面向气象监测、地面应用、海洋应用的三套数据集(CM-SAF、LSA-SAF 和 OSI-SAF)，NOAA/NESDIS 提供的 GSIP 产品，以及中国科学院遥感与数字地球研究所提供的 MuSyQ 产品。其中 LSA-SAF、OSI-SAF、CERES 的瞬时产品、GSIP 产品的空间分辨率为像元分辨率，CM-SAF 为 15 km 分辨率，其他产品的时空分辨率分别为 3 h、1°～2.5°。ISCCP-FD 产品采用辐射传输方法计算长波辐射，GEWEX-SRB 和 CERES 同时采用辐射传输方法和参数化方法，EUMETSAT 的三套数据集采用辐射参数化方法。

参 考 文 献

Angstrom A 1918. A study of the radiation of the atmosphere. Smithsonian Institution Miscellaneous Collections, 65(3):1-159.

Bisht G, Bras R L. 2010. Estimation of net radiation from the MODIS data under all sky conditions: southern

Great Plains case study. Remote Sensing of Environment, 114(7): 1522-1534.

Brunt D. 1932. Notes on radiation in the atmosphere. I. Quarterly Journal of the Royal Meteorological Society, 58(247): 389-418.

Brutsaert W. 1975. On a derivable formula for long-wave radiation from clear skies. Water Resources Research, 11(5):742-744.

CERES. 2008. CERES Terra Edition2F CRS Data Quality Summary. https://eosweb.larc.nasa.gov/project/ceres/quality_summaries/CER_CRS_Terra_Edition2F.pdf, August 26, 2008/2018-02-06.

CERES. 2009a. CERES Data Quality Summary of CERES Terra Edition2B CRS. https://eosweb.larc.nasa.gov/project/ceres/quality_summaries/CER_CRS_Terra_Edition2B.pdf, March 4, 2009/2018-02-06.

CERES. 2009b. CERES Terra Edition2D SRBAVG CERES Aqua Edition2A SRBAVG Data Quality Summary. https://eosweb.larc.nasa.gov/project/ceres/quality_summaries/CER_SRBAVG_Edition2D_Terra_Aqua.pdf, July 1, 2009/2018-02-06.

CERES. 2009c. CERES Data Quality Summaries, CERES Terra Edition2C/Aqua Edition2B SYN/AVG/ZAVG Computed surface and TOA fluxes based on GEO cloud properties-Accuracy and Validation. https://eosweb.larc.nasa.gov/sites/default/files/project/ceres/quality_summaries/flux_surface_toa_ geo_ed2.pdf, July 24, 2009/2018-02-06.

CERES. 2010. CERES Terra Edition2B SSF Surface Fluxes - Accuracy and Validation.https://eosweb.larc.nasa.gov/sites/default/files/project/ceres/quality_summaries/ssf_surface_flux_terra_ed2B.pdf, July 9, 2010/2018-02-06.

CERES. 2017. CERES Data Quality Summaries, http://ceres.larc.nasa.gov/dqs.php, 2017-10-16/2018-02-06.

Charlock T P, et al. 1997. Compute surface and atmospheric fluxes(System 5.0). CERES Algorithm Theoretical Basis Doc.(ATBD Release 2.2), June 2, 1997, NASA/RP-1376, 84 pp.

CM SAF. 2004. Initial Validation of Surface Radiation Fluxes using NOAA AVHRR based CM-SAF Cloud Data. CM-SAF Scientific Prototype Report, Issue 1.0, 28.05. Reference Number: AF/CM/DWD/PR/1.2A2_4.

CM SAF. 2005. Validation of Surface Radiation Fluxes using MSG Data. Issue 1.1, 28.06. CM-SAF Scientific Prototype Report, SAF/CM/SR/SFCFLX/1.

CM SAF. 2007. Initial Validation of MSG based Surface Radiation Fluxes for the extended area. CM-SAF Scientific Prototype Report, Issue 1.1, 19.03. Reference Number: AF/CM/SR/SFCFLX/2.

CM SAF. 2010. Product manual of Surface Radiation Products. CM-SAF Scientific Prototype Report, Version 2.1, 17.06. Reference Number: SAF/CM/DWD/PUM/SFCRAD.

Crawford T M. Duchon C E. 1999. An improved parameterization for estimating effective atmospheric emissivity for use in calculating daytime downwelling longwave radiation. Journal of Applied Meteorogy, 38(4):474-480.

Diak G R, Bland W L. 2000. Satellite-based estimates of longwave radiation for agricultural applications. Agricultural and Forest Meteorology, 103(4): 349-355.

Dilley A C, O'Brien D M. 1998. Estimating downward clear sky long-wave irradiance at the surface from screen temperature and precipitable water. Quarterly Journal of the Royal Meteorological Society, 124(549):1391-1401.

Duarte H F, Dias N L, Maggiotto S R. 2006. Assessing daytime downward longwave radiation estimates for clear and cloudy skies in Southern Brazil. Agricultural and Forest Meteorology, 139(3):171-181.

Dupont J C, Haeffelin M, Drobinski P, et al. 2008. Parametric model to estimate clear-sky longwave irradiance at the surface on the basis of vertical distribution of humidity and temperature. Journal of Geophysical Research-Atmospheres, 113(D7).

Frouin R, Gautier C. 1988. Downward longwave irradiance at the ocean surface from satellite data: Methodology and in situ validation. Journal of Geophysical Research-Atmospheres, 93 (C1): 597-619.

Fu Q, Liou K N, Cribb M C, et al. 1997. Multiple scattering parameterization in thermal infrared radiative transfer. Journal of the Atmospheric Sciences, 54(24):2799-2812.

Fu Q, Liou K N. 1993. Parameterization of the radiative properties of cirrus clouds. Journal of the Atmospheric Sciences, 50:2008-2025.

GEWEX SRB. 2003. NASA/GEWEX Surface Radiation Budget Project Model Documentation, http://gewex-srb.larc.nasa.gov/common/html/gewex_model_doc.html#TOT, 15 December 2003.

GEWEX SRB. 2017. NASA/GEWEX SRB Validation, http://gewex-srb.larc.nasa.gov/common/php/SRB_validation.php, June 08, 2017.

Gui S, Liang S L, Li L. 2009. Validation of surface radiation data provided by the CERES over the Tibetan Plateau. 17th International Conference on Geoinformatics.

Gui S, Liang S L, Li L. 2010. Evaluation of satellite-estimated surface longwave radiation using ground-based observations. Journal of Geophysical Research-Atmospheres, 115: D18214.

Gupta S K. 1983. A radiative transfer model for surface radiation budget studies. Journal of Quantitative Spectroscopy and Radiative Transfer, 29(5): 419-427.

Gupta S K. 1989. A parameterization for longwave surface radiation from Sun-synchronous satellite data. Journal of Climate, 2:305-320.

Gupta S K, Darnell W L, Wilber A C. 1992. A parameterization of longwave surface radiation from satellite data: recent improvements. Journal of Applied Meteorology and Climatology, 31:1361-1367.

Gupta S K, Kratz D P, Stackhouse J, et al. 2010. Improvement of surface longwave flux algorithms used in CERES processing. Journal of Applied Meteorology and Climatology, 49(7): 1579-1589.

Idso S B, Jackson R D. 1969. Thermal radiation from the atmosphere. Journal of Geophysical Research, 74(23):5397-5403.

Idso S B. 1981. A set of equations for full spectrum and 8-to14-μm and 10.5-to12.5 μm thermal radiation from cloudless skies.Water Resources Research, 17(2):295-304.

Inamdar A K, Ramanathan V. 1997a. On monitoring the atmospheric greenhouse effect from space. Tellus B, 49(2):216-230.

Iziomon M G, Mayer H, et al.2003. Downward atmospheric longwave irradiance under clear and cloudy skies: Measurement and parameterization. Journal of Atmospheric and Solar-Terrestrial Physics, 65(10):1107-1116.

Jacobs A F G, van Pul W A J.1990. Seasonal changes in the albedo of a maize crop during two seasons. Agricultural and Forest Meteorology, 49(4):351-360.

Jacobs J D. 1978. Radiation climate of Brought on Island.In:Barry R G, Jacobs J D. Energy budget studies in relation to fast-ice break up processes in Davis Strait. Occasional Paper 26. Boulder, U S A: Inst. Of Arctic and AlpRes., University of Colorado, Boulder, United States.

Josey S A, Pascal R W, Taylor P K, et al. 2003. A new formula for determining the atmospheric longwave flux at ocean surface at mid-high latitudes. Journal of Geophysical Research Oceans, 108(C4): 3018.

Konzelmann T, Vande Wal R S W, Greuell W. 1994. Parameterization of Global and longwave in coming radiation for the Greenl and ice sheet. Global Planet Change, 9(1-2):143-164.

Kratz D P, Gupta S K, Wilber A C, et al. 2010. Validation of the CERES Edition 2B surface-only flux algorithms. Journal of Applied Meteorology & Climatology, 49: 164-180.

Kruk N S, Vendrame Í F. 2010. Downward longwave radiation estimates for clear and all-sky conditions in the Sertãozinho region of São Paulo, Brazil. Theoretical & Applied Climatology, 99(1-2):115-123.

Lee H T, Ellingson R G. 2002. Development of a nonlinear statistical method for estimating the downward longwave radiation at the surface from satellite observations. Journal of Atmospheric and Oceanic Technology, 19(10): 1500-1515.

Liang S L, Wang K C, Zhang X T, et al. Review on estimation of land surface radiation and energy budgets from ground measurement, remote sensing and model simulations. IEEE Journal of Selected Topics in Applied Earth Observations and Remote Sensing, 3(3):225-240.

LSA SAF. 2009. The EUMETSAT Satellite Application Facility on Land Surface Analysis, Agorithm Theoretical Basis Document for Down-welling Longwave Flux(DSLF). Issue 0.2, 15.06. Reference Number: SAF/LAND/IM/ATBD_DSLF/02

LSA SAF.2011. The EUMETSAT Satellite Application Facility on Land Surface Analysis, Validation Report Down-welling Longwave Flux(DSLF). Issue I/2011 v1, 12.04.2011, Reference Number: AF/Land/IM/VR_DSLF/I_11v1.

Maykut G A, Church P F. 1973. Radiation climate of Barrow Alaska, 1962-66. Journal of Applied Meteorology, 12(6): 924-936.

Morcrette J J, Deschamps P Y.1986. Downward longwave radiation at the surface in clear sky atmospheres: comparison of measured, satellite-derived and calculated fluxes. International Satellite Land-surface Climatology Project Conference, 257-261.

Niemelä S, Savijärvi H. Räisänen P. 2001. Comparison of surface radiative flux parameterizations: Part I: longwave radiation. Atmospheric Research, 58(2):141-154.

OSI SAF. 2005. Downward longwave irradiance product manual. 2005, Version 1.5, Reference Number: SAF/OSI/M-F/TEC/MA/122.

Prata A J. 1996. A new long-wave formula for estimating downward clear-sky radiation at the surface. Quarterly Journal of the Royal Meteorological Society, 122(533): 1121-1151.

Ramanathan V, Atbd C, Longwave S, et al. 1997b. Clouds and the Earth's Radiant Energy System (CERES)Algorithm Theoretical Basis Document. Estimation of Longwave Surface Radiation Budget from CERES.

Rossow W B, Zhang Y C. 1995. Calculation of surface and top-of-atmosphere radiative fluxes from physical quantities based on ISCCP datasets: 2. Validation and first results.Journal of Geophysical Research Atmospheres, 100: 1167-1197.

Rutan D A, Charlock T P, Rose F G, et al. Validation of CERES/SARB Data Product Using ARM Surface Flux Observations, 2004:13 Conference on Satellite Meteorology and Oceanography, Norfolk, VA.

Ryu Y, Kang S, Moon S K, et al. 2008. Evaluation of land surface radiation balance derived from moderate resolution imaging spectroradiometer(MODIS)over complex terrain and heterogeneous landscape on clear sky days. Agricultural and Forest Meteorology, 148(10): 1538-1552.

Schmetz J. 1989. Towards a surface radiation climatology: retrieval of downward irradiances from satellites. Atmospheric Research, 23(3-4): 287-321.

Schmetz P, Schmetz J, Raschke E, et al. 1986. Estimation of daytime downward longwave radiation at the surface from satellite and grid point data. Theoretical and Applied Climatology, 37(3): 136-149.

Smith W L, Woolf H M. 1983. Geostationary satellite sounder (VAS) observations of longwave radiation flux. Austria, International Radiation Commission.

Smith G L, Wong T, McKoy N, et al. 1997. Grid Top of Atmosphere and Surface Fluxes (Subsystem 9.0), Clouds and the Earth's Radiant Energy System (CERES) Algorithm Theoretical Basis Document.

Sugita M, Brutsaert W. 1993. Cloud effect in the estimation of instantaneous downward longwave radiation. Water Resources Research, 29 (3):599-605.

Swinbank W C.1963. Long-wave radiation from clear skies. Quarterly Journal of the Royal Meteorological Society, 89:339-348.

Tang B H, Li Z L.2008. Estimation of instantaneous net surface longwave radiation from MODIS cloud-free data. Remote Sensing of Environment, 112: 3482-3492.

Trigo I F, Barroso C, Viterbo P, et al. 2010. Estimation of downward long-wave radiation at the surface combining remotely sensed data and NWP data. Journal of Geophysical Research: Atmospheres, 115 (D24): D24118.

Tuzet A. 1990. A simple method for estimating downward longwave radiation from surface and satellite data by clear sky. International Journal of Remote Sensing, 11:125-131.

Viúdez-Mora A, Calbo J, González T A, et al. 2009. Modelling atmospheric longwave radiation at the surface under cloudless skies. Journal of Geophysical Research-Atmospheres, 114 (D18).

Wang W H, Liang S L. 2009. Estimation of high-spatial resolution clear-sky longwave downward and net radiation over land surfaces from MODIS data. Remote Sensing of Environment, 113: 745-754.

Wielicki B A, Barkstrom B R, Harrison E F, et al. 1996. Clouds and the Earth's Radiant Energy System (CERES): an earth observing system experiment. Bulletin of the American Meteorological Society, 77:853-868.

Yang K, Koike T, Stackhouse P, et al. 2006. An assessment of satellite surface radiation products for highlands with Tibet instrumental data. Geophysical Research Letters, 33: L22403.

Young D F, Wong T, Wielicki B A. et al. 1997a. Time Interpolation and Synoptic Flux Computation for Single and Multiple Satellites (Subsystem 7.0), Clouds and the Earth's Radiant Energy System (CERES) Algorithm Theoretical Basis Document.

Young D F, Wong T, Mitchum M V, et al.1997b. Monthly Regional, Zonal, and Global Radiation Fluxes and Cloud Properties (Subsystem 8.0). Clouds and the Earth's Radiant Energy System (CERES) Algorithm Theoretical Basis Document.

Young D F, Minnis P, Doelling D R, et al. 1998. Temporal interpolation methods for the clouds and Earth's Radiant Energy System (CERES) experiment.Journal of Applied Meteorology, 37: 572-590.

Yu S S, Xin X Z, Liu Q H. 2013. Estimation of clear-sky longwave downward radiation from HJ-1B thermal data. Science China: Earth Sciences, 56:829-842.

Yu S, Zhang H, Xin X, et al. 2016. A Method for Calculating Global Downwelling Longwave Radiation Using Geostationary and Polar-Orbiting Satellite Observations. Beijing: 36th IEEE International Geoscience and Remote.

Zhang Y C, Rossow W B. 2007. Comparison of different global information sources used in surface radiative flux calculation: radiative properties of the surface. Journal of Geophysical Research Atmospheres, 112 (D01102)

Zhang Y C, Rossow W B, Lacis A A. 1995. Calculation of surface and top-of-atmosphere radiative fluxes from physical quantities based on ISCCP datasets: 1. Method and sensitivity to input data uncertainties.Journal of Geophysical Research Atmospheres, 100:1149-1165.

Zhang Y C, Rossow W B, Lacis A A. 2004. Calculation of radiative fluxes from the surface to top of atmosphere based on ISCCP and other global data sets: Refinements of the radiative transfer model and the input data. Journal of Geophysical Research Atmospheres, 109:27.

Zhang Y P, Rossow W B, Stackhouse Jr P W. 2006. Comparison of different global information sources used in surface radiative flux calculation: Radiative properties of the near-surface atmosphere. Journal of Geophysical Research Atmospheres, 111:D13106.

Zhou Y P, Cess R D. 2001. Algorithm development strategies for retrieving the downwelling longwave flux at the Earth's surface, Journal of Geophysical Research Atmospheres, 106(D12):12477-12488.

Zhou Y P, Kratz D P, Wilber A C, et al. 2007. An improved algorithm for retrieving surface downwelling longwave radiation from satellite measurements. Journal of Geophysical Research Atmospheres, 112:D15.

第5章 地表出射辐射

5.1 地表反照率反演

5.1.1 窄波段反照率反演

5.1.1.1 相关物理量定义

（1）二向性反射分布函数

二向性反射是自然界中物体表面反射的基本现象，即反射不仅具有方向性，还依赖太阳入射的方向。人们早已观察到这种现象，进而发展了二向反射比、二向反射比因子等不同概念。1977 年 Nicodemus 给出了二向性反射分布函数（bidirectional reflectance distribution function，BRDF）的定义（Nicodemus et al.，1977）：

$$\text{BRDF} = f\left(\theta_{i},\varphi_{i},\theta_{r},\varphi_{r}\right) = \frac{\mathrm{d}L_{r}\left(\theta_{i},\varphi_{i},\theta_{r},\varphi_{r}\right)}{\mathrm{d}E_{i}\left(\theta_{i},\varphi_{i},\theta_{r},\varphi_{r}\right)} \tag{5.1}$$

单位为 $1/\text{sr}^{-1}$（球面度$^{-1}$）。式中，θ_{i} 为太阳（入射光）天顶角；φ_{i} 为太阳（入射光）方位角；θ_{r} 为观测天顶角；φ_{r} 为观测方位角；$\mathrm{d}L_{r}\left(\theta_{i},\varphi_{i},\theta_{r},\varphi_{r}\right)$ 为在一个微分面积元上，入射光方向的微分立体角内光谱辐照度的增量；$\mathrm{d}E_{i}\left(\theta_{i},\varphi_{i},\theta_{r},\varphi_{r}\right)$ 为入射光增量引起反射光方向的光谱辐射亮度的增量。

（2）双向反射率因子

双向反射率因子（bi-directional reflectance factor，BRF）表示在相同的辐照度条件下，地物观测方向的反射辐射亮度与一个理想的漫反射体在该方向上的反射辐射亮度之比值。

$$\text{BRF} = R(\theta,\phi,\lambda) = \frac{L_{T}(\theta,\phi,\lambda)}{L_{P}(\theta,\phi,\lambda)} \tag{5.2}$$

式中，$L_{T}(\theta,\phi,\lambda)$ 为观测方向的辐射亮度；$L_{P}(\theta,\phi,\lambda)$ 为理想漫反射表面反射到观测方向的辐射亮度。

（3）方向-半球反射率

方向-半球反射率（DHR）表示在直射光入射条件下，面元向半球空间反射的辐射通量与入射到该面元的辐射通量的比值。它等于 BRDF 在出射半球空间的积分：

$$\text{DHR} = \rho\left(\theta_{i},\phi_{i};2\pi\right) = \frac{\mathrm{d}\Phi_{r}\left(\theta_{i},\phi_{i};2\pi\right)}{\mathrm{d}\Phi_{i}\left(\theta_{i},\phi_{i}\right)} = \int_{0}^{2\pi}\int_{0}^{\frac{\pi}{2}} f_{r}\left(\theta_{i},\phi_{i};\theta_{r},\phi_{r}\right)\sin\theta_{r}\cos\theta_{r}\mathrm{d}\theta_{r}\mathrm{d}\phi_{r} \tag{5.3}$$

对于单一波长的光线，式（5.3）可以作为黑空反照率（black sky albedo，BSA）的定义公式（Lucht et al.，2000）。

（4）漫射半球-半球反射率

漫射半球-半球反射率（BHR_diff）表示在理想漫反射光入射条件下，面元向半球空间反射的辐射通量与入射到该面元的辐射通量的比值。它等于 BRDF 在入射半球空间和出射半球空间的积分，也等于方向-半球反射率在入射半球空间的积分。

$$\mathrm{BHR\_diff} = \rho(2\pi;2\pi) = \frac{\mathrm{d}\varPhi_{\mathrm{r}}(2\pi;2\pi)}{\mathrm{d}\varPhi_{\mathrm{i}}(2\pi)} = \frac{1}{\pi}\int_0^{2\pi}\int_0^{\frac{\pi}{2}}\rho(\theta_{\mathrm{i}},\phi_{\mathrm{i}};2\pi)\sin\theta_{\mathrm{i}}\cos\theta_{\mathrm{i}}\mathrm{d}\theta_{\mathrm{i}}\mathrm{d}\phi_{\mathrm{i}} \quad (5.4)$$

对于单一波长的光线，式(5.4)可以作为白空反照率(white sky albedo，WSA)的定义公式。

(5)半球-半球反射率

半球-半球反射率定义为在自然光照条件下，面元向半球空间反射的辐射通量与入射到该面元的辐射通量的比值。

$$\mathrm{BHR} = \rho(\theta_{\mathrm{i}},\phi_{\mathrm{i}},2\pi;2\pi) = \frac{\mathrm{d}\varPhi_{\mathrm{r}}(\theta_{\mathrm{i}},\phi_{\mathrm{i}};2\pi;2\pi)}{\mathrm{d}\varPhi_{\mathrm{i}}(\theta_{\mathrm{i}},\phi_{\mathrm{i}};2\pi)} = \frac{\int_0^{2\pi}\int_0^{\pi/2}\rho(\theta_{\mathrm{i}},\phi_{\mathrm{i}};2\pi)L_{\mathrm{i}}(\theta_{\mathrm{i}},\phi_{\mathrm{i}})\sin\theta_{\mathrm{i}}\cos\theta_{\mathrm{i}}\mathrm{d}\theta_{\mathrm{i}}\mathrm{d}\phi_{\mathrm{i}}}{\int_0^{2\pi}\int_0^{\pi/2}L_{\mathrm{i}}(\theta_{\mathrm{i}},\phi_{\mathrm{i}})\sin\theta_{\mathrm{i}}\cos\theta_{\mathrm{i}}\mathrm{d}\theta_{\mathrm{i}}\mathrm{d}\phi_{\mathrm{i}}}$$

$$(5.5)$$

对于单一波长的光线。式(5.5)可以作为蓝空反照率(blue sky albedo)，或者真实反照率(actual albedo)的定义公式。

5.1.1.2 地表二向反射模型

遥感观测的地物表面反射的太阳短波辐射具有方向性，既与太阳入射方向有关，也与传感器观测方向有关，即有二向反射特性。自 20 世纪 70 年代以来，国内外科学家提出了很多种描述地表二向反射特性的模型，可总体归结为物理模型、经验模型、半经验模型和计算机模拟模型。

(1)物理模型

陆地表面的二向反射物理模型是指通过研究光与地表相互作用的物理过程建立的二向反射模型，模型参数具有明确的物理意义。以植被冠层反射模型为例，根据模型的物理机理与参数化方式的不同，可将物理模型进一步分为辐射传输模型、几何光学模型和几何光学-辐射传输混合模型三类。

1)辐射传输模型：

辐射传输模型以混浊介质中的辐射传输理论为基本理论，以研究辐射在水平均匀冠层薄层中的传输过程为基础，对辐射传输方程求解，推算辐射与冠层的相互作用，以此解释辐射在植被冠层中的传输机理，进而得到冠层及其下垫面对入射辐射的吸收、透射和反射的方向和光谱特性(李小文和王锦地，1995)，是各种二向性反射模型的基础。

辐射传输方程是辐射传输模型的核心，可描述电磁波在水平面内均一、垂直方向变化的介质中的辐射传输特征。对于粒子各向同性，则在 $\varOmega$ 方向，辐射强度 $I(\tau,\varOmega)$ 的一维辐射传输方程可表示为

$$-\mu\frac{\mathrm{d}I(\tau,\varOmega)}{\mathrm{d}\tau} = -I(\tau,\varOmega) + \left(\frac{\omega}{4\pi}\right)\int P(\varOmega,\varOmega')I(\tau,\varOmega')\mathrm{d}\varOmega' \quad (5.6)$$

式中，$P(\Omega,\Omega')$ 为散射相函数；τ 为大气上界向下垂直测量的光学路径；ω 为单次散射反照率，表示光子在介质上发生散射的概率；$\left(\dfrac{\omega}{4\pi}\right)\int P(\Omega,\Omega')I(\tau,\Omega')\mathrm{d}\Omega'$ 为其他方向 Ω' 散射导致 Ω 方向增加的辐射强度。

辐射传输方程是一个复杂的微积分方程，对辐射传输方程的求解，一般需要采用近似解法和数值解法，常用的有逐次散射(successive order of scattering，SOS)、离散坐标(discrete coordinate)、二流近似(two-stream solution)和四流近似(four-stream solution)等方法。

基于辐射传输理论建立的反射模型主要包括：以 KM 理论(Kubelka and Munk，1931)为基础的解析模型，如 Suit 模型(Suits，1971)和 SAIL 模型(Verhoef，1984)，考虑了 Kuusk 热点效应的 SAILH 模型(Kuusk，1985)，在 SAILH 模型基础上进一步考虑叶片正反两面反射率和透过率差异的 SAILE 模型(李静，2007)；Idso 和 deWit 建立的离散植被模型(Idso and DeWit，1970)及其后发展的 Goudriaan 模型(Goudriaan，1977)、Cupid 模型(Norman et al.，1985)等；进一步考虑冠层结构特征，将复杂场景模块化的三维辐射传输 Kimes 3DRT 模型(Kimes and Kirchner，1982)，离散了各向异性辐射传输的三维辐射传输(DART)模型(Gastellu-Etchegorry et al.，2004)等。

2)几何光学模型：

几何光学模型是将植被冠层抽象为一些规则的几何体(如圆锥体、椭球体、球体等)，并按照特定方式分布在地表(Goel，1988)。相对于辐射传输模型描述的体散射性质，几何光学模型则属于侧重于描述离散植被场景的"景合成模型"。在太阳入射条件下，传感器视场内地表物体可分为光照植被、光照地面、阴影植被和阴影地面。则传感器接收到的辐射亮度是各组分亮度的面积加权和。

几何光学模型最具有代表性的是 Li-Strahler 的纯几何光学模型(Li and Strahler，1986，1988，1992)。模型表示为

$$L_{\mathrm{s}} = K_{\mathrm{g}}L_{\mathrm{g}} + K_{\mathrm{c}}L_{\mathrm{c}} + K_{\mathrm{t}}L_{\mathrm{t}} + K_{\mathrm{z}}L_{\mathrm{z}} \tag{5.7}$$

式中，L_{s} 为像元的总的辐射亮度；L_{g}，L_{c}，L_{t}，L_{z} 分别为光照地面、光照树冠、阴影树冠、阴影地面的辐亮度；K_{g}，K_{c}，K_{t}，K_{z} 为相应的组分在像元中的面积比例，均可以表示为冠层结构参数的函数。求解该模型的关键在于，光照面与阴影面分别所占比例，以及各自不同亮度的计算。

几何光学模型的优势在于适合描述离散植被的表面散射特性和热点效应。例如，稀疏森林、灌丛和早期生长阶段的行播作物等。

3)几何光学−辐射传输混合模型：

辐射传输模型和几何光学模型在不同尺度上各有优势，可以将辐射传输模型和几何光学模型在不同尺度上的优势结合起来，这样的模型成为混合模型。混合模型根据构建过程的不同可以分为两类。

一类是以辐射传输模型为基础，引入双向间隙率模型(Nilson and Kuusk，1989)等几何光学理论模型解决辐射传输模型中描述热点效应的问题。

　　另一类是以几何光学模型为基础，通过引入辐射传输模型解决植被的多次散射特性。例如，Li 等(1995)在纯几何光学模型和不连续植被间隙率模型的基础上，用辐射传输方法求解了多次散射对各面积分量亮度的贡献，分两个层次模拟了承照面与阴影区的反射强度，并用间隙率模型将二者联系起来，发展成为几何光学-辐射传输混合模型，在对不同太阳高度下的森林反照率和二向反射率计算中获得了较好的效果。

　　混合模型模糊了严格界定辐射传输模型和几何光学模型的边界，兼具了辐射传输模型和几何光学模型的优势，得到了广泛的应用，其典型代表有 FLIM 模型(Rosema et al.，1992)、4-scale 模型(Chen and Leblanc，1997)和 GeoSAIL 模型(Huemmrich，2001)等。

　　(2) 经验模型

　　经验模型是用观测数据和一些数学函数来拟合二向反射分布的形状，也称为统计模型。经验模型结构简单、易于计算，本身无须具有明确的物理意义。但是模型的统计计算需要大量的实测数据，而且还要针对不同地物建立不同的模型，即模型的普适性不强。另外，由于其不同波段的参数之间没有逻辑关系，模型参数随着波段的增加而增加，导致反演困难(Goel，1988)。代表性的二向反射分布经验模型有 Minnaert 模型(Minnaert，1941)、Shibayama 模型(Shibayama and Wiegand，1985)、Walthall 模型(Walthall et al.，1985)及其改进模型(Nilson and Kuusk，1989)。

　　1) Minnaert 模型：

　　Minnaert 模型(1941)主要用于描述非朗伯体月球表面反射特性的研究：

$$\rho(\theta_i, \theta_r, \varphi) = \rho_L \frac{k+1}{2} (\cos\theta_i \cos\theta_r)^{k-1} \tag{5.8}$$

式中，ρ 为地表反射率；ρ_L 为地表反照率；i 为入射角；r 为出射角；k 为 Minnaert 常数，是描述地物非朗伯特性的一个参数，在 0~1 取值；当 $k=1$ 时，表示地表是朗伯反射面；k 随物体表面亮度的增加而增加，当表面非常亮时，k 接近 1。

　　Minnaert 模型的优点在于简单互易，但只能粗略近似地球表面反射率，没有考虑方位角因素，不足以刻画地表复杂的反射特性(Liang and Strahler，1994)。Hapke(1963)、Veverka 和 Wasserman(1972)在 Minnaert 模型的基础上引入了方位角的影响，对模型进行了改进。Pinty 和 Ramond(1986)用 Minnaert 模型描述地球表面的二向反射特性，并引入大气单次散射，由此模拟地球大气层顶的二向反射。

　　2) Shibayama 模型：

　　Shibayama 和 Wiegand(1985)提出了一个满足互易原理的线性经验模型：

$$\rho(\theta_i, \theta_r, \varphi) = a + b\sin\theta_r + c\sin\theta_r \sin\frac{\varphi}{2} + d\frac{\sin\theta_r}{\cos\theta_i} \tag{5.9}$$

式中，a，b，c，d 为拟合系数。

　　3) Walthall 模型及其改进模型：

　　Walthall 等(1985)基于 18 种大豆冠层反射率分布模拟数据，包括三种太阳天顶角、可见光和近红外两个波段、三种叶面积指数条件下的反射率分布，提出了二向反射率与观测天顶角、观测方位角、太阳方位角之间的函数关系：

$$\rho(\theta_i, \theta_r, \varphi) = a\theta_r^2 + b\theta_r \cos(\varphi_r - \varphi_s) + c \quad (5.10)$$

式中，a，b，c 为待定系数。

Walthall 模型延续了经验模型形式简单的特点，同时也考虑了方位角对反射特性的影响，但模型并未将太阳天顶角作为影响植被冠层二向反射的特性之一，因此，模型只能反映同一太阳角度下的方向反射特性。为此，Nilson 和 Kuusk(1989)在 Walthall 模型的基础上引入了太阳天顶角，对此方程进行了修改，使之互易，表达式写为

$$\rho(\theta_i, \theta_r, \varphi) = a\theta_r^2\theta_i^2 + b(\theta_r^2 + \theta_i^2) + c\theta_i\theta_r \cos(\varphi) + d \quad (5.11)$$

式中，a，b，c，d 为拟合系数。

(3)半经验模型

半经验模型介于经验模型和物理模型之间，通过对物理模型的近似和简化，降低了模型的复杂度，因此，既保留了一定的物理意义，又兼有易于计算的优点。

1)核驱动模型：

核驱动模型是目前最为通用的一个半经验模型，它充分利用了辐射传输模型在描述体散射特性上的优势和几何光学模型在刻画面散射特性上的优势，是水平均一冠层的辐射传输模型和冠层几何光学模型的结合与近似，一般包括各向同性核、体散射核和几何光学核(Roujean et al.，1992)。核驱动模型具备一定的物理意义，能够对地表二向反射现象的机理进行解释；同时，相较于物理模型，核驱动模型反演简单，易于业务化实现。

核驱动模型的一般表达式为

$$R(\theta_i, \theta_r, \varphi; \lambda) = f_{iso}(\lambda)k_{iso} + f_{geo}(\lambda)k_{geo}(\theta_i, \theta_r, \varphi) + f_{vol}(\lambda)k_{vol}(\theta_i, \theta_r, \varphi) \quad (5.12)$$

式中，k_{iso} 为各向同性核函数，一般取值为常数 1；k_{geo} 和 k_{vol} 分别为几何光学核和体散射核函数，是入射角和反射角的函数，与波长无关；f_{iso}、f_{geo} 和 f_{vol} 分别是各向同性核、几何光学核和体散射核的系数，是波长的函数，与角度无关。

核驱动模型随核函数的组合不同而有所差异。

Roujean 等(1992)提出了一种基于 Ross 辐射传理论(Ross，1981)的核函数，用于描述浓密植被冠层。模型假设背景和介质中的微小散射面都是朗伯散射，介质中散射面的朝向是随机分布的，仅有一次散射，不考虑多次散射，并且在太阳天顶角和观测天顶角均为 0°时，核的值归一化为 0，核函数形式如下：

$$k_{thick}(\theta_i, \theta_r, \varphi) = \frac{\left(\dfrac{\pi}{2} - \xi\right)\cos\xi + \sin\xi}{\cos\theta_i + \cos\theta_r} - \frac{\pi}{4} \quad (5.13)$$

式中，ξ 为相位角，$\cos\xi = \cos\theta_i\cos\theta_r + \sin\theta_i\sin\theta_r\cos\varphi$。

Wanner 等(1995)提出了一种 RossThin 核，适用于 LAI 较小时的体散射描述。核函数形式为

$$k_{thin} = \frac{\left(\dfrac{\pi}{2} - \xi\right)\cos\xi + \sin\xi}{\cos\theta_i\cos\theta_r} - \frac{\pi}{2} \quad (5.14)$$

Maignan 等(2004)在 RossThick 核的基础上考虑了冠层的热点效应，形成了新的散射核。核函数形式为

$$k_{\mathrm{thickM}}(\theta_{\mathrm{i}},\theta_{\mathrm{r}},\varphi)=\frac{4}{3\pi}\frac{\left[\left(\dfrac{\pi}{2}-\xi\right)\cos\xi+\sin\xi\right]\left[1+\left(1+\dfrac{\xi}{\xi_{0}}\right)\right]}{\cos\theta_{\mathrm{i}}+\cos\theta_{\mathrm{r}}}-\frac{1}{3} \tag{5.15}$$

式中，ξ_{0} 为一个特征角度，反映了介质中散射体的尺寸和冠层垂直高度的比例。为了减少模型中参数的个数，将 ξ_{0} 设为 1.5°。

Wanner 等(1995)还提出了一种 LiSparse 核，它是由几何光学模型简化而来，适用于朗伯散射地面背景上分布的稀疏冠层。核函数形式为

$$k_{\mathrm{sparse}}(\theta_{\mathrm{i}},\theta_{\mathrm{r}},\varphi)=O(\theta_{\mathrm{i}},\theta_{\mathrm{r}},\varphi)-\sec\theta_{\mathrm{i}}-\sec\theta_{\mathrm{r}}+\frac{1}{2}(1+\cos\xi)\sec\theta_{\mathrm{i}}\sec\theta_{\mathrm{r}} \tag{5.16}$$

$$O(\theta_{\mathrm{i}},\theta_{\mathrm{r}},\varphi)=\frac{1}{\pi}(t-\sin t\cos t)(\sec\theta_{\mathrm{i}}+\sec\theta_{\mathrm{r}}) \tag{5.17}$$

$$\cos t=\frac{h}{b}\frac{\sqrt{D^{2}+(\tan\theta_{\mathrm{i}}\tan\theta_{\mathrm{r}}\sin\varphi)}}{\sec\theta_{\mathrm{i}}+\sec\theta_{\mathrm{r}}} \tag{5.18}$$

$$D=\sqrt{(\tan^{2}\theta_{\mathrm{i}}+\tan^{2}\theta_{\mathrm{r}}-2\tan\theta_{\mathrm{i}}\tan\theta_{\mathrm{r}}\cos\varphi)} \tag{5.19}$$

$$\cos\xi=\cos\theta_{\mathrm{i}}\cos\theta_{\mathrm{r}}+\sin\theta_{\mathrm{i}}\sin\theta_{\mathrm{r}}\cos\varphi \tag{5.20}$$

式中，h/b 描述了树冠椭球体高度与宽度的比例，一般取值为 2。卫星得到的多角度观测数据常因太阳天顶角变化范围小导致拟合的二向反射模型在外推到其他太阳天顶角时出现较大误差。如果模型满足互易原理，即太阳角度和观测角度互易时地表二向反射率不变，则能够从一定程度上控制误差，因此，LiSparse 核按照互易原理改写后得到 LiSparseR 核(Lucht，1998)。

$$k_{\mathrm{sparseR}}(\theta_{\mathrm{i}},\theta_{\mathrm{r}},\varphi)=O(\theta_{\mathrm{i}},\theta_{\mathrm{r}},\varphi)-\sec\theta_{\mathrm{i}}-\sec\theta_{\mathrm{r}}+\frac{1}{2}(1+\cos\xi)\sec\theta_{\mathrm{i}}\sec\theta_{\mathrm{r}} \tag{5.21}$$

Wanner 等(1995)还针对植被密度较大冠层给出几何光学模型的简化描述。核函数形式为

$$k_{\mathrm{dense}}(\theta_{\mathrm{i}},\theta_{\mathrm{r}},\varphi)=\frac{(1+\cos\xi)\sec\theta_{\mathrm{r}}}{\sec\theta_{\mathrm{r}}+\sec\theta_{\mathrm{i}}-O(\theta_{\mathrm{i}},\theta_{\mathrm{r}},\varphi)}-2 \tag{5.22}$$

为了克服 LiSparse 核在太阳天顶角较大时可能的外推误差，李小文等(2000)指出互易原理对于像元尺度的二向反射率并不总成立，因此，提出另一种非互易的解决方案，即 LiTransit 核。其基本思想是，当太阳天顶角和观测天顶角增大时，由于观测到的冠层间隙率较小，应该转用 LiDense 核来描述冠层二向反射，即从小天顶角时使用 LiSparse 核过渡到大天顶角时使用 LiDense 核。核函数形式为

$$k_{\mathrm{transit}}\begin{cases}k_{\mathrm{sparse}}\\[4pt]k_{\mathrm{dense}}=\dfrac{2}{B}k_{\mathrm{sparse}}\end{cases} \tag{5.23}$$

式中，$B = \sec\theta_r + \sec\theta_i - O(\theta_i,\theta_r,\varphi)$。

2）RPV 模型：

RPV（rahman-pinty-verstraete）模型为三参数的半经验二向性反射模型（Rahman et al.，1993）。其中，三参数分别为天顶方向入射/观测的反射率 ρ_0、不对称因子 Θ 和参数 α。RPV 模型考虑了热点效应，且满足互易原理。其基本表达形式如下：

$$\rho(\theta_i,\theta_r,\varphi) = \rho_0 M(\theta_i,\theta_r,\alpha) F(\xi,\Phi) H(\rho_0,\theta_i,\theta_r,\varphi) \tag{5.24}$$

$$M(\theta_i,\theta_r,\alpha) = (\cos\theta_i \cos\theta_r)^{\alpha-1}(\cos\theta_i + \cos\theta_r)^{\alpha-1} \tag{5.25}$$

$$F(\xi,\Phi) = \frac{1-\Theta^2}{(1+2\Phi\cos g + \Theta^2)^{3/2}} \tag{5.26}$$

$$H(\rho_0,\theta_i,\theta_r,\varphi) = 1 + \frac{1-\rho_0}{1+G} \tag{5.27}$$

$$G = \sqrt{(\tan^2\theta_i + \tan^2\theta_r - 2\tan\theta_i\tan\theta_r\cos\varphi)} \tag{5.28}$$

式中，ξ 为相位角；Θ 为描述散射相函数的不对称因子，$\Theta > 0$ 表示前向散射占优，$\Theta < 0$ 表示后向散射占优。

Martonchik 等（1998）利用一个指数函数替换了模型中的 Heyney-Greenstein 函数，使得该模型依然包含 3 个参数，但可以将函数线性化，适合线性最小二乘拟合反演，得到改进后的 MRPV 模型：

$$F(\xi,b) = \exp(-b\cos\xi) \tag{5.29}$$

式中，$F(\xi,b)$ 为一个描述散射相函数的经验参数。

（4）物理模型

计算机模拟模型是利用计算机图形学方法和计算机高速计算的特点模拟真实的植被冠层或其他场景结构，精确计算复杂场景反射分布，从而模拟场景的二向反射特性。计算机模拟模型的典型建模方法有蒙特卡罗光线追踪方法（Ross and Marshak，1988）、辐射度方法（Borel et al.，1991）。

1）蒙特卡罗光线追踪方法：

蒙特卡罗光线追踪方法的核心思想是，跟踪进入场景的光线传输轨迹，确定光线在场景内与哪些景物元素发生相交，并根据相交景物元素的光学特性确定其对入射光线产生的反射、投射的方向和光强。该方法的理论基础是对光子路径的采样，因此，可以利用蒙特卡罗法对光线进行追踪（Disney et al.，2000），通过对大量入射方向光子的出射方向概率进行统计，并对光源到传感器所有可能光子路径的积分实现对光子路径的采样。

蒙特卡罗光线追踪方法是较早用于计算机模拟来计算场景辐射传输过程的方法，在各场景反射率反演上有广泛的应用。

2）辐射度方法：

辐射度方法由热辐射工程中的能量传递和守恒理论发展而来，描述的是在封闭环境中的能量经多次反射以后，最终会达到的一种平衡状态。这种能量平衡状态可以用系统方程来定量表达，一旦得到辐射度系统方程的解，便可以得到每个场景表面的辐射度分布。

用辐射度方法模拟植被冠层反射率，往往以形状因子刻画场景内的所有面元对之间的辐射作用，通过迭代方法求解场景的辐射传输方程组，进而得到场景中的辐射度分布和任意观测方向的二向反射分布。不仅全面考虑了光线与冠层之间的相互作用过程，以及冠层内部叶片之间和冠层相互之间的遮蔽现象，而且可以细致地模拟目标的各种形态及生长结构特征对光线作用的影响，克服了理论模型中过多简化和假设的缺点。

5.1.1.3　二向反射积分获得窄波段反照率

波谱反照率与 BRDF 有明确的数学关系，黑空波谱反照率 $\alpha_{b\lambda}(\theta_i)$ 为 BRDF 在观测方向 2π 空间范围上的积分，而白空波谱反照率 $\alpha_{w\lambda}$ 为黑空波谱反照率的 $\alpha_{b\lambda}(\theta_i)$ 在 2π 空间的积分。为了便于计算，分别定义方向-半球积分核 $h_k(\theta_i,\lambda)$，以及半球-半球积分核 $H_k(\lambda)$。基于核驱动模型的线性特征，$\alpha_{b\lambda}(\theta_i)$ 和 $\alpha_{w\lambda}$ 可以分别表达为 $h_k(\theta_i,\lambda)$ 及 $H_k(\lambda)$ 的加权平均，权重即为模型反演时得到的核系数。进而，实际光谱反照率 $\alpha_{a\lambda}(\theta_i)$ 可以由 $\alpha_{b\lambda}(\theta_i)$ 及 $\alpha_{w\lambda}$ 加权平均得到，权重分别由太阳直射辐射占总辐射的比值 (s) 及天空光辐射占总辐射的比值 $(1-s)$ 得到。在实际应用中，为了避免多次积分，预先将积分核算好。对于 $h_k(\theta_i,\lambda)$，根据不同的观测几何，建立入射天顶角→核积分值的查找表，或者得到入射天顶角与半球-积分核的近似函数，如式(5.35)所示。而对于 $H_k(\lambda)$，则由数值积分计算得到常数值：

$$\alpha_{b\lambda}(\theta_i) = \sum_k f_k(\lambda) h_k(\theta_i,\lambda) \tag{5.30}$$

$$\alpha_{w\lambda}(\theta_i) = \sum_k f_k(\lambda) H_k(\lambda) \tag{5.31}$$

$$H_k(\theta_i,\lambda) = \frac{1}{\pi} \int_0^{2\pi} \int_0^{\frac{\pi}{2}} \left[K_k(\theta_i,\theta_v,\varphi,\lambda) \right] \sin\theta_v \cos\theta_v \mathrm{d}\theta_v \mathrm{d}\varphi \tag{5.32}$$

$$H_k(\lambda) = 20 \int_0^{\frac{\pi}{2}} h_k(\theta_i,\lambda) \sin\theta_i \cos\theta_i \mathrm{d}\theta_i \tag{5.33}$$

$$\alpha_{a\lambda}(\theta_i) = s\alpha_{w\lambda} + (1-s)\alpha_{b\lambda}(\theta_i) \tag{5.34}$$

表 5.1 给出了常用核函数的积分值，按照惯例，不同角度的 BSA 积分一般采用太阳天顶角的三次多项式近似：

$$h_k(\theta) = g_{0k} + g_{1k}\theta^2 + g_{2k}\theta^3 \tag{5.35}$$

表 5.1　常用核函数的白空、黑空反照率计算系数

核函数名称	g_k	g_{0k}	g_{1k}	g_{2k}
Isotropic	1	1	0	0
LiSparsR	−1.377622	−1.284909	−0.166314	0.041840
RossThick	0.189184	−0.007574	−0.070987	0.307588
RossHotspot	0.0952955	0.010939	−0.024966	0.130210

综上所述，窄波段的白空反照率为

$$\alpha_{w\lambda}(\theta_i) = f_{iso}(\lambda) g_{iso} + f_{geo}(\lambda) g_{geo} + f_{vol}(\lambda) g_{vol} \tag{5.36}$$

黑空反照率为

$$\alpha_{b\lambda}(\theta_i) = f_{iso}(\lambda)(g_{oiso} + g_{1iso}\theta^2 + g_{2iso}\theta^3)$$
$$+ f_{geo}(\lambda)(g_{ogeo} + g_{1geo}\theta^2 + g_{2geo}\theta^3) \quad (5.37)$$
$$+ f_{vol}(\lambda)(g_{ovol} + g_{1vol}\theta^2 + g_{2vol}\theta^3)$$

5.1.2　宽波段反照率反演

5.1.2.1　窄波段反照率向宽波段反照率转换

地表宽波段反照率是一定波长范围内的地表上行辐射通量与下行辐射通量的比值：

$$A(\theta, \Lambda) = \frac{F_u(\Lambda)}{F_d(\theta, \Lambda)} = \frac{\int_{\lambda_1}^{\lambda_2} \alpha(\theta, \lambda) F_d(\theta, \lambda) d\lambda}{\int_{\lambda_1}^{\lambda_2} F_d(\theta, \lambda) d\lambda} \quad (5.38)$$

式中，Λ 为波长 $\lambda_1 \sim \lambda_2$ 的波段范围；F_u 为上行辐射通量；F_d 为下行辐射通量。

地表宽波段反照率不仅取决于地表反射特性，也与大气状况相关。大气下界下行辐射通量的波谱分布是从窄波段反照率向宽波段反照率转换的重要权重函数，在不同的太阳角和大气条件下，下行辐射通量在不同波长的分布不同，因此，宽波段反照率也会变化。在地表反照率研究中，常用的方法是将固有反照率（如常用的黑空反照率和白空反照率）和表观反照率（即受到大气状态影响的反照率观测值）分开，固有反照率与大气条件完全无关，表观反照率则为实验场内用反照率表测量的结果（Liang et al.，1999）。如果固有反照率已知，使用者就可以将它们转换成任何需要的大气条件下的表观反照率（Lucht et al.，2000）。在大气下行辐射通量已知的情况下，对光谱反照率进行积分即可得到更精准的宽波段反照率，然而在实际应用中，倾向于在窄波段反照率已知的情况下，根据一般的大气状况直接估算平均宽波段反照率。

窄波段反照率向宽波段反照率转换的一般近似方法可以表达为

$$A = c_0 + \sum_{i=1}^{n} c_i \alpha_i \quad (5.39)$$

式中，A 为地表宽波段反照率；α_i 为第 i 个波段的窄波段反照率；n 为波段数目；c_i 为相应的转换系数；c_0 为常数项，它们可以由特定地面观测数据或模拟数据计算得到。在实际中，由于要获取不同大气状况和地表条件下的大量地面观测数据较为困难，因此，仅利用有限的地面观测数据较难得到准确、通用的窄波段反照率向宽波段反照率转换的公式；而利用辐射传输模型模拟不同大气状况下的数据是一种非常有效的方法，且易于利用地面观测数据进行验证。

在确定下行辐射通量（直射和天空散射）以后，利用传感器光谱响应函数对下行辐射通量和地表反射率光谱进行积分来计算窄波段的光谱反照率。宽波段反照率可以根据定义由宽波段地表上行辐射通量与下行辐射通量的比值来得到。通过回归分析，共得到 ALI、ASTER、AVHRR、GEOS、Land-sat 7 ETM+、MISR、MODIS、POLDER 和 SPOT VEGETATION 九种传感器对应的窄波段反照率向宽波段的转换系数。

对于植被和土壤，在一般大气状况下，短波波段窄波段反照率向宽波段反照率的转换系数如下（Liang，2001）：

$$A^{\text{ASTER}} = -0.0015 + 0.484\alpha_1 + 0.335\alpha_3 - 0.324\alpha_5 + 0.551\alpha_6 + 0.305\alpha_8 - 0.367\alpha_9 \quad (5.40)$$

$$A^{\text{AVHRR}} = 0.0035 - 0.3376\alpha_1^2 - 0.2707\alpha_2^2 + 0.7074\alpha_1\alpha_2 + 0.2915\alpha_1 + 0.5256\alpha_2 \quad (5.41)$$

$$A^{\text{GOES}} = 0.0759 + 0.7712\alpha \quad (5.42)$$

$$A^{\text{ETM}^+} = -0.0018 + 0.356\alpha_1 + 0.130\alpha_3 + 0.343\alpha_4 + 0.085\alpha_5 + 0.072\alpha_7 \quad (5.43)$$

$$A^{\text{MISR}} = 0.0037 + 0.126\alpha_2 + 0.343\alpha_3 + 0.451\alpha_4 \quad (5.44)$$

$$A^{\text{MODIS}} = -0.0015 + 0.160\alpha_1 + 0.291\alpha_2 + 0.243\alpha_3 + 0.116\alpha_4 + 0.112\alpha_5 + 0.081\alpha_7 \quad (5.45)$$

$$A^{\text{POLDER}} = 0.112\alpha_1 + 0.388\alpha_2 - 0.266\alpha_3 + 0.669\alpha_4 + 0.0019 \quad (5.46)$$

$$A^{\text{VEGETATION}} = 0.3512\alpha_1 + 0.1629\alpha_2 + 0.3415\alpha_3 + 0.1651\alpha_4 \quad (5.47)$$

对于雪盖，因为其表面可见光波段反射率较高，因此，在进行窄波段向宽波段转换时，最好采用单独的计算公式，这样才能得到较为准确的转换系数（Stroeve et al.，2005）：

$$A^{\text{MODIS}} = -0.0093 + 0.1574\alpha_1 + 0.2789\alpha_2 + 0.3829\alpha_3 + 0.1131\alpha_5 + 0.0694\alpha_7 \quad (5.48)$$

5.1.2.2　宽波段反照率直接估算

直接反演法的思路是舍弃多步骤的复杂过程，直接建立窄波段的大气层顶二向反射率（或者地表二向反射率）和地表宽波段反照率之间的统计关系。该方法将大气校正、窄波段反照率计算、窄波段反照率向宽波段反照率转换这 3 个基于物理过程的步骤融合为一个统计分析步骤来解决，算法更为简单高效。在该算法中，不需要经过大气校正的步骤，可以极大地提高数据处理分析的效率，且不受研究区气溶胶估算算法精度的影响。

目前，反照率直接估算方法大致有两种：一是基于地表二向反射率的宽波段反照率直接反演算法；二是基于大气顶层二向反射率的宽波段反照率直接反演算法。

（1）基于地表二向反射率的宽波段反照率直接反演算法

1）总体思路：

基于地表二向反射率的宽波段反照率直接反演算法假设地表宽波段反照率与 MODIS 前 7 个波段的地表二向反射率之间存在着多元线性回归关系，基本公式为

$$A = c_0(\theta_i, \theta_r, \varphi) + \sum_{i=1}^{n} c_i(\theta_i, \theta_r, \varphi)\rho_i(\theta_i, \theta_r, \varphi) \quad (5.49)$$

式中，A 为地表反照率；c_i 为回归系数；ρ_i 为 MODIS 第 i 个波段的地表二向反射率。

地表反照率反演的第一步是求取回归系数 c_i。因为地表存在二向反射特性，回归系数 c_i 随着太阳/观测角度变化。为了方便计算，首先把太阳/观测角度空间格网化，不同的网格分别求取回归系数。虽然从反演精度方面来说，网格划分得越细越好，但是这样也会占用更多的计算机资源，因此，需要在二者之间寻求平衡。这里共有太阳天顶角、观测天顶角和相对方位角 3 个变量。采用的网格划分方案是：太阳天顶角以 4°间隔进行划分，范围是 0°～80°，网格中心点分别是 0°、4°、8°等；观测天顶角以 4°间隔进行划分，范围是 0°～64°，网格中心点分别是 0°、4°、8°等；相对方位角以 10°间隔进行划分，

范围是 0°～180°，网格中心点分别是 0°、10°、20°等。

基于地表二向反射率的宽波段反照率直接反演算法是在太阳/观测角度空间网格化的基础上，对每一个网格建立各波段地表二向反射率与宽波段反照率之间的线性回归关系，即求得回归系数 c_i。具有简单计算、对输入数据要求低的优点，同时也充分考虑了地表的二向反射和波谱特性。

2) 训练数据集生成：

直接估算方法中的回归系数需要通过训练数据回归得到，因此，首先需要建立包括多波段二向反射因子和宽波段反照率的训练数据集，其质量和代表性在很大程度上决定了基于地表二向反射率的宽波段反照率直接反演算法的精度。基于地表二向反射率的宽波段反照率直接反演算法需要考虑不同地区的多种地表类型，在大区域尺度，用辐射传输模型模拟所有的地表类型的工作量太大。Cui 等(2009)提出了一种以 POLDER-BRDF 数据集为基础建立代表全球各种地表的训练数据集的方法。虽然 POLDER-BRDF 数据集覆盖了很多不同的观测角度，但是仍不能保证每个网格内都有足够多的观测数据，因此我们先用二向反射模型拟合 POLDER-BRDF 数据集，再利用拟合模型插值得到每个网格的二向反射比因子，并积分得到宽波段反照率。

POLDER-BRDF 数据集的拟合和插值方法如下。

POLDER(polarization and directionality of the Earth's reflectances)是由法国空间中心(CNES)发射的可进行多角度偏振成像观测的卫星传感器。利用 POLDER 可以收集全球范围内地气系统反射太阳辐射的偏振性和方向性数据。

在 POLDER level 3 算法中选用核驱动模型描述地表二向反射特性，其中的核函数为 LiSparseR 和修改后的 RossThick。对于每一个 POLDER-BRDF 多角度观测数据集，利用最小二乘拟合得到核驱动模型系数，然后带入模型，计算所有网格中心点的二向反射率。

地表分类如下。

不同的地表类型具有不同的二向反射特征。虽然基于地表二向反射率的宽波段反照率直接反演算法是一个回归算法，可以通过太阳/观测角度各格网的划分在一定程度上适应二向反射形状的变化。但是，线性回归模型本身存在近似误差，因此，有必要引出地物分类信息，进一步细分训练样本，以减少线性回归模型的不确定性。

采用分类数据来支撑反照率反演会增加算法的输入数据，降低其通用性，并且还有两个方面的问题：一是分类数据中也有很多误差，尤其是在目前比较通用的 1km 分辨率数据中，混合像元问题十分突出；二是地表反照率是一个变化很快的物理量，而地表分类则是根据地表长期覆盖状态而得出的一种主观判断结果，它们在时间尺度上不一致，如农田下雪之后，其反照率会发生显著变化，但在分类上它依然属于农田。

因此，可以采用直接根据遥感观测数据分类的策略和相对简单的分类方法。具体来说，根据遥感观测值把陆地像元分为 3 类。分别对应植被、冰雪、裸地，分类准则是：对于每一次遥感观测，如果像元的 NDVI 大于 0.2，则判断为植被；在剩下的像元中，如果蓝光波段反照率大于 0.3，或者红光波段反照率大于 0.3，则判断为冰雪；剩下的像元则为裸地。

以上准则用于反照率的计算过程。在生成训练数据集时，对每一个 POLDER-BRDF

数据集,计算其各波段的平均反射率和平均 NDVI,作为分类的依据。为了让各类别过渡处的观测数据计算的反照率保持连续一致,特设计了分类过渡区。把平均 NDVI 介于 0.18~0.24 的数据作为过渡区,把蓝光反射率介于 0.24~0.4 的作为另一个过渡区。过渡区外的像元被认为是纯植被、纯裸地和纯冰雪。

POLDER 波段向其他传感器波段的转换如下。

因为训练数据集来自 POLDER 传感器,而算法要想用于其他传感器数据的反演,需要建立两个传感器各波段地表反射率之间的关系,并进行波段转换。波段转换的前提是假设地物波谱存在一定的规律,不同波长的地表反射率之间具有相关性。因此,首先收集典型地物的连续波谱,根据 POLDER 和目标传感器各波段的波谱响应函数计算其反射率,再根据这些波段数据的统计信息建立线性波段转换系数。

3)回归方法:

式(5.49)描述地表多波段二向反射因子与宽波段反照率之间的转换关系,其中回归系数待定,对应于每一个太阳/观测角度网络,就有一组回归系数,需要通过训练数据估算,求解 $c_i | i = 0, \cdots, n$。

简单的方法即通过线性最小二乘法求解方程,可先把方程写成矩阵形式:

$$Y = AX \tag{5.50}$$

式中,X 为由训练数据中的多波段反射率构成的矩阵,维数为 $(n+1) \times m$,n 为相应的波段数,m 为该网格的训练数据个数;Y 为训练数据中由反照率构成的矩阵,维数是 $18 \times m$,因为需要计算 WSA 和 $0° \sim 80°$ 每 $5°$ 间隔的 BSA,所以共有 18 个形态的反照率;A 为回归系数矩阵,维数为 $(n+1) \times m$。

普通线性最小二乘解 A^* 如下:

$$A^* = \left(X^{\mathrm{T}} X\right)^{-1} X^{\mathrm{T}} Y \tag{5.51}$$

线性最小二乘法形式简单,在通常情况下具有很好的效果。但是如果训练数据内部存在相关性,也会出现最小二乘解不稳定的情况,这时需要通过补充含噪声的训练数据,或者选用较少波段的方法提高稳定性。

(2)基于大气顶层二向反射率的宽波段反照率直接反演算法

基于大气顶层二向反射率的宽波段反照率直接反演算法主要针对 MODIS 而言,该算法可以利用 Terra/Aqua 平台上的 MODIS 传感器每天获取的大气顶层方向的反射率数据直接反演地表宽波段反照率,算法不依赖于 MODIS 数据的大气校正,也就回避了大气校正中的困难,以及可能引入的误差。基于大气顶层二向反射率的宽波段反照率直接反演算法与基于地表二向反射率的宽波段反照率直接反演算法的主要区别在于,基于大气顶层二向反射率的宽波段反照率直接反演算法正演中含有大气辐射传输模拟,反射式不需要经过大气校正,其他处理过程与基于地表二向反射率的宽波段反照率直接反演算法完全相同。

为了建立大气层顶窄波段二向反射率和地表宽波段反照率之间的线性回归关系,需要基于大气顶层二向反射率的宽波段反照率直接反演算法建立一个能够代表各种地表二向反射特性和各种大气状况的训练数据集。具体方法是,在地表二向反射率的宽波段反照率直接反演算法使用的训练数据集（地表二向反射）的基础上，采用 6S（second simulation of a satellite signal in the solar spectrum）大气辐射传输模型（Vermote et al.，1997）模拟不同大气参数下的大气层顶表观反射率，从而获得涵盖多种大气状况、各种地表二向性反射特性的训练数据集。因为 6S 模拟计算量比较大，常用的方法是，采用基于物理过程的解析公式进行大气辐射传输的近似，解析公式中的参数则是从 6S 模型模拟结果中获得。覃文汉等（Qin et al.，2001）提出了基于非朗伯表面的解析公式来计算大气层顶表观反射率：

$$\rho^*(i,r) = \rho_0(i,r) + \frac{T(i) \cdot R(i,r) \cdot T(r) - t_{dd}(i) \cdot t_{dd}(r) \cdot |R(i,r)| \cdot \bar{\rho}}{1 - r_{hh}\rho} \tag{5.52}$$

式中，$\rho^*(i,r)$ 为大气层顶表观反射率；$\rho_0(i,r)$ 为大气程反射率，即由大气本身对于太阳下行辐射的散射到达卫星传感器的部分；$\bar{\rho}$ 为大气半球反照率；T 为大气透过率矩阵；r_{hh} 为地表的漫射半球-半球反射率，也就是白空反照率；R 为地表反射率矩阵。公式中有两类参数，它们之间是相互独立的：一类反映了大气成分的固有性质，另一类反映了地表方向反射的特性。

大气透过率矩阵可以用以下公式定义：

$$T(i) = [t_{dd}(i) \, t_{dh}(i)] \tag{5.53}$$

$$T(r) = \begin{bmatrix} t_{dd}(r) \\ t_{hd}(r) \end{bmatrix} \tag{5.54}$$

式中，t_{dd} 为方向透过率；t_{dh} 为方向半球透过率；t_{hd} 为半球方向透过率。在这里，下标 d 代表方向，h 代表半球。

针对地表，反射率矩阵公式如下：

$$R(i,r) = \begin{bmatrix} r_{dd}(i,r) & r_{dh}(i) \\ r_{hd}(r) & r_{hh} \end{bmatrix} \tag{5.55}$$

式中，r_{dd} 为地表方向-方向反射率（即二向反射比因子）；r_{dh} 和 r_{hd} 为方向-半球和半球-方向反照率；r_{hh} 为漫射半球-半球反照率。

大气辐射传输模拟采用的参数见表 5.2，其中大气类型设置为热带、中纬度夏季、中纬度冬季、副极地夏季、副极地冬季和 US62 标准大气 6 种；气溶胶类型设置为大陆型

表 5.2　6S 大气辐射传输模型参数设置

6S 大气参数	参数设置
大气类型	热带、中纬度夏季、中纬度冬季、副极地夏季、副极地冬季、US62 标准大气
气溶胶类型	大陆型、海洋型、城市型、沙漠型、生物燃烧型、灰霾型
气溶胶光学厚度	0.01、0.05、0.1、0.2
目标海拔/km	0、0.5、1.0、1.5、2.0、2.5、3.0
太阳天顶角/(°)	0、4、8、…、76、80
观测天顶角/(°)	0、4、8、…、60、64
相对方位角/(°)	0、20、40、…、160、180

气溶胶、海洋型气溶胶、城市型气溶胶、沙漠型气溶胶、生物燃烧型气溶胶和灰霾型（气

溶胶中沙尘、水溶性、烟尘和海洋粒子所占比例分别为 15%、75%、10% 和 0%）气溶胶 6 种；550 nm 的气溶胶光学厚度设置为 0.01、0.05、0.1、0.2 共 4 个梯度，包含从清洁大气到较浑浊大气的情况；水汽含量采用模型默认参数；目标海拔设置为 0～3500 m，以 500 m 为步长，共计 8 个梯度。

在创建了大气层顶表观反射率及对应的地表反照率数据集后，采用回归分析的方法建立卫星观测的大气层顶表观反射率与地表宽波段反照率之间的经验关系。基于大气顶层二向反射率的宽波段反照率直接反演算法延续了基于地表二向反射率的宽波段反照率直接反演算法中的回归方法，计算得到线性回归系数，用 R^2 和 RMSE 来评价回归模型的稳定性。统计结果表明，在不同大气类型和气溶胶类型下模拟得到的大气层顶反射率与地表宽波段反照率线性回归结果对应的 RMSE 基本都在 0.01 以下，R^2 也大都在 0.90 以上。选择太阳天顶角为 32°，观测天顶角为 56°，相对方位角为 100° 的格网进行分析测试，发现经过大气辐射传输模拟后，方向反射率与地表宽波段反照率回归结果之间的 R^2 从 0.978 下降到 0.959，RMSE 从 0.0006 上升到 0.008，差别并不显著，说明大气层顶方向反射率与地表宽波段反照率之间具有良好的线性回归关系，使用未经校正的大气层顶反射率也能够获得与使用地表真实反射率相似的反照率估算效果。因为基于大气顶层二向反射率的宽波段反照率直接反演算法不依赖于大气校正，因此，简化了数据处理流程，而且避免了大气参数估算及大气校正不理想时可能引入的误差。

5.2　地表出射长波辐射

地表长波净辐射 (L_n) 是地表上行长波辐射与地表下行长波辐射之差。

$$L_n = \int_{\lambda_1}^{\lambda_2} \varepsilon_\lambda \left[B(T_s) + (1-\varepsilon_\lambda)L_{a\lambda} \right] d\lambda - \int_{\lambda_1}^{\lambda_2} L_{a\lambda} d\lambda = \int_{\lambda_1}^{\lambda_2} \varepsilon_\lambda \left[B(T_s) - L_{a\lambda} \right] d\lambda \quad (5.56)$$

式中，ε_λ 为地表发射率；$B(T_s)$ 为地表温度为 T_s 时的普朗克函数；$L_{a\lambda}$ 为地表下行长波辐射；λ 为波长；λ_1 和 λ_2 为地表长波净辐射波段范围的上边界和下边界。理论上计算地表长波辐射的整个波段范围应该是 0～∞，但由于实际观测数据无法获得这么宽的波段范围，通常在研究中采用 4～100 μm 或者 1～200 μm 的波段范围。对于温度为 300 K 的黑体，4～100 μm 波段范围内计算得到的地表长波辐射占全波段理论值的 99.5%，1～200 μm 波段范围内计算得到的长波辐射占全波段理论值的 99.92%（Cheng et al.，2013）。

假设地表发射率与普朗克函数和地表下行长波辐射无关，并且忽略通道宽度的影响，式 (5.56) 可以改写为

$$L_n = \varepsilon_b (\sigma T_s^4 - L_a) \quad (5.57)$$

式中，σ 为斯蒂芬-玻尔兹曼常数 [5.67×10^{-8} W/(m^2·K^4)]；T_s 为地表温度；ε_b 为宽波段地表发射率；L_a 为波段积分后的地表下行长波辐射，后两项可以表示为

$$L_a = \int_{\lambda_1}^{\lambda_2} L_{a\lambda} d\lambda \quad (5.58)$$

$$\varepsilon_{b} = \frac{\int_{\lambda_1}^{\lambda_2} \varepsilon_{\lambda} B_{\lambda}(T_s) \mathrm{d}\lambda}{\int_{\lambda_1}^{\lambda_2} B_{\lambda}(T_s) \mathrm{d}\lambda} \tag{5.59}$$

由式(5.57)可以看出，精确估算地表上行长波净辐射需要 3 个参数：宽波段地表发射率、地表温度和大气下行辐射。大气下行辐射可以通过第 4 章中介绍的方法进行估算，下面主要介绍地表发射率和地表温度的反演方法。

5.2.1　窄波段发射率

地表比辐射率是热红外遥感反演中的一个关键特征参数，它代表向外发射的热辐射与同温度黑体地表向外发射的热辐射的比率：

$$\varepsilon = \frac{M(T)}{M_b(T)} \tag{5.60}$$

式中，$M(T)$ 为实际物体在温度 T 下的辐射出射度；$M_b(T)$ 为黑体在相同温度下的辐射出射度。

目前，采用遥感手段反演区域地表比辐射率是获取大范围地表比辐射率唯一可行的途径，但是由于地表温度和地表比辐射率的耦合性质，利用卫星数据反演地表比辐射率并非想象中那么容易。在比辐射率和地表温度的反演中，除辐射校正和云检测的问题之外，关键难点主要体现在：①如何从地表观测的辐射亮度中分离出地表温度和地表比辐射率；②如何解决大气校正的问题(Sobrino et al.，2008)。

地表温度和比辐射率的反演是科学家公认的一个病态问题。某个通道接收到的辐射能是温度和比辐射率的函数。因此，N 个通道观测的辐亮度，总有 $N+1$ 个未知数(N 个比辐射率和 1 个温度)，温度和比辐射率始终耦合在一起，其中任何一个物理量的确定需要以另一个物理量的确定为前提(Li and Becker，1993；Becker and Li，1995；Li et al.，2000)。这种病态性成为地表比辐射率反演的难点之一。另外，地表观测到的辐亮度除了包含地表自身发生辐射以外，还有大气下行辐射的反射分量。由此可见，地表比辐射率是解决地表自身发射辐射和大气下行辐射耦合问题的关键参数，必须需要比辐射率的先验知识才能够改正地表发射辐射，进而反演地表温度。此外，离开地表的辐射能经过大气被传感器接收，大气自身的吸收和辐射又会影响到进入传感器视场的辐射能量。这几个过程叠加在一块，使地表比辐射率的反演更为复杂。

5.2.1.1　常用的比辐射率反演方法

尽管地表比辐射率反演存在诸多难点，但经过了几十年的发展，也在红外数据地表比辐射率遥感反演上取得了重大的成绩，发展了多种比辐射率反演方法。总结起来，大体上有如下方法可以用于多光谱红外数据的地表比辐射率的反演。

(1)分类赋值法

基于分类的比辐射率反演方法是由 Snyder 等于 1998 年提出的，并成功应用于 MODIS 数据 31 通道和 32 通道地表比辐射率的反演中(Snyder et al.，1998)。该方法利用

地表分类信息，从查找表中获取每种地类的比辐射率。这种方法被 Wan（1999）所在的
MODIS 团队用于确定地表比辐射率，进而反演得到地表温度。但是由于地表状况本身具有
复杂性和卫星观测中的混合像元问题，该方法可能会产生比较大的误差。当下垫面为植被和
水体时，地表比辐射率的反演精度较高，然而当下垫面为裸土时，由于裸土的比辐射率具有
较大的光谱异质性，因此，地表比辐射率的反演精度较低，通常达不到所需要的 0.01 K 的
精度。

基于分类的比辐射率反演方法的流程图如图 5.1 所示。

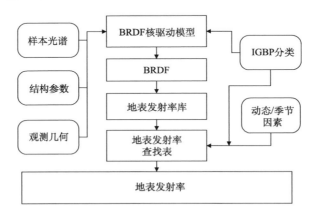

图 5.1　基于分类的比辐射率反演方法流程图

（2）NDVI 阈值法

由于地表热红外波段的比辐射率（8～14 μm）同 NDVI 之间具有非常高的相关性，利
用这种性质可以反演热红外波段的比辐射率（Sobrino and Raissouni，2000）。该方法简单
易用，因此，NDVI 阈值法已经应用到许多星载传感器（如 AVHRR、MODIS、ASTER
等）和机载传感器（如 AHS、DAIS 等）。虽然 NDVI 阈值法已经得到广泛应用，但是 NDVI
阈值法也存在自身的问题，不能应用于一些地表，如水体、冰雪和岩石。对于浓密植被，
由于其在 8～12 μm 内光谱变化很小，因此，给定其比辐射率 0.99 不会造成较大的误差。
对于裸土，并非所有裸土的比辐射率与其红光波段地表反射率之间都存在较好的线性关
系。NDVI 阈值法首先是针对低分辨率传感器提出的算法（Sobrino et al.，2004），因此，
只使用红光波段范围内的一个波段来建立裸土的比辐射率与其红光波段地表反射率之间
的线性关系。Sobrino 等通过建立裸土的比辐射率与红光波段范围内所有波段的地表反射
率之间的线性关系，发现其误差比只和红光波段范围内的一个波段建立的线性关系相对
较小。对于裸土和植被的混合，由于其比辐射率腔体效应只能近似估算，从而导致比辐
射率估算误差。

（3）两温法

两温法假设同一天内的地表比辐射率不发生变化，因此，若通道数目大于两个，则
利用白天和晚上两组观测就可以解出白天和晚上的地表温度，以及每个通道的比辐射率
（Watson，1992b）。该方法不需要对波谱形状进行假设，但会受到观测噪声、几何配准精
度、观测角度和夜间地表的露水等的影响，此外，该方法对大气校正和温差较为敏感，

大气校正不准，或者温差太小，都会造成地表温度和地表比辐射率的反演精度降低。

（4）灰体比辐射率法

灰体比辐射率法假设地物在某两个通道的比辐射率相等，从而减少未知数的个数来求解方程（Barducci and Pippi，1996）。灰体的假设使得未知数的个数少于方程数，因此，该方法利用最小二乘拟合进行未知数的求解，由于方程本身为超越方程，因此，还必须通过迭代求解得到最后的结果。但是该方法的实用性由于两个相邻通道所构成方程的病态性，以及两通道比辐射率相等的假设，在实际情况下可能并不成立，而大打折扣，但是对于高光谱数据来说，该方法仍具有一定的应用潜力（Gillespie et al.，1996）。

（5）α 剩余法

该方法通过维恩近似得到普朗克函数的近似线性表达式（Hook et al.，1992）。通过几个通道的对比，消除温度项的影响，得到能够反映波谱曲线的 α 剩余量。利用这个量反演出通道的相对比辐射率。再根据不同波段间 α 剩余量的方差同比辐射率平均值之间的关系，可以得到比辐射率的真实值。但是维恩近似会带来一些反演误差，并且相对于其他方法来说，这种方法对仪器噪声、大气校正误差等比较敏感。

（6）归一化比辐射率法

归一化比辐射率法同参考通道法类似，它是假设对一个像元所有通道的最大比辐射率为一个定值（Gillespie，1986）。利用该值计算出每个通道的温度，这些温度的最大值记为地表温度，其他通道的比辐射率利用地表温度求得。显而易见，由于地表比辐射率的空间和光谱异质性，简单设定一个最大比辐射率会对地表温度和其他通道的比辐射率反演带来较大的误差。

（7）比辐射率之比方法

比辐射率之比方法是由 Watson 最早提出的，其依据是，与单个通道的辐亮度相比，两个通道辐亮度之比对于温度的微小变化的敏感性要低得多。两通道的辐亮度之比可以近似表示为两通道的比辐射率之比，因此，该方法可以得到比辐射率波谱的形状（Watson，1992a）。

（8）MMD 方法

MMD 方法本质上并不是一种温度、比辐射率反演方法。它指出了波谱比辐射率的平均值同其变化范围，即最大、最小比辐射率之差存在某种统计关系。利用其他方法（α 剩余法、比辐射率之比法等）得到了波谱形状之后，可以利用该方法得到通道比辐射率的真实值（Matsunaga，1994）。

（9）温度与比辐射率分离法 TES

用于 ASTER 数据的温度与比辐射率分离方法（TES）是由 3 个模块构成的（Gillespie et al.，1996），分别为归一化比辐射率（NEM）模块、比辐射率之比（SR）模块和 MMD 模块。它首先利用 NEM 得到估计的地表温度，再利用 SR 得到比辐射率谱的形状，最后利用 MMD 得到比辐射率的真实值。在实际操作中这 3 个步骤是一个迭代的过程，最终得到反演的温度和比辐射率。

TES 地表温度和地表比辐射率分离法的流程图如图 5.2 所示。

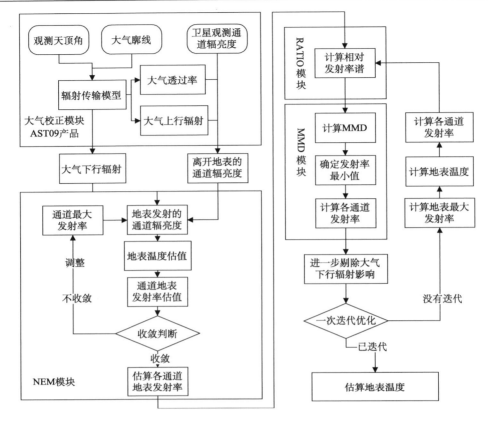

图 5.2　TES 地表温度和地表比辐射率分离法流程图

该方法已经成功应用于 ASTER 数据地表比辐射率产品生成的业务化处理，其优点如下。

1) 能够同时反演温度与比辐射率；

2) 是对 NEM 和 α 剩余法的重要改进；

3) 方法中考虑了对下行辐射的补偿；

4) 算法本身基本上能适应大多数地表类型。

（10）温度无关波谱指数法（TISI）

温度无关波谱指数概念是 Becker 和 Li 于 1990 年首先提出的（Becker and Li，1990）。温度无关波谱指数可以反映出比辐射率谱的大致形状。利用温度无关波谱指数，假设温度无关波谱指数随时间变化缓慢，即白天和晚上的 TISI 近似相等，那么借助中红外通道，就可以估算出中红外的地表反射率和比辐射率，进而反演热红外地表比辐射率。由于温度无关波谱指数法对大气廓线不太敏感，因此，该方法目前仍旧受到学者的广泛关注。同两温法一样，该方法受到云、配准精度等方面因素的影响。

温度无关波谱指数法反演地表比辐射率的流程图如图 5.3 所示。

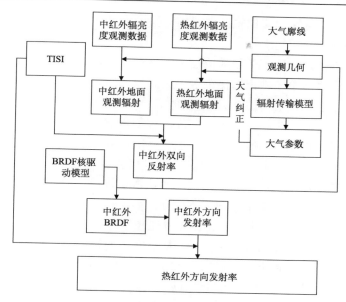

图 5.3 温度无关波谱指数反演法流程图

(11) 日夜双时相多通道物理反演法

日夜双时相多通道物理反演法首先由 Wan 和 Li 于 1997 年共同提出，该方法不需要事先知道较精确的地表比辐射率和大气参数等先验知识，利用辐射传输方程建立了一种利用白天和晚上双时相多通道的观测数据实现地表参数和大气参数同时反演的方法（Wan and Li，1997）。该方法的主要目的是解决干旱和半干旱地区，地表比辐射率的动态变化范围较大，而通过简单分类赋值的方法反演的地表比辐射率精度不高的问题。

日夜双时相多通道物理反演法的流程图如图 5.4 所示。

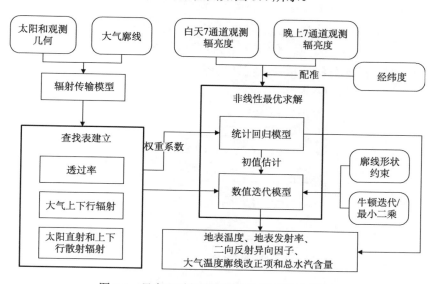

图 5.4 日夜双时相多通道物理反演法流程图

迄今为止，虽然存在很多比辐射率反演方法，每种方法都有其应用特点，但在应用中也存在以下问题。

1)对于分类赋值法，当下垫面为植被和水体时，地表比辐射率的反演精度较高，然而当下垫面为裸土时，由于裸土的比辐射率具有较大的光谱异质性，地表比辐射率的反演精度较低，通常达不到所需的0.01的精度。

2)两温法受到观测噪声、几何配准精度、观测角度和夜间地表的露水等影响，此外该方法对大气校正和温差较为敏感，大气校正不准，或者温差太小都会造成地表温度和地表比辐射率的反演精度降低。

3)灰体比辐射率法的实用性由于两个相邻通道所构成方程的病态性，以及两通道比辐射率相等的假设在实际情况下可能并不成立，而大打折扣。

4)α剩余法对仪器噪声、大气校正误差等比较敏感。

5)温度与比辐射率分离算法(TES)对于接近灰体的物质，如植被，地表比辐射率反演的精度较低。该方法更适合比辐射率谱 MMD 范围具有较大差异的物质。该方法需要多个在大气窗口内的热红外通道，因此，该方法并不适合大多数传感器地表比辐射率反演的业务化处理。

在现有的各种地表比辐射率反演算法中，Wan 和 Li(1997)的白天和晚上物理反演法需要 3 个中红外通道和 4 个热红外通道，以及白天和晚上配套的数据。基于温度无关的波谱指数 TISI 方法需要先做大气校正。基于温度和比辐射率分离的 TES 方法至少需要 5 个热红外通道数据。其他一些方法也需要各种限制条件，可操作性不强。考虑到 NDVI 阈值法的可操作性好，精度也能满足用户需求，因此，本书以 MODIS 和 FY-3A 数据为例，介绍 NDVI 阈值法关于窄波段和宽波段地表比辐射率反演方法。

5.2.1.2　窄波段比辐射率反演算法

（1）MODIS 数据窄通道地表比辐射率反演算法

为了计算 MODIS 数据窄通道地表比辐射率，首先根据不同地类地表比辐射率的特点，将地表主要划分为三大类：水体、雪/冰和植被裸土混合类，然后发展 MODIS 数据的地表比辐射率的反演算法，相关流程详见图 5.5。

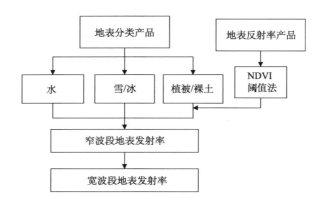

图 5.5　MODIS 数据地表比辐射率反演流程图

为了进一步说明简单将地表分为三类的合理性，研究利用 ASTER 和 UCSB 两大波谱数据库，对土壤、植被、水体和雪/冰的窄通道地表比辐射率进行了估算，如图 5.6 所示，其中实线为地类的平均比辐射率，而垂直的两条虚竖线表示 MODIS 两热红外通道（31 通道和 32 通道）的等效波长的位置。

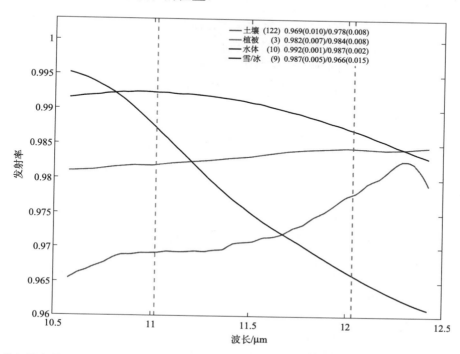

图 5.6　热红外光谱范围内的地表比辐射率波谱曲线，以及 MODIS 数据 31 和 32 通道地表比辐射率（见彩图）

由图 5.6 可知，植被的平均比辐射率在 10.5～12.5 μm 的波段范围内基本保持不变；土壤的平均比辐射率呈上升趋势，而雪/冰和水体的平均比辐射率呈下降趋势。在 MODIS 对应的等效波长处，土壤的平均比辐射率为 0.969 和 0.978，标准差为 0.01；植被的平均比辐射率为 0.982 和 0.984，标准差为 0.008；水体的平均比辐射率为 0.992 和 0.987，标准差为 0.002；雪/冰的平均比辐射率为 0.987 和 0.966，标准差为 0.01。由此可见，对于均匀平坦的典型地类，从光谱库中获取的地表比辐射率均值基本上都可以表示该地类的比辐射率值。然而对于起伏的地类，即便是均匀的地类，由于多次散射等因素的影响，直接用光谱库中获取的地表比辐射率来表示地类的比辐射率，可能会带来较大的误差。考虑到地表大部分区域主要由土壤，或者土壤和其他地类混合构成，而且土壤比辐射率的光谱变异性较大，所以将重点研究土壤，以及植被和土壤混合区域的地表比辐射率估算方法。

对于裸土像元，Sobrino 和 Raissouni（2000）认为裸土的 NDVI 值小于 0.2。 Valor 和 Caselles（1996）、Sobrino 和 Raissouni（2000）先前都是通过对通道比辐射率与可见光红波段地表反射率建立关系来获取。我们通过对 ASTER 和 UCSB 波谱库中的裸土比辐射率和红光波段的反射率值进行比较分析发现，两者之间很难建立一种线性关系，而 MODIS 31 波段和 32 波段的比辐射率与 MODIS 1～7 波段的反射率之间存在较好的线性关系。

通过分析，我们分别获取了它们之间的线性模型如下：

$$\varepsilon_{s,i} = a_i + \sum b_{ij}\rho_j \quad (i=31, 32; j=1\sim7) \tag{5.61}$$

式中，$\varepsilon_{s,i}$ 为 MODIS 第 i 波段的土壤比辐射率；ρ_j 为 MODIS 第 j 波段的土壤反射率；a 和 b 为经验拟合系数。

图 5.7 给出了 ASTER 波谱库中计算的裸土比辐射率值与模型预测的比辐射率值对比散点图。表 5.3 给出了裸土区 MODIS 31 波段和 32 波段比辐射率拟合统计结果。由图 5.7 和表 5.3 我们不难看出，对于裸土，MODIS 31 波段和 32 波段的比辐射率可以用可见光/近红外的 7 个波段较好地描述，31 波段和 32 波段的 RMSE 都为 0.003。

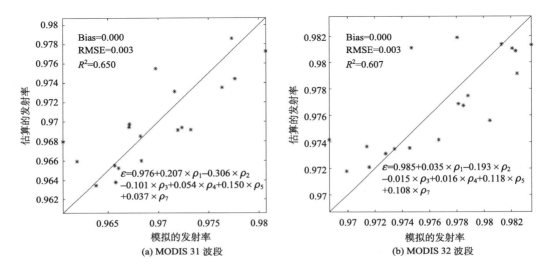

图 5.7　ASTER 和 UCSB 波谱库中计算的裸土比辐射率值与模型预测的比辐射率值对比散点图

$$\varepsilon_{s\_31} = 0.976 + 0.207\rho_1 - 0.306\rho_2 - 0.101\rho_3 +$$
$$0.054\rho_4 + 0.150\rho_5 + 0.037\rho_6 - 0.084\rho_7$$
$$\varepsilon_{s\_32} = 0.985 + 0.035\rho_1 - 0.193\rho_2 - 0.015\rho_3 + \tag{5.62}$$
$$0.016\rho_4 + 0.118\rho_5 + 0.108\rho_6 - 0.115\rho_7$$

表 5.3　裸土区 MODIS 31 波段和 32 波段比辐射率拟合统计结果

波段	RMSE	Bias	R^2
31	0.003	0.0	0.650
32	0.003	0.0	0.607

对于浓密植被覆盖区像元，即 NDVI>0.5 时，Sobrino 和 Raissouni (2000) 提出可以直接将地表比辐射率设定为一个常数。根据这一思路，考虑到浓密植被的比辐射率腔体效应，植被覆盖区的地表比辐射率设置为

$$\varepsilon_{v31} = \varepsilon_{c31} + <d\varepsilon_{31}> = 0.982 + 0.007 = 0.989$$
$$\varepsilon_{v32} = \varepsilon_{c32} + <d\varepsilon_{32}> = 0.984 + 0.006 = 0.990 \tag{5.63}$$

式中， ε_{c31} 和 ε_{c31} 分别为植被在 MODIS 31 波段和 32 波段的比辐射率均值； $<\mathrm{d}\varepsilon_{31}>$ 和 $<\mathrm{d}\varepsilon_{32}>$ 为考虑比辐射率腔体效应后，比辐射率的增量。这里参考 Peres 和 DaCamara（2005）的研究后，选取了 IGBP 14 种下垫面的比辐射率腔体效应均值，分别取值为 0.007 和 0.006。

对于植被和裸土的混合区域，其比辐射率由下式获得

$$\varepsilon_i = \varepsilon_{v,i}P_v + \varepsilon_{s,i}(1-P_v) + 4<\mathrm{d}\varepsilon>P_v(1-P_v) \tag{5.64}$$

式中， $\varepsilon_{v,i}$ 和 $\varepsilon_{s,i}$ 分别为第 i 波段的植被和裸土比辐射率； P_v 为植被覆盖度； $<\mathrm{d}\varepsilon>$ 为考虑了地物多次散射导致的比辐射率腔体效应的平均增量。对于 MODIS 这两个热红外通道而言， $<\mathrm{d}\varepsilon>$ 可以分别近似取值为 0.007 和 0.006。

P_v 可以根据 NVDI 值由下式获得

$$P_v = \left[\frac{\mathrm{NDVI} - \mathrm{NDVI_{min}}}{\mathrm{NDVI_{max}} - \mathrm{NDVI_{min}}} \right]^2 \tag{5.65}$$

式中， $\mathrm{NDVI_{min}}$ 和 $\mathrm{NDVI_{max}}$ 分别为裸土和浓密植被的 NDVI 值。 $\mathrm{NDVI_{min}}$ 和 $\mathrm{NDVI_{max}}$ 为区分土壤和植被的 NDVI 阈值，分别可以取值为 0.2 和 0.5。

将 MODIS 31 波段和 32 波段的土壤和植被的等效地表比辐射率带入式(5.64)和式(5.65)化简可得

$$\begin{aligned} \varepsilon_{31} &= -0.028P_v^2 + 0.041P_v + 0.969 \\ \varepsilon_{32} &= -0.024P_v^2 + 0.030P_v + 0.978 \end{aligned} \tag{5.66}$$

（2）FY-3A 数据窄通道比辐射率反演算法

FY-3A 是国产新一代极轨气象卫星，上面装载的接收红外信息的传感器为可见光红外扫描辐射计（VIRR），根据 VIRR 数据特点，结合 NDVI 阈值法，比辐射率计算的总体流程图基本上与 MODIS 数据类似。

图 5.8 是 FY-3A 数据典型地表的窄通道地表比辐射率，由图 5.8 可知，在 FY-3A 对应的等效波长处，土壤的平均比辐射率为 0.966 和 0.976，标准差为 0.01；植被的平均比辐射率为 0.982 和 0.984，标准差为 0.007；水体的平均比辐射率为 0.991 和 0.986，标准差为 0.002；雪/冰的平均比辐射率为 0.989 和 0.967。我们研究的重点依旧是考虑建立土壤，以及植被和土壤混合区域的地表比辐射率估算方法。

对于裸土像元，即 NDVI<0.2，利用 ASTER 和 UCSB 波谱库中的裸土波谱比辐射率和 FY3 两个热红外通道 IR4（10.3～11.3 μm）和 IR5（11.5～12.5 μm）的波谱响应函数，获得了通道的波段比辐射率。结合 FY3 其他 7 个可见光/近红外通道的光谱响应函数，获取 FY3 其他 7 个通道的波段反射率值，然后分别将 FY3 的 3 个红外通道比辐射率值与其他 7 个通道的反射率值进行多元回归分析，获得了比辐射率和反射率之间的线性模型如下：

$$\varepsilon_{s,i} = c_i + \sum d_{ij}\rho_j \quad (i=4,\ 5;\ j=1\sim2,\ 6\sim10) \tag{5.67}$$

式中， $\varepsilon_{s,i}$ 为 FY-3A 第 i 波段的土壤比辐射率； ρ_j 为 FY-3A 第 j 波段的土壤反射率； c 和 d 为经验拟合系数。

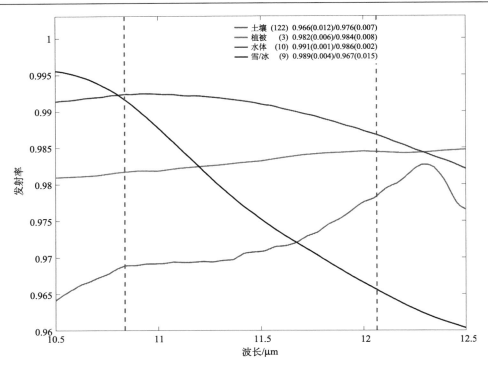

图 5.8　热红外光谱范围内的地表比辐射率波谱曲线，以及 FY-3A 数据 4 和 5 通道地表比辐射率（见彩图）

　　图 5.9 给出了 ASTER 波谱库中计算的 FY3 裸土比辐射率值与模型预测的比辐射率值对比散点图。从对比的散点图中我们发现，对于裸土，FY-3 的 IR4 波段和 IR5 波段的比辐射率可以用可见光/近红外的 7 个波段较好地描述，其中 IR4 波段的 RMSE 为 0.003，R^2 为 0.749；IR5 波段的 RMSE 为 0.002，R^2 为 0.742。

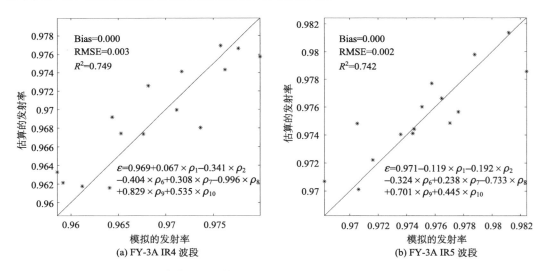

图 5.9　ASTER 和 UCSB 波谱库中计算的裸土比辐射率值与模型预测的比辐射率值对比散点图

FY-3A IR4 和 FY-3A IR5 两个热红外通道的窄通道的地表比辐射率可以表示为

$$\varepsilon_{s\_4} = 0.969 + 0.076\rho_1 - 0.339\rho_2 - 0.406\rho_6 + \\ 0.295\rho_7 - 0.992\rho_8 + 0.827\rho_9 + 0.539\rho_{10}$$ (5.68)

$$\varepsilon_{s\_5} = 0.971 - 0.111\rho_1 - 0.19\rho_2 - 0.325\rho_6 + \\ 0.226\rho_7 - 0.73\rho_8 + 0.699\rho_9 + 0.446\rho_{10}$$ (5.69)

对于浓密植被覆盖区像元，即 NDVI>0.5 时，Sobrino 和 Raissouni（2000）提出可以直接将地表比辐射率设定为一个常数。根据这一思路，考虑到浓密植被的比辐射率腔体效应，植被覆盖区的地表比辐射率设置为

$$\varepsilon_{v\_4} = \varepsilon_{c4} + <d\varepsilon_4> = 0.982 + 0.007 = 0.989 \\ \varepsilon_{v\_5} = \varepsilon_{c5} + <d\varepsilon_5> = 0.984 + 0.006 = 0.990$$ (5.70)

式中，ε_{c4} 和 ε_{c5} 分别为植被在 FY-3A IR4 和 FY-3A IR5 波段的比辐射率均值，$<d\varepsilon_4>$ 和 $<d\varepsilon_5>$ 是考虑比辐射率腔体效应后，比辐射率的增量。这里参考 Peres 和 DaCamara（2005）的研究后，选取 IGBP 14 种下垫面的比辐射率腔体效应均值，分别取值为 0.007 和 0.006。

对于植被和裸土的混合区域，其比辐射率也可以通过式（5.70）获得。通过将 FY-3A IR4 和 FY-3A IR5 通道的土壤和植被的等效地表比辐射率带入式（5.70），并进一步化简可得

$$\varepsilon_4 = -0.028P_v{}^2 + 0.044P_v + 0.966 \\ \varepsilon_5 = -0.024P_v{}^2 + 0.032P_v + 0.976$$ (5.71)

5.2.2　宽波段比辐射率反演算法

5.2.2.1　MODIS 数据宽波段比辐射率反演算法

地表比辐射率决定了长波净辐射的大小，如果简单采用窄波段比辐射率替代宽波段比辐射率，长波辐射的反演误差可能达到 100 W/m^2（Wang et al.，2005）。为了说明用哪一个光谱区间的发射辐射来计算整个电磁波谱区间的发射辐射而使误差降低到最小，我们将电磁波谱划分为很多单个区间，并计算每个区间的发射辐射对整个电磁波谱辐射的贡献。图 5.10 给出了温度从 260～340 K 变化时，对于一个黑体，各个波谱区间的发射辐射能在整个电磁波谱区间上所占辐射能的百分比。从图中不难看出，在温度小于 300K 时，8～14 μm 波谱区所占的辐射能小于 40%，14～30 μm 所占的百分比最大，30～50 μm 和 50～100 μm 波谱区所占的百分比也不可忽略。表 5.4 给出了温度为 300K 时，各个波谱区间所占辐射能的百分比，3～14μm 波谱区间所占的辐射能百分比只有 51.59%，1～3 μm 波谱区间占 0.01%，其他区间一共占 48.4%，而 3～100 μm 波谱区间占总辐射能的 99.52%。因此，得出结论，要想精确地获取长波发射辐射，至少要获取 3～100 μm 的宽波段比辐射率。

我们知道，基于 Stefan-Boltzmann 定律，对于一个自然物体，它的总发射辐射通量可以通过普朗克函数在整个电磁波谱区间的积分而获得，表示为

$$\phi = \int_0^\infty \iint_\Omega \varepsilon_\lambda(\theta,\varphi) B_\lambda(T_\lambda(\theta,\varphi)) \cos\theta \, d\Omega \, d\lambda = \varepsilon_w \sigma T^4$$ (5.72)

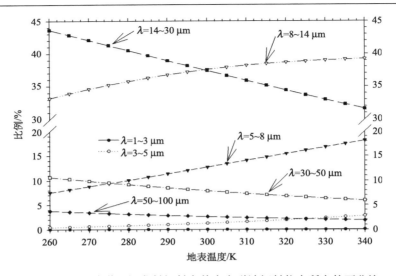

图 5.10　不同波谱区间发射辐射在整个电磁波辐射能中所占的百分比

表 5.4　各个波谱区间辐射能在整个辐射能中所占权重(T=300 K)

波谱区间	所占权重	波谱区间	所占权重
1～3	0.01	14～30	37.40
3～5	1.28	30～50	7.89
5～8	12.74	50～100	2.64
8～14	37.57	0～∞	100
3～14	51.59	3～100	99.52

式中，$\varepsilon_\lambda(\theta,\varphi)$ 为地表方向光谱比辐射率；θ 为观测天顶角；φ 为方位角；$B_\lambda(T)$ 为温度为 T 时黑体的普朗克函数；$T_\lambda(\theta,\varphi)$ 为方向上的地表辐射温度，它是波长 λ 和观测角度 θ 和 φ 的函数；Ω 为整个向上半球的立体角，可以表示为 ${\rm d}\Omega=\sin\theta{\rm d}\theta{\rm d}\varphi$；$\varepsilon_{\rm w}$ 为整个电磁波谱区间的比辐射率；σ 为 Stefan-Boltzmann 常数[5.67×10^{-8} W/(m^2·K^4)]。另外，ε_λ 又可表示为在波长为 λ、温度为 T 时，物体的发射辐射与黑体发射辐射的一个比值，表示为

$$\varepsilon_\lambda = E_\lambda / B_\lambda(T) \tag{5.73}$$

联合方程式，我们可以得到宽波段的比辐射率为

$$\varepsilon_{\lambda_1\to\lambda_2} = \frac{\displaystyle\int_{\lambda_1}^{\lambda_2}\varepsilon_\lambda B_\lambda(T){\rm d}\lambda}{\displaystyle\int_{\lambda_1}^{\lambda_2}B_\lambda(T){\rm d}\lambda} \tag{5.74}$$

式中，λ_1 和 λ_2 分别对应波谱区间的下边界和上边界，对于整个电磁波谱而言，λ_1 等于 0，而 λ_2 对应于无穷大。

同理，对于通道的窄波段比辐射率，我们可以写为

$$\varepsilon_i = \frac{\int_{\lambda_{i1}}^{\lambda_{i2}} f_i(\lambda)\varepsilon_\lambda B_\lambda(T)\mathrm{d}\lambda}{\int_{\lambda_{i1}}^{\lambda_{i2}} f_i(\lambda) B_\lambda(T)\mathrm{d}\lambda} \tag{5.75}$$

结合上述方程式，并假定一个类似于矩形的光谱响应函数，于是宽波段比辐射率可以重新写为

$$\varepsilon_{\lambda_1 \to \lambda_2} = \frac{\sum_{i=1}^{n} \int_{\lambda(i)}^{\lambda(i+1)} \varepsilon_\lambda B_\lambda(T)\mathrm{d}\lambda}{\int_{\lambda_1}^{\lambda_2} B_\lambda(T)\mathrm{d}\lambda} = \sum_{i=1}^{n} g_i \varepsilon_i' \approx \sum_{i=1}^{n} g_i \varepsilon_i \tag{5.76}$$

其中，

$$\varepsilon_i' = \frac{\int_{\lambda(i)}^{\lambda(i+1)} \varepsilon_\lambda B_\lambda(T)\mathrm{d}\lambda}{\int_{\lambda(i)}^{\lambda(i+1)} B_\lambda(T)\mathrm{d}\lambda} \tag{5.77}$$

$$g_i = \frac{\int_{\lambda(i)}^{\lambda(i+1)} B_\lambda(T)\mathrm{d}\lambda}{\int_{\lambda_1}^{\lambda_2} B_\lambda(T)\mathrm{d}\lambda} \tag{5.78}$$

由式(5.78)我们不难看出，宽波段比辐射率与窄波段通道比辐射率可以近似于一种线性关系，线性关系中的系数几乎与温度 T 无关。

由于受测量仪器的限制,现有的地物波谱库中一般只测量了 14 μm 以下的地物波谱,为了获得 14 μm 以上的波谱信息,我们计算了整个 ASTER 波谱中不同地物类型波谱曲线的平均值和标准差。图 5.11 给出了其结果,我们可以从图中发现以下规律。

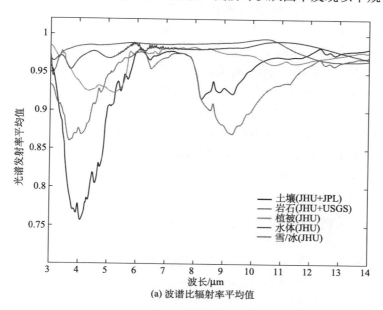

(a) 波谱比辐射率平均值

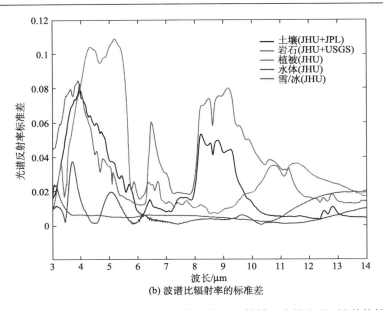

(b) 波谱比辐射率的标准差

图 5.11　ASTER 波谱库中几种典型地物(土壤、岩石、植被、水体和雪/冰)的特性(见彩图)

1)在 3～5 μm 和 8～10 μm，波谱比辐射率曲线的变化范围是最大的，而在 5～8 μm 和 12～14 μm 变化相对较少；

2)对于一个给定的波长，比辐射率值变化越大，平均比辐射率值就相对越小；

3)波长越长，波谱比辐射率值的变化相对越小。

这样，对于波长大于 14 μm 的波谱区间，我们可以用 12.5～13.5 μm 波谱区间的比辐射率平均值来代替计算。

此外，在温度从 260 K 变化到 340 K 时，我们分别计算了不同温度条件下宽波段比辐射率值，发现它们的差异小于 0.005，由此可知，在计算宽波段比辐射率时，可以用一个温度(T=300 K)来进行计算。

根据以上分析，我们首先利用 ASTER 波谱库(包含 JHU、JPL、USGS 波谱库)分别计算了 3～14 μm 宽波段比辐射率($\varepsilon_{3\sim14}$)和 3～∞ μm 宽波段比辐射率($\varepsilon_{3\sim\infty}$)，并模拟计算了 MODIS 的 3 个热红外通道[即 29(8.4～8.7 μm)、31(10.78～11.28 μm)和 32(11.77～12.27 μm)通道]的窄波段比辐射率数据库，在这些数据的基础上，分别建立了窄波段比辐射率向宽波段比辐射率的转换模型如下(Tang，2011)：

$$\varepsilon_{3\sim14} = -0.0593 + 0.2544 \times \varepsilon_{29} + 0.0793 \times \varepsilon_{31} + 0.7215 \times \varepsilon_{32} \tag{5.79}$$

$$\varepsilon_{3\sim\infty} = 0.0636 + 0.1784 \times \varepsilon_{29} - 0.1227 \times \varepsilon_{31} + 0.8795 \times \varepsilon_{32} \tag{5.80}$$

根据上面建立的窄波段向宽波段比辐射率转换模型，我们利用 ASTER 波谱库模拟的 MODIS 热红外通道的窄波段比辐射率数据，分别计算了宽波段比辐射率 $\varepsilon_{3\sim14}$ 和 $\varepsilon_{3\sim\infty}$，并与之前根据宽波段定义计算的宽波段比辐射率数据进行了对比。图 5.12 是实际的 3～14 μm 比辐射率数据与根据式(5.79)计算的比辐射率数据对比散点图。图 5.13 是实际的 3～∞ μm 的比辐射率数据与根据式(5.80)计算的比辐射率数据对比散点图。从这两幅图中我们不难看出，反演值跟实际值的 RMSE 不超过 0.005，这说明我们建立的窄波段-宽波段比辐射率转化模型是可行的。

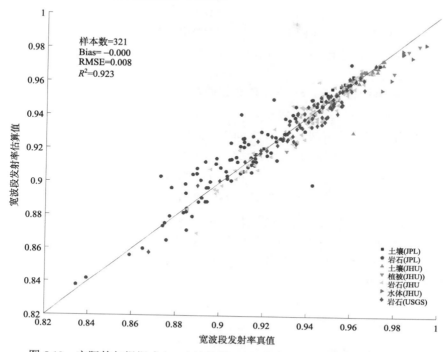

图 5.12　实际的与根据式(5.79)计算的 3～14 μm 比辐射率散点图(见彩图)

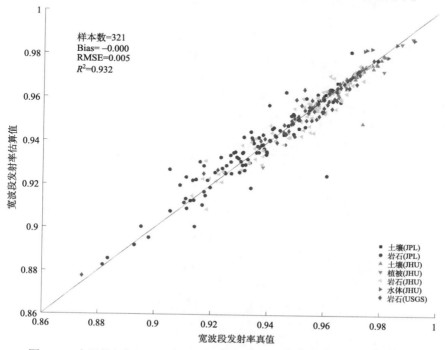

图 5.13　实际的与根据式(5.80)计算的 3～∞ μm 比辐射率散点图(见彩图)

5.2.2.2　FY-3A 数据宽波段比辐射率反演算法

针对 FY-3A 的可见光红外扫描辐射计(VIRR)数据，我们也发展了地表窄波段比辐射率向宽波段比辐射率的转换模型。与计算 MODIS 宽波段的比辐射率一样，我们根据宽波段比辐射率和窄波段比辐射率的定义，首先利用 ASTER 波谱库(包含 JHU、JPL、USGS 波谱库)分别计算了 3～14 μm 宽波段比辐射率($\varepsilon_{3\sim14}$)和 3～∞ μm 宽波段比辐射率($\varepsilon_{3\sim\infty}$)，并模拟计算了 FY-3A VIRR 数据的 3 个红外通道[即 IR$_3$(3.55～3.93 μm)、IR$_4$(10.3～11.3 μm)和 IR$_5$(11.5～12.5 μm)通道]的窄波段比辐射率数据库，在这些数据的基础上，我们分别建立了窄波段比辐射率向宽波段比辐射率的转换模型如下：

$$\varepsilon_{3\sim14} = 0.0194 + 0.0857 \times \text{IR}_3 + 0.2252 \times \text{IR}_4 + 0.6641 \times \text{IR}_5 \tag{5.81}$$

$$\varepsilon_{3\sim\infty} = 0.0696 + 0.0429 \times \text{IR}_3 - 0.0972 \times \text{IR}_4 + 0.9819 \times \text{IR}_5 \tag{5.82}$$

图 5.14 给出了利用 ASTER 波谱库计算的宽波段比辐射率 $\varepsilon_{3\sim14}$ 与根据式(5.81)计算的比辐射率数据对比散点图。图 5.15 给出了利用 ASTER 波谱库计算的宽波段比辐射率 $\varepsilon_{3\sim\infty}$ 与根据式(5.82)计算的比辐射率数据对比散点图。从这两幅图中我们不难看出，反演值跟实际值的 RMSE 都在 0.01 左右，这主要是由 VIRR 红外通道的响应函数跨幅较宽，光谱性能不太高所致。

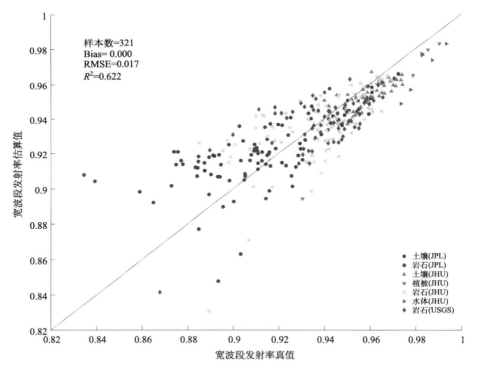

图 5.14　实际的与反演的 3～14μm 比辐射率散点图(见彩图)

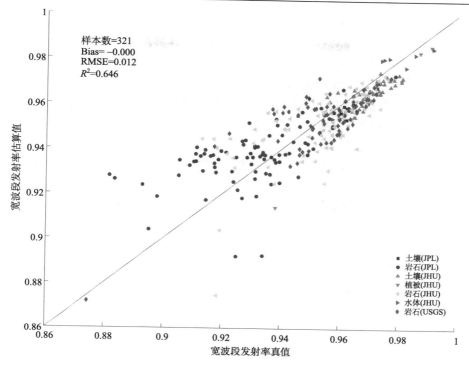

图 5.15 实际的与反演的 3~∞ μm 比辐射率散点图 (见彩图)

5.2.3 地表温度反演

地表温度估算是热红外遥感的研究热点, 地表温度是区域和全球地表生物、物理和化学过程中的关键因子, 在地表和大气交互及能量交换中起重要作用, 对地表能量平衡的研究, 以及气候、水文、生态和生物等学科的研究都有重要意义。传统地面定点测量获取温度的离散性和覆盖范围的有限性导致其难以满足各应用需求。目前采用遥感手段反演区域地表温度是获取大范围地表温度唯一可行的途径。

NASA 的对地观测计划提出地表温度反演精度优于 1 K 的目标, 认为这个精度能够对遥感应用产生实质性的推动。国内外研究者针对不同的传感器发展了不同的地表温度反演算法。下面以典型的传感器为代表分别介绍不同的地表温度反演算法。

5.2.3.1 以 TM 和 ETM+ 为代表的单通道算法

在已知地表发射率的情况下, 基于辐射传输方程法 (RTE) 可以从大气窗口内的单一波段的热红外数据中反演得到地表温度。基于辐射传输方程, 在晴空局地热平衡状态下, 传感器接收到的通道辐射值 $B_i(T_i)$ 可以表示为

$$B_i(T_i) = \tau_i(\theta)\left[\varepsilon_i(\theta)B_i(T_s) + (1 - \varepsilon_i(\theta))L_i^{\downarrow}\right] + L_i^{\uparrow}(\theta) \tag{5.83}$$

式中, θ 为观测天顶角; T_s 为地表温度; T_i 为通道 i 的亮度温度; $\tau_i(\theta)$ 为通道 i 在观测角度 θ 时的大气透过率; $\varepsilon_i(\theta)$ 为通道 i 在观测角度 θ 时的地表发射率; $B_i(T_s)$ 为地表辐射值;

$L_i^{\downarrow}$和$L_i^{\uparrow}$为通道i的大气下行辐射和大气上行辐射。

辐射传输方程法（RTE）主要根据热辐射传输方程计算地表热辐射强度，进而根据普朗克方程逆运算推算地表温度。这一方法虽然可行，但实际操作起来却非常困难，除计算过程复杂以外，大气模拟所需要的实时大气廓线数据一般很难获取。在实际应用中通常采用非实时的大气探空数据，或者大气辐射传输模型（LOWTRAN，MODTRAN）中的标准大气廓线数据来代替实时大气廓线数据进行大气模拟，由于大气廓线数据具有非真实性或非实时性，根据大气模拟结果所得到的大气对地表热辐射的影响的估计值通常存在较大的误差，从而使得辐射传输方程法获得的地表温度精度较差。

为了减少对大气廓线的依赖，Qin 等（2001）根据热辐射传输方程，通过一系列假设，建立了适合 Landsat TM6 的单窗算法，其公式如下：

$$T_s = [a(1 - C - D) + (b(1 - C + D) + C + D)T_6 - DT_a] / C \tag{5.84}$$

式中，T_s为地表温度；T_6为传感器观测到的亮温；T_a为大气平均作用温度，单位为 K；a 和 b 为常量，在一般情况下（即当地表温度在 0～70℃时）取值为 $a=-67.355351$，$b=0.458606$；C 和 D 为中间变量，分别用下式表示：

$$C = \varepsilon\tau \tag{5.85}$$

$$D = (1 - \tau)[1 + (1 - \varepsilon)\tau] \tag{5.86}$$

式中，ε为 TM6 波段范围内的地表发射率；τ为 TM6 波段范围内的大气透过率。由上述公式可以看出，该算法的优点在于仅需要 3 个基本参数：地表发射率、大气透过率和大气平均作用温度。大气透过率和大气平均作用温度可以根据实时大气廓线数据计算，也可以根据近地面空气湿度和近地面气温的观测值来估算（Qin et al.，2001）。其经验公式如下：

$$T_a = 16.0110 + 0.9262T_0 \quad \text{（中纬度夏季大气）} \tag{5.87}$$

$$T_a = 19.2704 + 0.9118T_0 \quad \text{（中纬度冬季大气）} \tag{5.88}$$

$$\tau = 0.974290 - 0.08007w \quad \text{（中纬度夏季大气）} \tag{5.89}$$

$$\tau = 0.982007 - 0.09611w \quad \text{（中纬度冬季大气）} \tag{5.90}$$

式中，T_0为近地表大气温度；w 为大气水汽含量。该算法的不足之处是，其推导的估算大气透过率和大气平均作用温度的经验公式只使用了标准大气廓线数据，而标准大气廓线在大多数情况下不能满足实际应用，因而限制了该算法的适用性。

Jiménez-Muñoz 和 Sobrino（2003）提出了一个普适性单通道算法，该算法可以针对任何一种热红外数据反演地表温度，同样适用于 TM6 数据。其公式如下：

$$T_s = \gamma[(\varphi_1 L_{\text{sensor}} + \varphi_2) / \varepsilon + \varphi_3] + \delta \tag{5.91}$$

$$\gamma = \left\{ \frac{c_2 L_{\text{sensor}}}{T_{\text{sensor}}^2} \left[\frac{\lambda^4}{c_1} L_{\text{sensor}} + \lambda^{-1} \right] \right\}^{-1} \tag{5.92}$$

$$\delta = -\gamma L_{\text{sensor}} + T_{\text{sensor}} \tag{5.93}$$

式中，L_{sensor} 为传感器接收的辐亮度[W/（m²·sr·μm）]；T_{sensor} 为传感器上所获得的亮度温度[K]；λ 为等效波长（对 TM6 来说是 11.457 μm）；c_1、c_2 为辐射常量；φ_1、φ_2、φ_3 为大气函数，可以利用大气水汽含量 w 来获得，对于 TM6，计算公式如下：

$$\varphi_1 = 0.14714w^2 - 0.15583w + 1.1234 \tag{5.94}$$

$$\varphi_2 = -1.183w^2 - 0.3760w - 0.52894 \tag{5.95}$$

$$\varphi_3 = -0.0455w^2 + 1.8719w - 0.39071 \tag{5.96}$$

与 Qin 等(2001)的单窗算法相比,该算法更为简单,所需要的输入参数除了地表发射率以外,仅需要大气水汽含量。因此,该算法的关键在于如何获取精确的大气水汽含量。Jiménez-Muñoz 等(2009)对该算法进行了修订,在回归大气函数系数时重新加入了4个大气廓线库,并且分别为 Landsat-4、Landsat-5 和 Landsat-7 计算了新的大气函数系数。

5.2.3.2　以 AVHRR 和 MODIS 为代表的劈窗算法

劈窗算法(又称为分裂窗算法)是目前应用最为广泛的地表温度反演算法。该算法最初应用于海面温度的反演,随后被推广到地表温度的反演(McMillin,1975)。其基本原理是利用 10~13 μm 大气窗口内的两个相邻通道(一般为 10.5~11.5 μm 和 11.5~12.5 μm)对大气吸收作用的不同(尤其是对大气水汽吸收作用的差异),通过两个通道的星上亮温的各种组合来剔除大气的影响,进行大气和地表发射率的校正(Becker and Li,1995;François and Ottlé,1996):

$$T_s = C + \left(A_1 + A_2 \frac{1-\varepsilon}{\varepsilon} + A_3 \frac{\Delta\varepsilon}{\varepsilon^2} \right) \frac{T_{11} + T_{12}}{2} + \left(B_1 + B_2 \frac{1-\varepsilon}{\varepsilon} + B_3 \frac{\Delta\varepsilon}{\varepsilon^2} \right) \frac{T_{11} - T_{12}}{2} \tag{5.97}$$

式中,T_s 为地表温度;T_{11} 和 T_{12} 分别为 11 μm 和 12 μm 的星上亮温;$\varepsilon = (\varepsilon_{11} + \varepsilon_{12})/2$;$\Delta\varepsilon = \varepsilon_{11} - \varepsilon_{12}$;$\varepsilon_{11}$ 和 ε_{12} 分别为 11 μm 和 12 μm 的地表发射率;A_1、A_2、A_3、B_1、B_2、B_3 和 C 为待拟合系数。

到目前为止,所有劈窗算法都是在假定地表发射率已知的条件下发展而来的。地表温度都是通过两个相邻通道所测得的星上亮温的线性组合或二次多项式组合来确定的,组合的系数需要考虑地表发射率、观测角度和大气类型(Coll et al.,2007;Sobrino et al.,2004;Sobrino and Romaguera,2004;Trigo et al.,2008)。表 5.5 列出了九种反演地表温度的劈窗算法。需要注意的是,表中每种算法的系数都是通过大气辐射传输模型模拟不同

表 5.5　九种反演地表温度的劈窗算法

作者	算法
Price(1984)	$T_s = C + A_1 T_4 + A_2 (T_4 - T_5) + A_3 (T_4 - T_5)(1 - \varepsilon_4) + A_4 T_5 \Delta\varepsilon$
Ulivieri 和 Cannizzaro(1985)	$T_s = C + A_1 T_4 + A_2 (T_4 - T_5) + A_3 \varepsilon$
Becker 和 Li(1990)	$T_s = C + (A_1 + A_2 (1-\varepsilon)/\varepsilon + A_3 \Delta\varepsilon/\varepsilon^2)(T_4 + T_5) +$
Wan 和 Dozier(1996)	$(B_1 + B_2 (1-\varepsilon)/\varepsilon + B_3 \Delta\varepsilon/\varepsilon^2)(T_4 - T_5)$
Prata 和 Platt(1991)	$T_s = C + A_1 T_4/\varepsilon + A_2 T_5/\varepsilon + A_3 (1-\varepsilon)/\varepsilon$
Vidal(1991)	$T_s = C + A_1 T_4 + A_2 (T_4 - T_5) + A_3 (1-\varepsilon)/\varepsilon + A_4 \Delta\varepsilon/\varepsilon^2$
Ulivieri 等(1994)	$T_s = C + A_1 T_4 + A_2 (T_4 - T_5) + A_3 (1-\varepsilon) + A_4 \Delta\varepsilon$
Sobrino 等(1993)	$T_s = C + A_1 T_4 + A_2 (T_4 - T_5) + A_3 (T_4 - T_5)^2 + A_4 (1-\varepsilon_4) + A_5 \Delta\varepsilon$
Sobrino 等(1994)	$T_s = C + A_1 T_4 + A_2 (T_4 - T_5) + A_3 \varepsilon + A_4 \Delta\varepsilon/\varepsilon$
Coll 等(1994)	$T_s = C + A_1 T_4 + A_2 (T_4 - T_5) + A_3 (1-\varepsilon_4) + A_4 \Delta\varepsilon$

的大气、地表和观测条件下的观测数据而获得的，因此，这些系数值仅在一定情况下有效。由于该方法对大气的光学特性的不确定性不敏感，并且形式简单，计算效率高，因此，该方法已被广泛应用于不同的热红外传感器，如 AVHRR、MODIS、SEVIRI 等。

5.2.3.3　以 ATSR 和 AATSR 为代表的多角度算法

多角度算法基于与劈窗算法类似的原理，但是大气吸收的不同是由从不同角度观测时所经过的大气路径不同所造成的。与劈窗算法一样，大气的作用可以通过单通道在不同角度观测下所获得的星上亮温的线性组合来消除(Chedin et al.，1982)。

欧洲太空署(European Space Agency，ESA)发射的 ERS-1(European remote sensing)卫星上搭载的 ATSR-1(along-track scanning radiometer)，ERS-2 卫星上搭载的 ATSR-2 和 ENVISAT(environment satellite)卫星上搭载的 AATSR(advanced along-track scanning radiometer)对地球上的每个地面点提供两个不同角度(0°和 55°)的观测。一个角度为天顶观测(nadir viewing)，对应的观测天顶角范围为 0°~21.6°，另一个角度为前向观测(forward viewing)，对应的观测天顶角范围为 52.4°~55°。每个角度所对应的地面像元分辨率不同，天顶观测的像元大小为 1 km×1 km，前向观测的像元大小为 1.5 km×2 km。

假定地表发射率随角度的变化在观测角度小于 60°的情况下可以忽略，Prata(1993)对多角度算法进行了深入的讨论。Sobrino 等(1996)提出了一种改进的多角度算法：

$$T_s = T_n + p_1(T_n - T_f) + p_2 + p_3(1 - \varepsilon_n) + p_4(\varepsilon_n - \varepsilon_f) \tag{5.98}$$

式中，T_n 和 T_f 分别为天顶观测和前向观测的星上亮温；ε_n 和 ε_f 分别为天顶观测和前向观测的地表发射率；p_1、p_2、p_3 和 p_4 为待拟合系数。

Sobrino 等(2004)、Sòria 和 Sobrino(2007)分别针对 ATSR-2 和 AATSR 发展了一系列多角度算法。Sobrino 等(1996，2004)、Sobrino 和 Jiménez-Muñoz(2005)的研究结果表明，在不考虑遥感数据本身误差的情况下，多角度算法反演海面温度的精度可达 0.23 K。地表比辐射的角度变化和光谱变化处于同一数量级时，多角度算法比劈窗算法的反演精度更高。

5.2.3.4　以 ASTER 为代表的温度与发射率分离算法

TES 算法是由 Gillespie 等(1996)针对 ASTER 数据提出的一种温度与发射率分离算法，其在多光谱热红外数据进行温度与发射率分离的应用中较为广泛。TES 算法吸收了归一化发射率法(normalized emissivity method，NEM)、光谱比值法(spectral ratio method，SR)和最大-最小发射率差值法(maximum-minimum apparent emissivity difference method，MMD)三种算法的优点，并针对其不足做出了相应的改进。该算法首先利用 NEM 算法估算地表温度和发射率；然后利用 SR 算法使通道发射率与所有通道的平均值相除来计算发射率比值，作为发射率波形的无偏估计；最后根据 MMD 算法中的最小发射率与最大、最小相对发射率差值的经验关系来确定最小发射率，从而得到地表温度和发射率。

(1)NEM 模块

该模块首先假定 ASTER 第 10~14 波段的最大发射率 $\varepsilon_{max} = 0.99$(接近于发射率较高

的植被和水体)，用迭代方法逐步去除大气下行辐射，从而初步估算地表温度和发射率：

$$T_b = \frac{c_2}{\lambda_b \ln\left(\dfrac{c_1 \varepsilon_{\max}}{\pi \lambda_b^5 R_b} + 1\right)}, \quad b = 10 \sim 14 \tag{5.99}$$

$$T_{\mathrm{NEM}} = \max(T_b), \quad b = 10 \sim 14 \tag{5.100}$$

$$\varepsilon_b = \frac{R_b}{B_b(T_{\mathrm{NEM}})}, \quad b = 10 \sim 14 \tag{5.101}$$

式中，T_b 为第 $b(b=10\sim14)$ 波段的地表温度；c_1 和 c_2 为普朗克常量；λ 为波长；T_{NEM} 为 T_b 中的最大值；B 为普朗克函数；R_b 为第 $b(b=10\sim14)$ 波段去除大气下行辐射后的地表自身辐射。R_b 的初值为

$$R_b = L_{\mathrm{grnd}} - (1 - \varepsilon_{\max}) L_{\mathrm{atm}\downarrow}, \quad b = 10 \sim 14 \tag{5.102}$$

式中，L_{grnd} 为来自地表的辐射(包括地表的自身辐射和地表反射的大气下行辐射)；$L_{\mathrm{atm}\downarrow}$ 为大气下行辐射。

每次获得新的发射率后，重新计算 R_b。再重新计算式(5.99)~式(5.101)进行迭代，直到相邻迭代次数中 R_b 的变化小于阈值限制，或者超过迭代次数的限制时结束。

(2)RATIO 模块

根据 NEM 模块计算的发射率 ε_b 获得相对发射率 β_b：

$$\beta_b = \frac{5\varepsilon_b}{\sum \varepsilon_b}, \quad b = 10 \sim 14 \tag{5.103}$$

(3)MMD 模块

首先计算相对发射率的最大值和最小值之差 MMD：

$$\mathrm{MMD} = \max(\beta_b) - \min(\beta_b), \quad b = 10 \sim 14 \tag{5.104}$$

然后根据最小发射率 $\varepsilon_{\min}$ 与 MMD 之间的经验关系计算最小发射率 $\varepsilon_{\min}$：

$$\varepsilon_{\min} = 0.994 - 0.687 \mathrm{MMD}^{0.737} \tag{5.105}$$

最后计算 5 个波段的发射率：

$$\varepsilon_b = \beta_b \left(\frac{\varepsilon_{\min}}{\min(\beta_b)}\right), \quad b = 10 \sim 14 \tag{5.106}$$

(4)地表温度反演

根据 MMD 模块计算的新的发射率重新计算地表温度：

$$T_{b*} = \frac{c_2}{\lambda_{b*} \ln\left(\dfrac{c_1 \varepsilon_{\max}}{\pi \lambda_{b*}^5 R_{b*}} + 1\right)} \tag{5.107}$$

式中，b^* 为发射率最大的波段。

TES 算法利用地物发射率的光谱差异来实现地表温度和发射率的分离，因此，该方法更适用于发射率光谱差异较大的地物(如岩石和土壤)。利用模拟和实际数据表明，在

准确的大气校正情况下，TES 算法反演的地表温度和发射率的精度分别大约为 1.5 K 和 0.015(Sobrino et al.，2007；Sawabe et al.，2003)。Gustafson 等(2006)指出，在发射率光谱差异较小(如植被、水体、冰雪)的区域，以及在湿热大气状况下，该算法的反演误差相对较大(Coll et al.，2007)。为了提高 TES 算法的反演精度，许多研究者对 TES 算法进行了修正。Sabol 等(2009)利用最小发射率 $\varepsilon_{\min}$ 和 MMD 的线性关系代替指数关系，在一定程度上减弱了光谱差异对反演精度的影响。Gillespie 等(2011)利用水汽尺度化算法(water vapor scaling method)提高了 TES 算法的反演精度。Hulley 和 Hook(2011)利用 MODIS 的 3 个热红外波段(波段 29、31 和 32)发展了适合反演 MODIS 地表温度与发射率的 TES 算法。

5.2.3.5　以 MODIS 为代表的日夜算法

Wan 和 Li(1997)提出了利用 MODIS 中红外和热红外通道的白天和晚上观测数据同步反演地表温度和发射率的物理算法。该算法包括以下几个假设条件。

1) MODIS 的探空通道及其相应的算法能够提供大气水汽和温度廓线。虽然 MODIS 大气廓线产品的精度还不能满足地表温度反演的需求，但是可以假设大气廓线的形状是准确的，只需要对其做一个整体的修正。这使得可以只用两个未知参数(即大气底层温度和大气总水汽含量)来描述大气状态。

2) 地表发射率在白天和晚上是一样的，并且可做朗伯假定。

3) 对中红外通道反射的太阳辐射考虑二向性反射，但是假定中红外通道都具有相同的二向反射比因子。

该算法基于的模型可以表示为

$$
\begin{aligned}
L(j) = {} & t_1(j)\varepsilon(j)B_j(T_s) + L_a(j) + L_s(j) + \\
& \frac{1-\varepsilon(j)}{\pi}\big[t_2(j)\alpha\mu_0 E_0(j) + t_3(j)E_d(j) + t_4(j)E_t(j)\big]
\end{aligned}
\tag{5.108}
$$

式中，$\varepsilon(j)$ 为通道 j 的平均发射率；T_s 为地表温度；α 为地表二向反射比因子；$B_j(T_s)$ 为通道 j 的黑体辐射亮度；$E_0(j)$ 为通道的太阳辐射通量；$L_a(j)$、$L_s(j)$ 分别为观测方向的大气路径热辐射亮度和反射的太阳辐射亮度；$E_d(j)$、$E_t(j)$ 分别为大气下行辐射中来自太阳辐射的分量和来自大气自身热辐射的分量；t_1、t_2、t_3、t_4 为大气透过率。

该模型包括 14 个未知参数，分别为 7 个波段的地表发射率(7 个)、白天的地表二向反射比因子(1 个)、白天和晚上的地表温度(两个)、白天和晚上的大气参数 T_a 和 w(4 个)。结合 MODIS 中红外和热红外 7 个波段的白天和晚上观测数据，组成 14 个非线性方程组，通过统计回归和最小二乘拟合方法求解这 14 个方程，同步反演地表温度和发射率。

现有全球地表温度产品主要分为两类：一是极轨卫星 LST 产品，主要有 MODIS LST 产品(Wan and Dozier，1996)、AVHRR LST 产品(Pinheiro et al.，2006)、AATSR LST 产品和 ASTER LST 产品(Gillespie et al.，1996)；二是静止卫星 LST 产品，主要有欧洲的 MSG-SEVIRI LST 产品(Trigo et al.，2008)和美国的 GOES LST 产品(Sun and Pinker，2003)。每类卫星数据都有自己的特点和优势。极轨卫星有更高的空间分辨率，但时间分

辨率相对较低。静止卫星可以对同一个区域进行连续观测，因此，可以获取半个小时的高时间分辨率遥感数据，适合进行地表温度的日变化研究。由于传感器通道设置的限制，现有大多数地表温度产品都是采用劈窗算法进行地表温度反演，只是算法的系数有所不同。

以上各种地表温度反演算法都有其应用特点，但也存在一些局限性。

1) 以 TM 和 ETM+为代表的单通道算法由于只用一个热红外通道，信息量有限，加之受辐射传输模型、大气廓线数据和地表发射率等参数的影响，因此，其地表温度反演精度受到一定的限制。

2) 以 AVHRR 和 MODIS 为代表的劈窗算法是目前应用最为广泛的地表温度反演算法。通过劈窗算法准确地反演地表温度，需要知道准确的地表发射率和大气水汽含量。由于采用简单分类方法获取像元尺度上的地表发射率具有较大的不确定性，因此，地表温度反演精度也受到较大的影响。对于裸土下垫面，这个问题体现得更加突出。

3) 以 ATSR 和 AATSR 为代表的多角度算法基于与劈窗算法类似的原理，但是大气吸收的不同是由从不同角度观测时所经过的大气路径不同造成的。与劈窗算法一样，大气的作用可以通过单通道在不同角度观测下所获得的星上亮温的线性组合来消除。该算法只适应地表状况比较均一区域的地表温度反演。由于陆地表面状况在空间上的不均匀性和地表类型的复杂性，多角度算法在地表温度反演中的应用还很少。

4) 以 ASTER 为代表的温度与发射率分离(TES)算法只适用于至少有 3 个热红外通道的传感器。TES 算法利用地物发射率的光谱差异来实现地表温度和发射率的分离，因此，该方法更适用于发射率光谱差异较大的地物(如岩石和土壤)。在发射率光谱差异较小(如植被、水体、冰雪)的区域，以及在湿热大气状况下，该算法的反演误差相对较大。

5) 以 MODIS 为代表的日夜算法是针对 MODIS 提出的地表温度反演算法。该算法结合 MODIS 中红外和热红外 7 个波段的白天和晚上观测数据，组成 14 个非线性方程组，通过统计回归和最小二乘拟合方法求解这 14 个方程，同步反演地表温度和发射率。该算法计算过程比较复杂，并且是在利用大气模型来确定若干参数的情况下才能进行求解，至少需要 7 个通道，不适用于大多数传感器。由于同一地区白天和晚上的天气变化较大，很多时候白天晴朗的地区晚上则有云，况且由于卫星轨道的变化，只有进行几何校正才能使白天和晚上两景图像形成匹配，但几何校正的像元数值重采样又使像元数值发生变化，从而带来误差。

5.2.4　地表上行长波辐射

现阶段，用于反演地表上行长波辐射的方法主要分为基于地表温度和发射率的物理模型，以及基于大气顶层亮温的混合模型，下面分别对这两类反演算法进行介绍。

5.2.4.1　物理模型

从理论上讲，地表上行长波辐射由两部分组成——地表发射的长波辐射和反射的地表下行长波辐射(Liang，2004)：

$$L_u = \int_{\lambda_1}^{\lambda_2} \varepsilon_\lambda \left[B(T_s) + (1 - \varepsilon_\lambda) L_{a\lambda} \right] \mathrm{d}\lambda \tag{5.109}$$

式中，L_u 为地表上行长波辐射；ε_λ 为地表发射率；$B(T_s)$ 为地表温度为 T_s 时的普朗克函数；$L_{a\lambda}$ 为大气下行辐射；λ 为波长；λ_1 和 λ_2 为地表长波净辐射波段范围的上边界和下边界，通常在研究中采用 $4\sim100~\mu\mathrm{m}$，或者 $1\sim200~\mu\mathrm{m}$ 的波段范围。

假设地表发射率与普朗克函数和大气下行辐射无关，并且忽略通道宽度的影响，式(5.109)可以改写为

$$L_u = \varepsilon_b \sigma T_s^4 + (1 - \varepsilon_b) L_d \tag{5.110}$$

式中，σ 为斯蒂芬-玻尔兹曼常数 $[5.67 \times 10^{-8}~\mathrm{W/(m^2 \cdot K^4)}]$；$T_s$ 为地表温度；ε_b 为宽波段地表发射率；L_d 为地表下行长波辐射。T_s 和 ε_b 可以通过上一节介绍的方法获取；L_d 可以通过第 4 章中的方法进行估算。

5.2.4.2 混合模型

晴空 TOA(top of atmosphere)辐亮度包含地表温度、发射率和地表下行长波辐射的信息。混合模型能够避免分别估算地表温度、宽波段发射率和地表下行长波辐射，直接从卫星的 TOA 辐亮度或亮温估算地表上行长波辐射。这种方法的优点是能够绕过地表温度和发射率分离的问题，从而能够更准确地估计地表上行长波辐射。Wang 和 Liang(2009)分别建立了针对 MODIS 和 GOES 数据的晴空地表上行长波辐射估算模型，下面分别进行介绍。

(1)线性回归模型

地表上行长波辐射模型的建立主要包括两个步骤：①生成辐射传输模拟数据库；②对该数据库进行分析，建立通过 TOA 辐亮度估算地表上行长波辐射的模型。地表上行长波辐射线性模型是由多元回归分析确定的，分析结果表明 MODIS 的第 29、31 和 32 波段估算地表长波辐射最为合适。这 3 个波段对地表温度的变化都很敏感，同时水汽含量是从卫星 TOA 辐亮度估算地表上行长波辐射的一个重要参数，这 3 个波段对水汽的吸收不同，31 和 32 波段常用于反演水汽含量。建立的线性模型如下：

$$L_u = a_0 + a_1 L_{29} + a_2 L_{31} + a_3 L_{32} \tag{5.111}$$

式中，a_0、a_1、a_2 和 a_3 为回归系数；L_{29}、L_{32} 和 L_{32} 为 MODIS 的 29、31 和 32 波段的 TOA 辐亮度。统计分析显示该线性模型能够解释模拟数据库超过 99% 的方差，标准差为 4.89(观测天顶角为 $0°$)$\sim$6.11 $\mathrm{W/m^2}$(观测天顶角为 $60°$)。

(2)人工神经网络模型

人工神经网络模型已经被证明对非线性问题建模具有优势。Wang 等(2009)使用 S-PLUS7 统计软件包提供的一个隐藏层神经网络建立了估算地表上行长波辐射的模型。神经网络的输入参数与线性回归模型相同，为 MODIS 第 29、31 和 32 波段 TOA 辐亮度。人工神经网络模型能够解释模拟数据库超过 99.6% 的方差，根据传感器从 $0°\sim60°$ 的变化，标准差的变化范围为 3.07$\sim$3.70 $\mathrm{W/m^2}$。此外，残差中的非线性效应显著减少。

5.2.4.3　考虑热辐射各向异性的反演模型

地表热辐射各向异性被广泛报道。在卫星尺度上，Rasmussen 等(2011，2010)利用 MGP 几何投影模型，分析了 MSG 地球同步卫星观测角度的变化带来的温度差异，从不同角度观测得到的温度可以相差 3 K；在一整天内，一般不同角度的观测可以相差 1 K。J. P. Lagouard 等也开展了一系列针对森林冠层和城市的航空飞行试验(Lagouarde et al.，2000；Lagouarde and Irvine，2008)。结果表明植被冠层的热点效应十分明显，垂直观测和倾斜观测的亮温差异可以达到 4 K；对于城市，试验进一步验证了热点效应的存在，这一现象在冬季尤为明显，2 月倾斜观测和垂直观测的温差范围为–4~10 K。

地表上行长波辐射是半球积分的物理量，使用卫星单一观测的结果进行的估算会引入较大的误差。在整个反演流程中，方向发射率和方向有效温度是两个关键参数。为了确保整个流程的准确性和有效性，两个参数化模型分别用来估算方向发射率和方向有效温度。考虑到核驱动模型，将几何光学模型和辐射传输模型相加来计算热辐射方向性的简洁性和准确性，我们对植被地表的方向性热辐射将用核驱动模型来估算。方向性发射率则利用基于孔隙率函数的解析参数化发射率模型 FRA97 来计算。

为了计算半球积分，植被冠层上半球中每个角度的方向性热辐射必须提前获得。然而，在实际估算过程中，获得这样一个多角度观测数据集是不实际的。到目前为止，由于制造精确的多角度传感器工艺存在难度,大多数卫星仅能从单一方向对地表进行观测。目前绝大多数传感器仅能从单一方向观测地表，只有 AATSR(Advanced Along-Track Scanning Radiometer)具有多角度的观测能力(Ren et al.，2015)。因此，利用有限的多角度数据集来训练一个有效的方向热辐射模型，然后利用该模型来计算各个角度的热辐射是比较合理且实际的方式。

Francois 等(1997)在 1997 年根据 Prévot(1985)的理论，且基于孔隙率理论，发展了一个植被冠层方向发射率参数化模型。

$$\varepsilon(\theta_{\mathrm{v}}) = 1 - \rho = 1 - b(\theta_{\mathrm{v}})M(1-\varepsilon_{\mathrm{s}}) - \alpha\big[1 - b(\theta_{\mathrm{v}})M\big](1-\varepsilon_{\mathrm{l}}) \tag{5.112}$$

式中，ρ 为植被冠层的半球方向反射率；ε_{s} 和 ε_{l} 分别为土壤和叶片的组分发射率；$b(\theta_{\mathrm{v}})$ 为观测方向 θ_{v} 上的方向孔隙率；M 为植被半球孔隙率。对于具有球状叶倾角分布的植被冠层，方向孔隙率表示如下：

$$b(\theta_{\mathrm{v}}) = \exp\left[-\frac{0.5}{\cos(\theta_{\mathrm{v}})}\mathrm{LAI}\right] \tag{5.113}$$

相应地，半球孔隙率可以通过在植被冠层上半球空间积分计算得到，其表达式如下：

$$M = \frac{1}{\pi}\int_{-\frac{\pi}{2}}^{\frac{\pi}{2}} b(\theta_{\mathrm{v}})\mathrm{d}\theta_{\mathrm{v}} = \exp(-0.825\mathrm{LAI}) \tag{5.114}$$

式中，α 为孔穴效应因子，表示植被冠层是一个立体，而不是一个平面(Francois et al.，1997)。它代表入射光线中穿过植被冠层，并被发射出植被冠层的部分，同时描述了植被冠层内部的多次散射(Ren et al.，2015)。

方向发射率模型采用 Peng 等(2011)和 Ren 等(2015)改进的热红外波段的核驱动模型。综合考虑 FRA97 方向发射率模型和 TIR 核驱动模型提出的混合模型流程图如图 5.16 所示。热红外辐射多角度观测数据集首先被输入到 TIR 核驱动模型中对模型进行训练。基于训练好的模型,计算各个方向的热辐射。同时,LAI、土壤和叶片的发射率被输入到 FRA97 模型中来计算植被冠层方向发射率和宽波段半球发射率。方向有效温度可以通过利用方向发射率剔除掉发射率效应,以及大气参数后的热辐射,使用普朗克函数计算得到。最后,利用方向有效温度和宽波段半球发射率计算得到地表上行长波辐射。

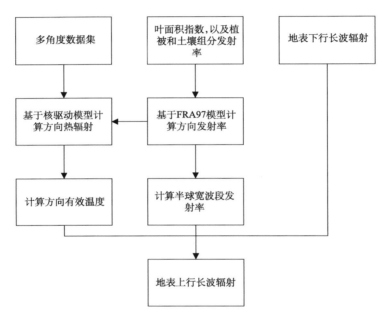

图 5.16　考虑热辐射方向异性的地表上行长波辐射反演流程图

利用 WiDAS 数据多角度观测数据在 34 个地表采样站点上对核驱动模型进行验证(图 3.12)。混合模型被用于 WiDAS 数据,来验证其在植被地表的精度。对于每个采样点,先计算每个像元上的地表上行长波辐射,然后对整个窗口上的所有像元取平均值,计算得到的平均值作为该采样点上的上行长波辐射代表值。为了使用自动气象站上的观测数据对混合模型进行验证,本章采用了 MBE 和 RMSE 进行定量衡量,其计算公式如下:

$$\text{MBE} = \frac{1}{N} \sum_{i=1}^{N} (E_{i,\text{derived}} - E_{i,\text{true}}) \tag{5.115}$$

$$\text{RMSE} = \sqrt{\frac{1}{N} \sum_{i=1}^{N} (E_{i,\text{derived}} - E_{i,\text{true}})^2} \tag{5.116}$$

式中,N 为观测样本数;$E_{i,\text{derived}}$ 为混合模型估算的上行长波辐射;$E_{i,\text{true}}$ 为自动气象站测量得到的上行长波辐射。

　　地表上行长波辐射的验证结果如图 5.17 所示。考虑热辐射各向异性模型的 RMSE 和 MBE 分别为 5.618 W/m^2 和–1.642 W/m^2，其比较均匀地分布在 1∶1 的线两侧，稍微多一些的点分布在 1∶1 线以下。混合模型的偏差直方图整体上符合正态分布，范围在–12～16 W/m^2。误差在–1～0 W/m^2 内的占比最大，约为 20%，这表明该模型估算的地表上行长波辐射具有较高的精度。

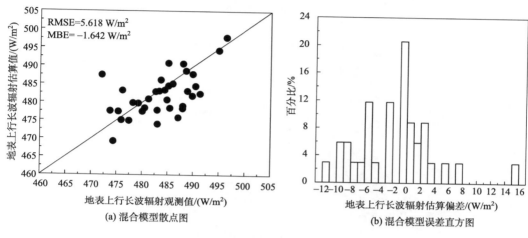

(a) 混合模型散点图　　　　　　　　　　(b) 混合模型误差直方图

图 5.17　混合模型估算验证结果

　　为了与传统不考虑热辐射方向性的物理模型进行对比，根据单一方向的 WiDAS 数据计算了地表上行长波辐射，并与混合模型的估算结果进行对比，如图 5.18 所示。相较于混合模型的估算结果，传统的温度发射率算法的 RMSE 和 MBE 明显更大。当 VZA 在–50°～–30°变化时，RMSE 从 7.994 变化到 6.530 W/m^2；当角度为–30°～+50°时，RMSE 从 6.530 增加到 13.097 W/m^2。MBE 的变化趋势也是类似的 V 字形，最小的 MBE 出现在–30°。传统的温度发射率算法在–30°上的 MBE 和 RMSE 与混合模型算法比较接近，在其余的角度上，传统的温度发射率算法的估算误差明显比混合模型高很多，但这并不能说明–30°是观测地表上行长波辐射的最佳角度，因为本结论仅通过 WiDAS 实验数据的验证，并不能推广到所有情况。在较大 VZA 上（如 50°），不考虑方向性的 RMSE 甚至是混合模型的两倍，MBE 是混合模型的 6 倍。此外，在混合模型中大多数点分布在 1∶1 线附近；而在不考虑热辐射方向性的传统物理方法中，大多数点均距离 1∶1 线比较远。

　　验证结果表明，在植被地表混合模型估算的地表上行长波辐射可以达到较高的精度，这主要因为：①新的模型能够比较精确地估算地表上行长波辐射；②WiDAS 数据的空间分辨率比较高，因此，可以比较准确地描述地表上行长波辐射的空间异质性。总之，验证结果表明，新模型可以被用作考虑热辐射方向性，并准确估算植被地表上行长波辐射的方法。此外，由于植被冠层的结构属性和太阳角度的变化，很难选择一个角度作为地表上行长波辐射估算的最佳角度。

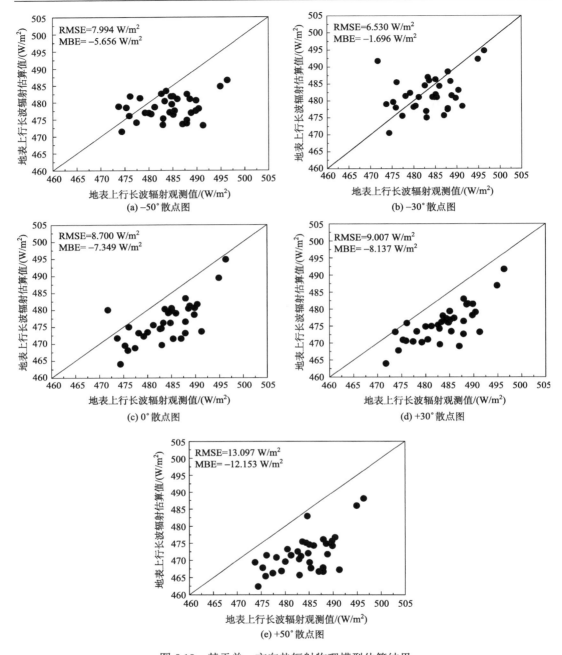

图 5.18　基于单一方向热辐射物理模型估算结果

5.2.5　地表长波辐射估算的不确定分析

5.2.5.1　物理模型估算时的不确定性

物理模型估算中的不确定性主要来源于输入参数的不确定性。

（1）大气下行长波辐射估算的不确定性

在大气下行长波辐射的估算中，大气温湿度廓线、云参数的不确定性会给计算带来较大的误差。

1）辐射传输方法对大气温湿廓线的误差非常敏感，因为大气下行长波辐射绝大部分来源于地表 500 m 以内（约 50 hPa）的空间，而现有的遥感大气廓线产品在垂直方向上的分辨率比较粗，有时不能反映近地面的真实情况。以 MODIS 大气廓线产品为例，在 1000～750 hPa 只有 780 hPa、850 hPa、920 hPa、950 hPa、1000 hPa 共 5 个廓线层，当地表处于 910 hPa 时，MODIS 大气廓线只能提供 850 hPa 以上的信息，从而 850～910 hPa 的信息丢失，导致长波辐射被低估。

2）云有很强的辐射作用。在有云的情况下，云的高度、温度输入不准确，会给下行长波辐射估算带来较大误差。

3）在采用辐射传输模型计算地表下行长波辐射时，一般只输入大气的温湿度廓线，而不考虑 CO_2、O_3、CH_4、N_2O 和痕量气体，这也会给长波辐射估算带来一定的误差。

4）在利用辐射传输模型计算大气下行长波辐射时，忽略大气多次散射的影响也会给计算带来一定误差。

（2）地表上行长波辐射估算的不确定性

在上行辐射估算中，地表温度、宽波段的地表比辐射率是计算中的两个关键参数，二者引起的误差可表示为

$$\Delta R_L^{\uparrow} = \varepsilon\sigma(T_s + \Delta T)^4 - \varepsilon\sigma T_s^{\ 4} \tag{5.117}$$

$$\Delta R_L^{\uparrow} = (\varepsilon + \Delta\varepsilon)\sigma T_s^4 - \varepsilon\sigma T_s^4 \tag{5.118}$$

Zhang 比较 ISCCP-FD、NCEP、ECMWF 等数据集，发现地表温度的不确定性在 2～4 K，宽通道的地表比辐射率不确定性为 3%～5%。当地表温度为 290 K，地表比辐射率为 0.987 时，地表温度增加 2～4 K，引起地表上行长波辐射的变化为 11.4～23.1 W/m²，比辐射率增加 3%～5% 引起长波辐射变化 12.3～20.5 W/m²。

5.2.5.2　经验和参数化模型估算时的不确定性

（1）输入参数的不确定性

在经验模型计算地表下行长波辐射时，大气水汽压、近地面大气温度、云量系数是模型的关键输入参数，而遥感获取的大气参数有较大的不确定性。对于表 7-3 中不同的经验模型，近地面气温变化 ΔT_a，引起长波辐射的变化幅度在 $(\Delta T_a)^4 \sim (\Delta T_a)^6$。

在利用参数化模型计算下行长波辐射时，不同的参数化模型需要输入遥感反演，包括地表温度、大气水汽含量、大气温度廓线、地表上行辐射、云比例、云水路径、云底温度等。一方面，遥感反演参数本身存在较大的不确定性，如 MODIS 水汽产品精度为 10%，ISCCP 数据集中的地表温度的不确定性为 2～4 K；另一方面，当采用多源遥感数据提供模型所需要的大气参数时，不同遥感产品间的配准、采样都会带来一定的误差。

在直接利用天顶辐射亮度计算长波辐射时，长波辐射的计算受到定标精度的影响。Tang 利用 MODIS 多通道数据反演下行长波辐射时发现，当 MODIS 第 28、33、34 通道的天顶辐射亮温的误差为 0.25 K，29、31 通道的误差为 0.05 K，36 通道的误差为 0.35 K

时，在观测天顶角为 0°、地面高程为 0 时，引起下行长波辐射的误差为 4.3 W/m^2。

（2）模型本身的不确定性

首先，经验模型和参数化模型都对辐射传输方程进行了大量的简化，会给反演带来一定的误差。例如，经验模型只采用近地面温湿度来代替整层大气的影响，当大气垂直方向的温湿度与近地面差别较大时，反演结果会存在较大的误差。其次，经验模型和一些参数化模型的系数是在一定的大气条件下获得的。当这些模型应用到其他区域时，气候条件不一致会使得反演具有一定的不确定性。尤其是经验模型是基于单点数据得到的，应用到其他站点时必须进行系数校正。此外，经验模型和参数化模型在统计回归时，还存在着回归误差。

（3）模型假设与实际条件不符引起的误差

在大多数估算大气下行长波辐射的经验模型中，假设大气发射率只与近地面的大气温湿度有关，因此，当夜间近地面气温比上层气温低时，用近地面气温会比整层气温导致大气的发射被低估；而白天近地面气温比整层气温高，利用近地面气温代替整层气温会导致辐射作用被高估。为了提高经验模型的估算精度，需要在模型中考虑大气温湿度垂直分布导致的影响。

在估算大气下行辐射的参数化模型中，经常采用地表皮肤温度来代替近地面气温的影响。Gupta 模型用地面皮肤气温和大气廓线温度的加权平均来表示大气有效温度。Wang 模型采用 MODIS 第 32 通道的辐射亮温来代替白天的气温。这些是建立在地面温度与近地面气温差别较小的假设上的。当地表温度与近地面气温存在较大的区别时，反演存在着较大的不确定性。Gupta 比较了 CERES 辐射产品生产中的 3 个参数化模型，结果发现所有的模型在干旱区域的晴天条件下发生高估，主要是因为所有的模型在计算下行长波辐射过程中，都采用了地表皮肤温度来估算近地面大气温度，或用来代替近地面大气温度的作用。Wang 利用 MODIS 多通道数据反演长波辐射时，也发现在气温与地表皮肤温度相差较大时，存在着明显的高估现象。

参 考 文 献

李静. 2007. 新疆棉花长势和旱情定量遥感监测模型与方法研究. 中国科学院遥感应用研究所博士学位论文.

李小文, 王锦地. 1995. 植被光学遥感模型与植被结构参数化. 北京: 科学出版社.

李小文, 高峰, 刘强, 等. 2000.新几何光学核的验证以及用核驱动模型反演地表反照率(之一). 遥感学报, 4(z1): 1-15.

Barducci A, Pippi I. 1996. Temperature and emissivity retrieval from remotely sensed images using the "grey body emissivity" method. IEEE Transactions on Geoscience and Remote Sensing, 34(3): 681-695.

Barreto A, Arbelo M, Hernandez-Leal P A, et al. 2010. Evaluation of surface temperature and emissivity derived from ASTER data: a case study using ground-based measurements at a volcanic site.Journal of Atmospheric and Oceanic Technology, 27(10): 1677-1688.

Becker F, Li Z L. 1990. Temperature-independent spectral indexes in thermal infrared bands. Remote Sensing of Environment, 32(1): 17-33.

Becker F, Li Z L. 1995. Surface temperature and emissivity at various scales: definition, measurement and related problems. Remote Sensing Reviews, 12(12): 225-253.

Borel C C, Gerstl S A W, Powers B J. 1991. The radiosity method in optical remote sensing of structured 3-D surfaces. Remote Sensing of Environment, 36(1):13-44.

Chedin A, Scott N A, Berroir A. 1982. A single-channel, double-viewing angle method for sea surface temperature determination from coincident Meteosat and TIROS-N radiometric measurements. Journal of Applied Meteorology, 21(4):613-618.

Chen J M, Leblanc S G. 1997. A four-scale bidirectional reflectance model based on canopy architectur. Geoscience & Remote Sensing IEEE Transactions on, 35(5):1316-1337.

Cheng J, Liang S, Yao Y, et al.2013. Estimating the optimal broadband emissivity spectral range for calculating surface longwave net radiation. IEEE Geoscience and Remote Sensing Letter, 10(2): 401-405.

Coll C, Caselles V, Galve J M, et al.2005. Ground measurements for the validation of land surface temperatures derived from AATSR and MODIS data. Remote Sensing of Environment, 97(3):288-300.

Coll C, Caselles V, Valor E, et al.2007. Temperature and emissivity separation from ASTER data for low spectral contrast surfaces. Remote Sensing of Environment, 110(2):162-175.

Coll C, Wan Z M, Galve J M. 2009. Temperature-based and radiance-based validations of the V5 MODIS land surface temperature product. Journal of Geophysical Research: Atmospheres, 114: D20102.

Coll C, Caselles V, Valor E, et al.2012. Comparison between different sources of atmospheric profiles for land surface temperature retrieval from single channel thermal infrared data. Remote Sensing of Environment, 117:199-210.

Cui Y, Mitomi Y, Takamura T. 2009. An empirical anisotropy correction model for estimating land surface albedo for radiation budget studies. Remote Sensing of Environment, 113(1):24-39.

Disney M I, Lewis P, North P R J. 2000. Monte Carlo ray tracing in optical canopy reflectance modelling. Remote Sensing Reviews, 18(2-4): 163-196.

François C, Ottlé C.1996. Atmospheric corrections in the thermal infrared: global and water vapour dependent split-window algorithms-applications to ATSR and AVHRR data. IEEE Transactions on Geoscience and Remote Sensing, 34(2): 457-470.

Francois C, Ottlé C, Prevot L.1997. Analytical parameterization of canopy directional emissivity and directional radiance in the thermal infrared. Application on the retrieval of soil and foliage temperatures using two directional measurements. International Journal of Remote Sensing, 18(12): 2587-2621.

Freitas S C, Trigo I F, Bioucas-Dias J M, et al.2010. Quantifying the uncertainty of land surface temperature retrievals from SEVIRI/Meteosat. IEEE Transactions on Geoscience and Remote Sensing, 48:(1):523-534.

Gastellu-Etchegorry J P, Martin E, Gascon F. 2004. DART: a 3D model for simulating satellite images and studying surface radiation budget. International Journal of Remote Sensing, 25(1): 73-96.

Gillespie A.1985. Lithologic mapping of silicate rocks using TIMS. TIMS Data Users' Workshop. JPL Publication, 86-38: 29-44.

Gillespie A, Rokugawa S, Matsunaga T, et al.1996. A temperature and emissivity separation algorithm for Advanced Spaceborne Thermal Emission and Reflection Radiometer(ASTER)images. IEEE Transactions on Geoscience and Remote Sensing, 36(4): 1113-1126.

Gillespie A R, Rokugawa S, Hook S J, et al. 1999.Temperature/emissivity separation algorithm theoretical basis document, Version 2.4.

Gillespie A R, Abbott E A, Gilson L, et al.2011. Residual errors in ASTER temperature and emissivity standard products AST08 and AST05. Remote Sensing of Environment, 115(12): 3681-3694.

Goel N S. 1988. Models of vegetation canopy reflectance and their use in estimation of biophysical parameters from reflectance data. Remote Sensing Reviews, 4(1): 1-212.

Goudriaan J. 1977. Crop micrometeorology: a simulation study. Wageningen:Pudoc.

Gustafson W T, Gillespie A R, Yamada G.2006. Revisions to the ASTER temperature/emissivity separation algorithm. In Proceedings of 2nd Recent Advances in Quantitative Remote Sensing, Torrent (Valencia), Spain, September 25-29, 770-775.

Hapke B W. 1963. A theoretical photometric function for the lunar surface. Journal of Geophysical Research, 68(15):279-280.

Hook S J, Gabell A R, Green A A, et al. 1992. A comparison of techniques for extracting emissivity information from thermal infrared data for geologic studies. Remote Sensing of Environment, 42(2): 123-135.

Huemmrich K F. 2001. The GeoSail model: a simple addition to the SAIL model to describe discontinuous canopy reflectance. Remote Sensing of Environment, 75(3):423-431.

Hulley G C, Hook S J.2011. Generating consistent land surface temperature and emissivity products between ASTER and MODIS data for Earth science research. IEEE Transactions on Geoscience and Remote Sensing, 49(4): 1304-1315.

Idso S B, De Wit C T. 1970. Light relations in plant canopies. Applied Optics, 9(1): 177-184.

Jiménez-Muñoz J C, Sobrino J A.2003.A generalized single-channel method for retrieving land surface temperature from remote sensing data. Journal of Geophysical Research, 108(D22): 4688-4695.

Jiménez-Muñoz J C, Cristobal J, Sobrino J A, et al.2009.Revision of the single-channel algorithm for land surface temperature retrieval from Landsat thermal-infrared data. IEEE Transactions on Geoscience and Remote Sensing, 47(1): 339-349.

Kimes D S, Kirchner J A. 1982. Radiative transfer model for heterogeneous 3-D scenes. Applied Optics, 21(22):4119-4129.

Kubelka P, Munk F. 1931. An article on optics of paint layers. Z Tech Phys, 12(11a): 593-601.

Kuusk A. 1985. The hot-spot effect of a uniform vegetative cover. Soviet Journal of Remote Sensing, 3(4): 645-658

Lagouarde J P, Irvine M.2008. Directional anisotropy in thermal infrared measurements over Toulouse city centre during the CAPITOUL measurement campaigns: first results. Meteorology and Atmospheric Physics, 102(3-4): 173-185.

Lagouarde J P, Ballans H, Moreau P, et al.2000. Experimental study of brightness surface temperature angular variations of maritime pine (Pinus pinaster) stands. Remote Sensing of Environment, 72(1): 17-34.

Li X, Strahler A H.2007. Geometric-optical bidirectional reflectance modelling of a conifer forest canopy. IEEE Transactions on Geoscience and Remote Sensing, GE-24(6):906-919.

Li X W, Strahler A H. 1988. Modelling the gap probability of a discontinuous vegetation canopy. IEEE Transactions on Geoscience and Remote Sensing, 26(2):161-170.

Li X W, Strahler A H.1992. Geometric-optical bidirectional reflectance modelling of the discrete crown vegetation canopy: effect of crown shape and mutual shadowing. IEEE Transactions on Geoscience and Remote Sensing, 30(2):276-292.

Li X W, Strahler A H, Woodcock C E.1995.A hybrid geometric optical-radiative transfer approach for modelling albedo and directional reflectance of discontinuous canopies. IEEE Transactions on Geoscience and Remote Sensing, 33(2): 466-480.

Li Z L, Becker F. 1993. Feasibility of land surface-temperature and emissivity determination from avhrr data. Remote Sensing of Environment, 43(1): 67-85.

Li Z L, Petitcolin F, Zhang R H. 2000.A physically based algorithm for land surface emissivity retrieval from combined mid-infrared and thermal infrared data. Science in China Series E-Technological Sciences, 43:

23-33.

Liang S L. 2001. Narrowband to broadband conversions of land surface albedo I : algorithms. Remote Sensing of Environment, 76(2):213-238.

Liang S L. 2004. Quantitative Remote Sensing of Land Surfaces. New Jersey: John Wiley-Interscience.

Liang S L, Strahler A H. 1994. Retrieval of surface BRDF from multiangle remotely sensed data. Remote Sensing of Environment, 50(1): 18-30.

Liang S L, Strahler A H, Walthall C. 1999. Retrieval of land surface albedo from satellite observations: a simulation study. Journal of Applied Meteorology, 38(6): 712-725.

Lucht W. 1998. Expected retrieval accuracies of bidirectional reflectance and albedo from EOS - MODIS and MISR angular sampling. Journal of Geophysical Research Atmospheres, 103(D8):8763-8778.

Lucht W, Schaaf C B, Strahler A H. 2000. An algorithm for the retrieval of albedo from space using semiempirical BRDF models. IEEE Transactions on Geoscience and Remote Sensing, 38(2): 977-998.

Maignan F, Bréon F M, Lacaze R. 2004. Bidirectional reflectance of Earth targets: evaluation of analytical models using a large set of spaceborne measurements with emphasis on the Hot Spot. Remote Sensing of Environment, 90(2):210-220.

Martonchik J V, Diner D J, Kahn R A, et al.1998. Techniques for the retrieval of aerosol properties over land and ocean using multiangle imaging. IEEE Transactions on Geoscience and Remote Sensing, 36(4):1212-1227.

Martonchik J V, Diner D J, Pinty B, et al.2002. Determination of land and ocean reflective, radiative, and biophysical properties using multiangle imaging. IEEE Transactions on Geoscience & Remote Sensing, 36(4):1266-1281.

Matsunaga T. 1994. A temperature-emissivity separation method using an empirical relationship between the mean, the maximum, and the minimum of the thermal infrared emissivity spectrum. Journal of the Remote Sensing Society of Japan, 14(2): 230-241.

McMillin L M.1975. Estimation of sea surface temperature from two infrared window measurements with different absorptions. Journal of Geophysical Research, 80(36): 5113-5117.

Minnaert M. 1941. The reciprocity principle in lunar photometry. The Astrophysical Journal, 93(3): 403-410.

Nicodemus F E, Richmond J C, Hsia J J, et al. 1977. Geometrical considerations and nomenclature for reflectance . Radiometry. Jones and Bartlett Publishers, Inc. Monograph 161, National Bureau of Standards(US), 7:94-145.

Nilson T, Kuusk A. 1989. A reflectance model for the homogeneous plant canopy and its inversion. Remote Sensing of Environment, 27(2):157-167.

Norman J M, Welles J M, Walter E A.1985. Contrasts among bidirectional reflectance of leaves, canopies, and soils. IEEE Transactions on Geoscience & Remote Sensing, GE-23(5):659-667.

Pinty B, Ramond D.1986. A simple bidirectional reflectance model for terrestrial surfaces. Journal of Geophysical Research Atmospheres, 91(D7):7803–7808.

Prata A J.1993. Land surface temperature derived from the advanced very high resolution radiometer and the along track scanning radiometer: 1. Theory. Journal of Geophysical Research-Atmospheres, 98(D9): 16689-16702.

Prévot L.1985. Modélisation Des échanges Radiatifs Au Sein Des Couverts Végétaux: Application à La Télédétection, Validation Sur Un Couvert de Maïs/Modelling of Radiation Exchanges inside Plant Canopies: Applications to Remote Sensing, Validation for Maize Canopy. Thèse de doctorat - Université de Paris, 6.

Peng J J, Liu Q, Liu Q H, et al.2011. Kernel-driven model fitting of multi-angle thermal infrared brightness temperature and its application. Journal of Infrared and Millimeter Waves, 30(4): 361-365.

Peres L F, DaCamara C C.2005. Emissivity maps to retrieve land-surface temperature from MSG/SEVIRI. IEEE Transactions on Geoscience and Remote Sensing, 43(8): 1834-1844.

Pinheiro A C T, Privette J L, Guillevic P.2006. Modelling the observed angular anisotropy of land surface temperature in a savanna. IEEE Transactions on Geoscience and Remote Sensing, 44(4): 1036-1047.

Qin W H, Herman J R, Ahmad Z.2001.A fast, accurate algorithm to account for non-Lambertian surface effects on TOA radiance. Journal of Geophysical Research- Atmospheres, 106(D19):22671-22684.

Qin Z, Karnieli A, Berliner P. 2001.A mono-window algorithm for retrieving land surface temperature from Landsat TM data and its application to the Israel-Egypt border region. International Journal of Remote Sensing, 22(18):3719-3746.

Rahman H, Pinty B, Verstraete M M. 1993. Coupled surface - atmosphere reflectance(CSAR)model: 2. Semiempirical surface model usable with NOAA advanced very high resolution radiometer data. Journal of Geophysical Research-Atmospheres, 98(D11):20791-20801.

Ren H, Yan G, Liu R, et al.2015. Determination of optimum viewing angles for the angular normalization of land surface temperature over vegetated surface. Sensors, 15(4): 7537-7570.

Rosema A, Verhoef W, Noorbergen H, et al. 1992. A new forest light interaction model in support of forest monitoring. Remote Sensing of Environment, 42(1): 23-41.

Ross J. 1981. The radiation regime and architecture of plant stands. The Netherland: Springer Science & Business Media.

Ross J K, Marshak A L.1988. Calculation of canopy bidirectional reflectance using the Monte Carlo method. Remote Sensing of Environment, 24(2):213-225.

Roujean J L, Leroy M, Deschamps P Y. 1992. A bidirectional reflectance model of the Earth's surface for the correction of remote sensing data. Journal of Geophysical Research: Atmospheres, 97(D18): 20455-20468.

Sabol D E Jr, Gillespiea A R, Abbottb E, et al. 2009. Field validation of the ASTER temperature-emissivity separation algorithm. Remote Sensing of Environment, 113(11):2328-2344.

Sawabe Y, Matsunaga T, Rokugawa S, et al.2003. Temperature and emissivity separation for multi-band radiometer and validation ASTER TES algorithm. Journal of Remote Sensing Society of Japan, 23: 364-375.

Shibayama M, Wiegand C L. 1985. View azimuth and zenith, and solar angle effects on wheat canopy reflectance. Remote Sensing of Environment, 18(1): 91-103.

Snyder W C, Wan Z, Zhang Y, et al.1998.Classification-based emissivity for land surface temperature measurement from space. International Journal of Remote Sensing, 19(14): 2753-2774.

Sobrino J A, Jiménez-Muñoz J C.2005. Land surface temperature retrieval from thermal infrared data: an assessment in the context of the surface processes and ecosystem changes through response analysis (SPECTRA) mission. Journal of Geophysical Research, 110: D16103.

Sobrino J A, Raissouni N.2000.Toward remote sensing methods for land cover dynamic monitoring: application to Morocco. International Journal of Remote Sensing, 21(2): 353-366.

Sobrino J A, Romaguera M. 2004. Land surface temperature retrieval from MSG1-SEVIRI data. Remote Sensing of Environment, 92(2): 247-254.

Sobrino J A, Li Z L, Stoll M P, et al.1996. Multi-channel and multi-angle algorithms for estimating sea and land surface temperature with ATSR data. International Journal of Remote Sensing, 17(11): 2089-2114.

Sobrino J A, Jiménez-Muñoz J C, Paolini L.2004. Land surface temperature retrieval from LANDSAT TM 5. Remote Sensing of Environment, 90(40): 434-440.

Sobrino J A, Jiménez-Muñoz J C, Balick L, et al. 2007. Accuracy of ASTER level-2 thermal-infrared standard products of an agricultural area in Spain. Remote Sensing of Environment, 106(2): 146-153.

Sobrino J A, Jiménez-Muñoz J C, Soria G, et al.2008. Land surface emissivity retrieval from different VNIR and TIR sensors. IEEE Transactions on Geoscience and Remote Sensing, 46(2):316-327.

Sòria G, Sobrino J A.2007. ENVISAT/AATSR derived land surface temperature over a heterogeneous region. Remote Sensing of Environment, 111(4): 409-422.

Stroeve J, Box J E, Gao F, et al. 2005. Accuracy assessment of the MODIS 16-day albedo product for snow: comparisons with Greenland in situ measurements. Remote Sensing of Environment, 94(1): 46-60.

Suits G H. 1973. The calculation of the directional reflectance of a vegetative canopy. Remote Sensing of Environment, 2(71): 117-125.

Sun D, Pinker R T. 2003. Estimation of land surface temperature from a geostationary operational environmental satellite(GOES-8). Journal of Geophysical Research, 108(D11): 4326.

Tang B H, Li Z L, Bi Y.2009. Estimation of land surface directional emissivity in mid-infrared channel around 4.0 um from MODIS data. Optics Express, 17(5): 3173-3182.

Tang B H, Wu H, Li C R, et al.2011.Estimation of broadband surface emissivity from narrowband emissivities. Optics Express, 19(1):185-192.

Trigo I F, Monteiro I T, Olesen F, et al.2008. An assessment of remotely sensed land surface temperature.Journal of Geophysical Research: Atmospheres, 113: D17108.

Valor E, Caselles V.1996. Mapping land surface emissivity from NDVI: application to European, African, and South American areas. Remote Sensing of Environment, 57(3): 167-184.

Verhoef W.1984. Light scattering by leaf layers with application to canopy reflectance modelling: The SAIL model. Remote Sensing of Environment, 16(2):125-141.

Vermote E F, Tanre D, Deuze J L, et al.1997. Second simulation of the satellite signal in the solar spectrum, 6S: an overview. IEEE transactions on geoscience and remote sensing, 35(3): 675-686.

Veverka J, Wasserman L. 1972. Effects of surface roughness on the photometric properties of mars. Icarus, 16(2):281-290.

Walthall C L, Norman J M, Welles J M, et al. 1985. Simple equation to approximate the bidirectional reflectance from vegetative canopies and bare soil surfaces. Applied Optics, 24(3): 383-387.

Wan Z M.2008. New refinements and validation of the MODIS land-surface temperature/emissivity products. Remote Sensing of Environment, 112(1): 59-74.

Wan Z. 1999. MODIS land-surface temperature algorithm theoretical basis document(LST ATBD) Version 3.3.

Wan Z M, Li Z L. 1997. A physics-based algorithm for retrieving land-surface emissivity and temperature from EOS/MODIS data. IEEE Transactions on Geoscience and Remote Sensing, 35(4)980-996.

Wan Z, Dozier J.1996. A generalized split-window algorithm for retrieving land-surface temperature from space. IEEE Transactions on Geoscience and Remote Sensing, 34(4): 892-905.

Wang K C, Wan Z M, Wang P C, et al.2005.Estimation of surface long wave radiation and broadband emissivity using Moderate Resolution Imaging Spectroradiometer(MODIS)land surface temperature/ emissivity products. Journal of Geophysical Research-Atmospheres, 110: D11109.

Wang W H, Liang S L.2009. Estimation of high-spatial resolution clear sky longwave downward and net radiation over land surfaces from MODIS data. Remote Sensing of Environment, 113(4): 745-754.

Wang W H, Liang S L, Augustine J A.2009. Estimating high spatial resolution clear-sky land surface upwelling longwave radiation from MODIS data. IEEE Transactions on Geoscience and Remote Sensing, 47(5):1559-1570.

Wanner W, Li X, Strahler A H.1995. On the derivation of kernels for kernel-driven models of bidirectional reflectance. Journal of Geophysical Research Atmospheres, 100(D10):21077-21089.

Watson K. 1992a. Spectral ratio method for measuring emissivity. Remote Sensing of Environment, 42(2):
　　113-116.

Watson K. 1992b. Two-temperature method for measuring emissivity. Remote Sensing of Environment,
　　42(2)117-121.

彩　图

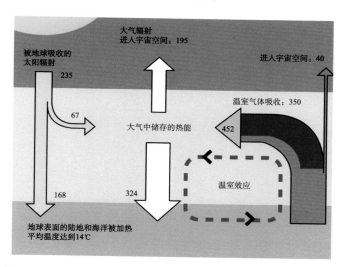

图 1.1　地球辐射收支与能量分配示意图(引自 NASA 报告，图中未标明单位的数字，单位为 W/m²)

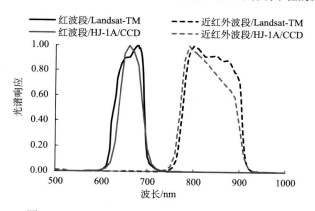

图 2.3　HJ1A-CCD 与 Landsat-TM 的光谱响应函数

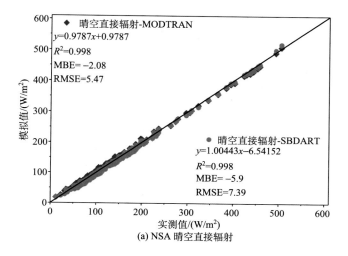

(a) NSA 晴空直接辐射

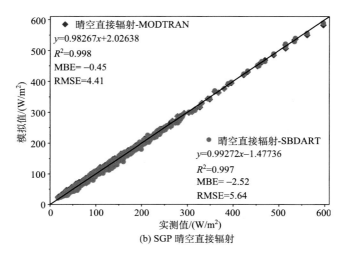

(b) SGP 晴空直接辐射

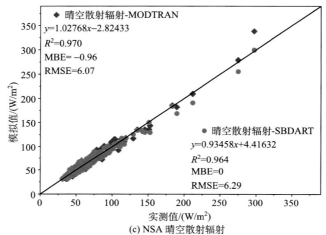

(c) NSA 晴空散射辐射

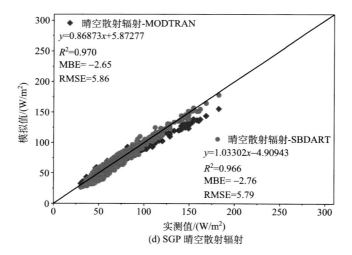

(d) SGP 晴空散射辐射

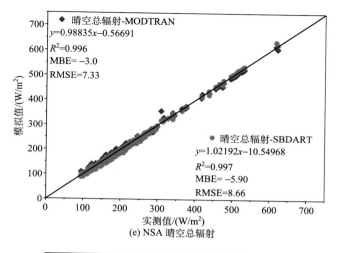

(e) NSA 晴空总辐射

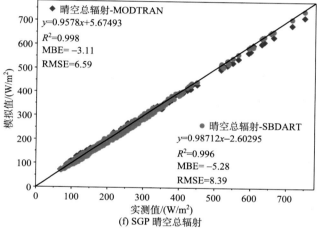

(f) SGP 晴空总辐射

图 2.6　晴空站点精度对比

MBE 为平均偏差，RMSE 为均方根误差

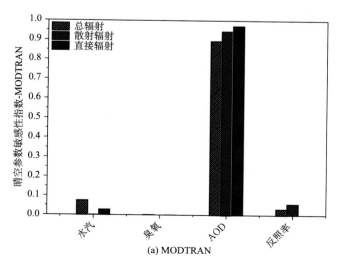

(a) MODTRAN

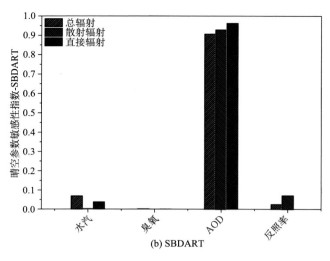

(b) SBDART

图 2.7　晴空参数敏感性分析

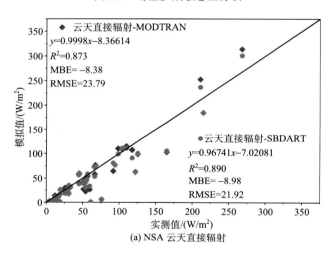

(a) NSA 云天直接辐射

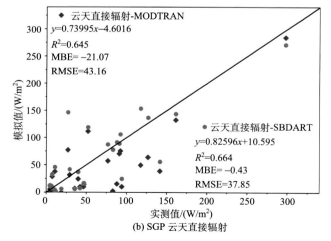

(b) SGP 云天直接辐射

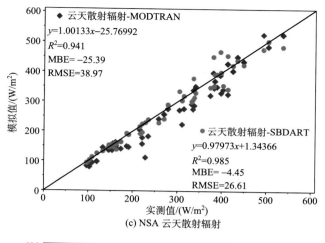

(c) NSA 云天散射辐射

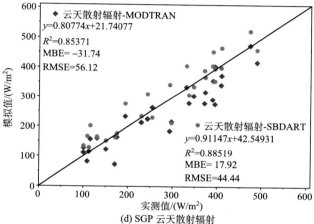

(d) SGP 云天散射辐射

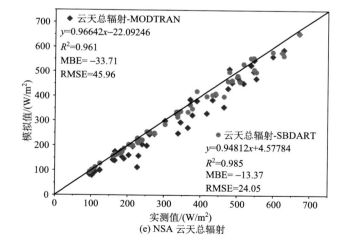

(e) NSA 云天总辐射

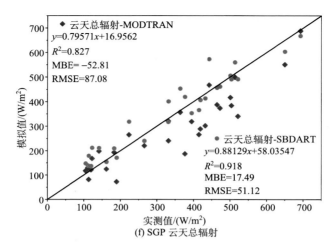

(f) SGP 云天总辐射

图 2.8　云天站点精度对比

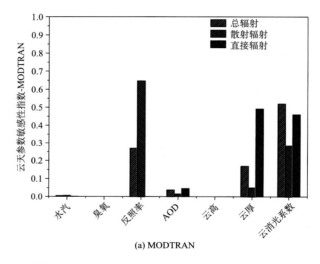

(a) MODTRAN

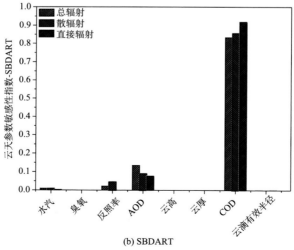

(b) SBDART

图 2.9　云天参数敏感性分析

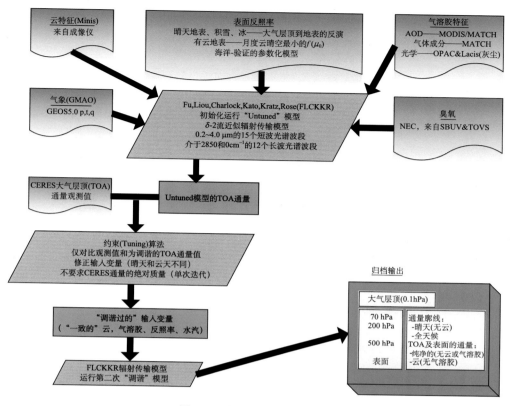

图 3.5 通量计算和输入变量

资料来源: http://ceres.larc.nasa.gov/science_information.php?page=CeresComputeFlux (2018-3-20)

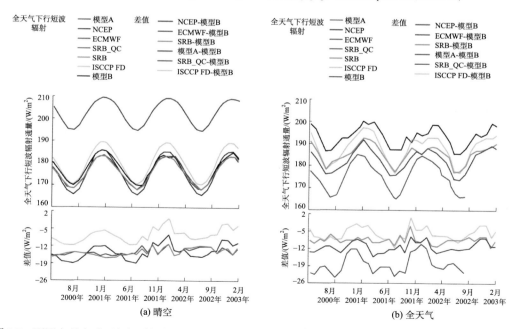

图 3.7 不同产品全球下行短波辐射月均值比较,以及不同产品与 CERES 模型 B 的差值(2001~2003 年)
模型 A 和模型 B 表示 CERES/SRBAVG 月平均产品的不同算法, SRB、SRB_QC 表示 GEWEX_SRB 的主算法和质量控制算法

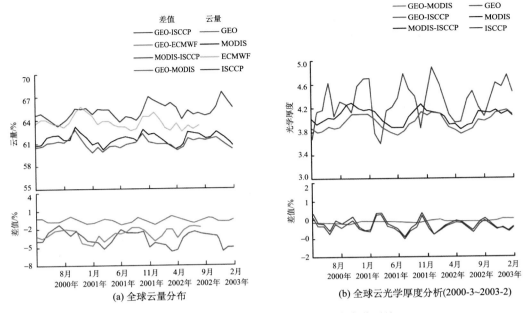

图 3.8　不同产品全球云量及云光学厚度变化对比

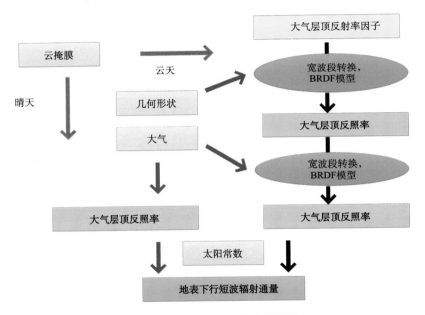

图 3.9　LSA-DSSF 算法流程图

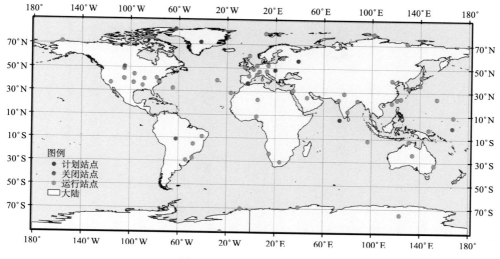

图 3.12　BSRN 站点分布图

图 3.13　SURFRAD 站点分布图

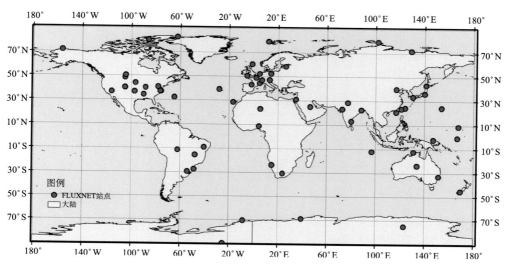

图 3.14　FLUXNET 站点分布图

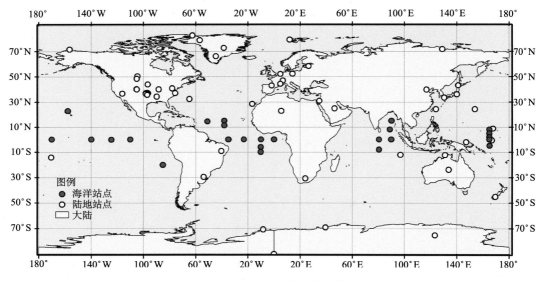

图 3.15　CAVE 站点分布图

蓝色站点代表海洋，白色代表陆地

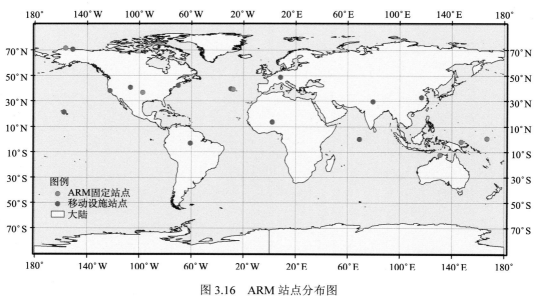

图 3.16　ARM 站点分布图

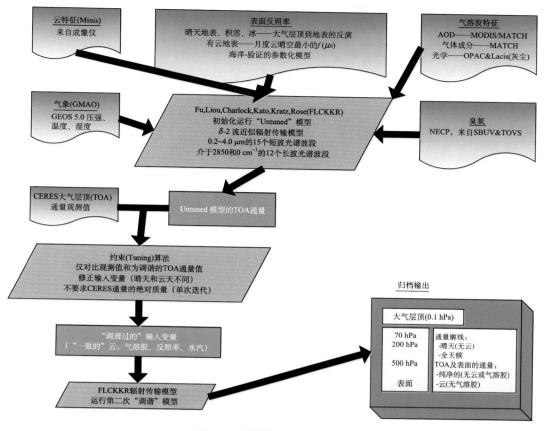

图 4.1　通量计算和输入变量

资料来源: http://ceres.larc.nasa.gov/science_information.php?page=CeresComputeFlux

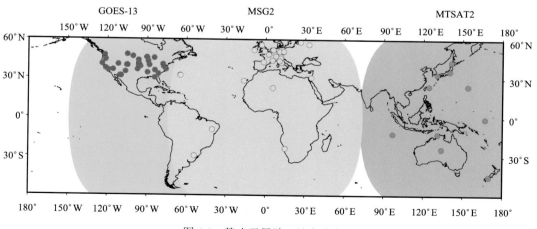

图 4.5　静止卫星验证站点分布

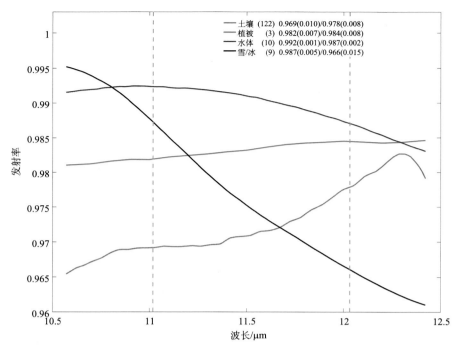

图 5.6　热红外光谱范围内的地表比辐射率波谱曲线，以及 MODIS 数据 31 和 32 通道地表比辐射率

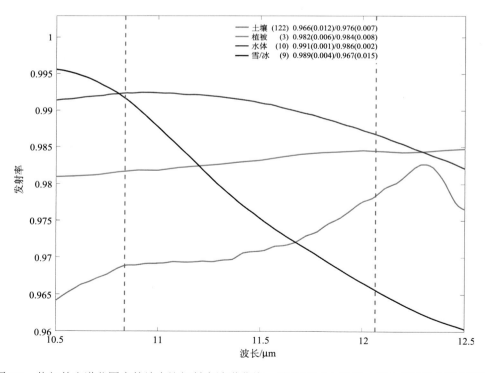

图 5.8　热红外光谱范围内的地表比辐射率波谱曲线，以及 FY-3A 数据 4 和 5 通道地表比辐射率

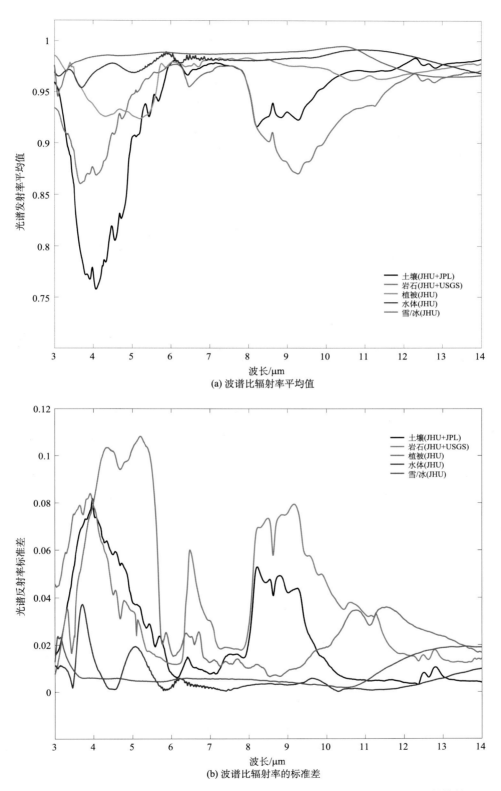

(a) 波谱比辐射率平均值

(b) 波谱比辐射率的标准差

图 5.11　ASTER 波谱库中几种典型地物(土壤、岩石、植被、水体和雪/冰)的特性

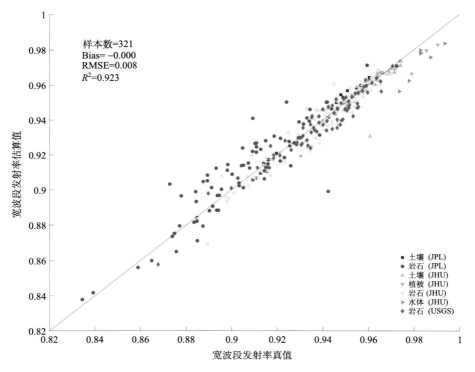

图 5.12 实际的与根据式(5.79)计算的 3～14 μm 比辐射率散点图

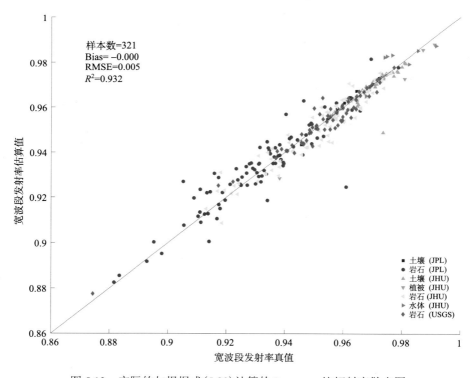

图 5.13 实际的与根据式(5.80)计算的 3～∞ μm 比辐射率散点图

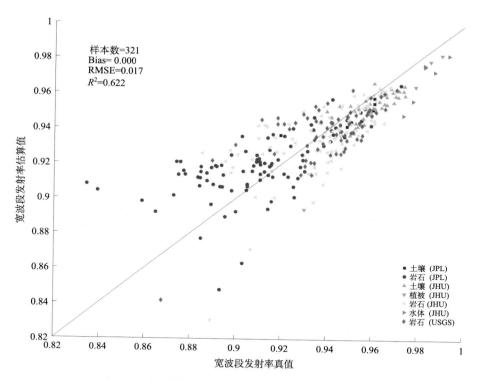

图 5.14　实际的与反演的 3～14μm 比辐射率散点图

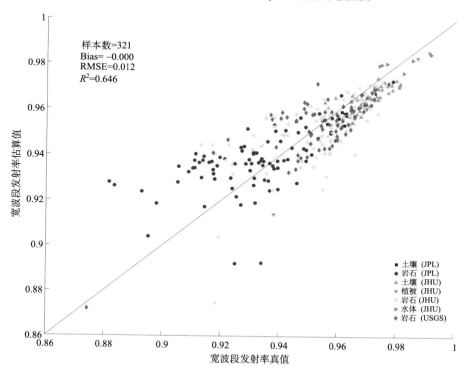

图 5.15　实际的与反演的 3～∞ μm 比辐射率散点图